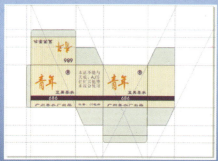
设置包装盒辅助线（图1.38）

制作全家服（图2.21）

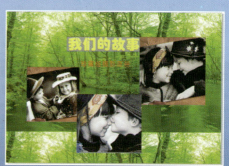
制作画册封面（图2.37）

制作星座日历（图2.44和图2.45）

蜜蜂的预览练习（图2.47）

钢笔抠字（图3.100）

绘制风车（图3.65）

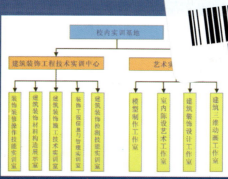
绘制流程图（图3.118）

卡通动物（图3.159）

窗花（图4.114）

春日风景（图4.39）

绘制胡萝卜（图3.161）

【打散曲线】命令（图4.91）

印花方巾（图4.105）

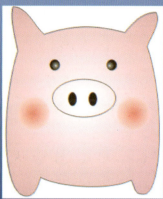
卡通猪（图5.39）

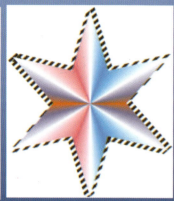
六角星（图5.63）

鲜花（图5.82）

月季花（图5.98）

相框（图5.97）

美术字（图6.109）

绘制光盘（图6.124）

金属字（图6.125）

蝴蝶图案（图7.24）

夏日风景（图7.49）

卡通人物（图7.50）

水洗店会员卡（图7.77）

Windows 欢迎界面（图7.89）

动感标志（图8.26）

齿轮（图8.82）

凤凰图案（图8.45）

水滴（图8.59）

足球（图8.106）

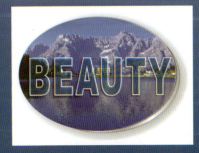
透明突起特效字牌（图8.119）

花卉图案（图8.130）

水墨折扇（图8.131）

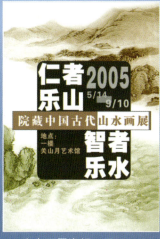
山水画展海报（图9.31）

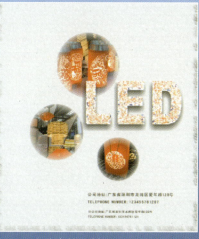
企业宣传册封面（图9.116）

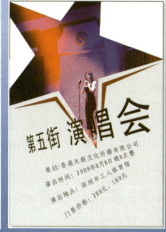
演唱会海报（图9.130）

唱片封面设计（图9.131）

制作学生证（图10.35）

个人主页（图11.27）

飞行文字（图13.13）

飞行文字（图13.1）

空心文字（图13.26）

多层文字（图13.27）

旋转文字（图13.46）　　五环文字（图13.78）　　冰雪文字（图13.28）

描边文字（图13.77）　　飞天文字（图13.79）　　贺卡设计（图13.80）

情人节贺卡（图13.123）

邮票设计（图13.124）

笔记本（图13.136）

台历设计（图13.137）　　挂历设计（图13.162）　　书签设计（图13.178）

门票设计（图13.163）　　　　　　　书籍封面设计（图13.195）

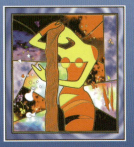

CD封面设计（图13.196）　人物装饰画（图13.197）　动物装饰画（图13.234）　图案设计（图13.235）

图案设计（图13.267）　　版面设计（图13.268）　　版面设计（图13.303.）

产品设计（图13.319）　　房地产广告（图13.318）　　广告设计（图13.304）

MP3设计（图13.366）

包装设计（图13.367）

酸奶包装设计（图13.423）

三木装潢公司形象宣传海报设计（图14.1）　三木装潢公司形象宣传海报（图14.2）

三木庄园广告海报设计（图14.3）　三木庄园广告海报设计（图14.4）

来访卡（图14.5）　工作证（图14.7）　儿童饼干包装盒（图14.11）

糖果包装（图14.10）

名片（图14.6）

手表（图14.13）

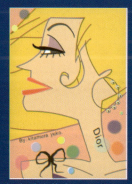
电脑手绘艺术（图14.14）

电脑手绘艺术（图14.15）

"古玩之家"主页设计（图14.17）

网络广告（图14.18）

儿童动画短片（图14.21）

儿童动画短片（图14.23）

VI设计（图14.24）

VI设计（图14.25）

钟的外框（图14.12）

室内平面图设计（图13.479）

室内平面图设计（图13.480）

21世纪全国高职高专艺术设计系列技能型规划教材

CorelDRAW X4 基础运用与设计实例

主　编　史晓云　王　慧
副主编　徐艳艳　胡忠婧　王　起
主　审　闻建强

北京大学出版社
PEKING UNIVERSITY PRESS

内 容 简 介

本书是依据编者多年的教学经验，从教与学两方面入手编写的。本书从教师教学的实际出发，每章都编写了教学目标、教学重点、教学难点和建议学时。为了提升学生的学习兴趣，第 2 章～第 11 章在理论讲授中安排了重要工具或命令的"现场练兵"训练，各章又安排了总结性的"实例演练"训练，且均配有详细的操作步骤，每章结束后还安排了"上机实战"训练，并配有提示步骤。第 13 章安排了 16 个与实际生活结合紧密的应用案例，除了有详细的操作步骤外，还配有"案例目的"和"案例小结"，分别介绍了各案例的关键性技术和需要注意的问题；为了巩固所学知识，每个案例结束后均绘制了"举一反三"的效果图。第 14 章安排了 7 名优秀学生的设计作品赏析，这些作品是软件技术、艺术设计和教学实践三者结合的成果，希望与读者分享。

本书包括基础学习篇、提高训练篇、高级应用篇、体验设计篇、巩固拓展篇 5 个部分 14 章内容。

本书内容丰富、教学思路明晰、结构科学合理、语言通俗易懂，不仅可作为高职高专、成人高校、本科院校、中等职业院校的教材，也可作为广大平面设计爱好者的自学参考书。

图书在版编目(CIP)数据

CorelDRAW X4 基础运用与设计实例/史晓云，王慧主编. —北京：北京大学出版社，2010.6

(21 世纪全国高职高专艺术设计系列技能型规划教材)

ISBN 978-7-301-16844-8

Ⅰ. C… Ⅱ. ①史… ②王… Ⅲ. 图形软件，CorelDRAW X4—高等学校：技术学校—教材 Ⅳ. TP391.41

中国版本图书馆 CIP 数据核字(2010)第 101649 号

书　　　　名：	**CorelDRAW X4 基础运用与设计实例**
著作责任者：	史晓云　王　慧　主编
责 任 编 辑：	孙　明
标 准 书 号：	ISBN 978-7-301-16844-8/J · 0311
出　版　者：	北京大学出版社
地　　　　址：	北京市海淀区成府路 205 号　100871
网　　　　址：	http://www.pup.cn　http://www.pup6.com
电　　　　话：	邮购部 62752015　发行部 62750672　编辑部 62750667　出版部 62754962
电 子 邮 箱：	pup_6@163.com
印　刷　者：	北京鑫海金澳胶印有限公司
发　行　者：	北京大学出版社
经　销　者：	新华书店
	787mm×980mm　16 开本　23.5 印张　彩插 4　549 千字
	2010 年 6 月第 1 版　2018 年 5 月第 4 次印刷
定　　　　价：	48.00 元

未经许可，不得以任何方式复制或抄袭本书之部分或全部内容。

版权所有　侵权必究　　举报电话：010-62752024

电子邮箱：fd@pup.pku.edu.cn

前　　言

　　CorelDRAW X4 是将平面设计和电脑绘画功能合为一体的专业核心设计软件，被广泛应用于广告设计、企业形象设计、文字设计、插图绘制、工业产品设计、建筑平面图绘制、Web 图形设计、包装设计等平面设计领域。

　　本书除了由浅入深、循序渐进地讲解 CorelDRAW X4 的基本功能、基本操作和各项技术外，还通过 CorelDRAW X4 综合应用案例及大量上机实训练习，使读者不仅掌握 CorelDRAW X4 这门工具软件，而且掌握其运用于各类设计创作的基本方法和基础技巧，真正学以致用。

　　本书是按照 CorelDRAW X4 课程的教学进度而编写，并根据读者接受的顺序，将内容划分为基础学习篇、提高训练篇、高级应用篇、体验设计篇、巩固拓展篇 5 部分。其中前 3 个部分不仅把创意表现与技术表现融为一体，使教学的系统性得到全面展现；而且伴随着每章的理论阐述与示范操作还设置对应的上机操作训练："现场练兵"为重要工具或命令的示范操作；"实例演习"为多个工具或命令的综合示范操作；"上机实战"为多个知识点的综合练习。后两个部分是精选了平面设计各领域广泛运用的综合性案例和艺术设计与教学实践中的优秀作品的赏析，将 CorelDRAW X4 各工具和命令综合运用、融会贯通，并通过实例分析 CorelDRAW X4 软件技术与艺术实践结合的技巧与关键点，达到举一反三、触类旁通的目的，使读者获得更好的发展与提高。

　　本书建议学时为 104 学时(每学时 45 分钟)，其中教师多媒体讲授 35 学时；学生实践 69 学时；机动学习 10 学时，也可根据实际情况作相应调整。

　　本书由 5 位多年从事 CorelDRAW 教学的教师共同编写，由史晓云、王慧任主编。各章编写分工如下：第 1、2、3 章由徐艳艳编写，第 4、5、6 章由胡忠婧、史晓云编写，第 7、8、9、14 章由王慧编写，第 10、11、12 章由王起、史晓云编写，第 13 章由史晓云编写。

　　在本书的编写过程中，安徽滁州职业技术学院的江洁和闻建强、深圳信息职业技术学院的徐秋枫给予了大力支持，在此表示诚挚的谢意。

　　由于编者水平有限，书中疏漏之处在所难免，敬请广大读者批评指正，编者联系的电子邮箱为 691568603@qq.com。另外，本书中所有的素材和效果图均可在 http://www.pup6.com 中下载。

编　者
2010 年 3 月

目 录

第一篇　基础学习篇 1

第1章　CorelDRAW X4 入门 1

1.1 CorelDRAW X4 简介 2
1.2 矢量图与位图 2
　1.2.1 矢量图 2
　1.2.2 位图 3
1.3 CorelDRAW X4 的启动与退出 4
　1.3.1 CorelDRAW X4 的启动 4
　1.3.2 CorelDRAW X4 的退出 4
1.4 CorelDRAW X4 工作界面介绍 4
　1.4.1 启动界面和欢迎屏幕 4
　1.4.2 认识工作界面 5
　1.4.3 标题栏和菜单栏 6
　1.4.4 工具栏和属性栏 6
　1.4.5 工具箱和绘图页 6
　1.4.6 导航器和状态栏 7
　1.4.7 调色板和泊坞窗 8
　1.4.8 标尺、网格和辅助线 8
　1.4.9 自定义工作界面 14
1.5 实例演习——设置包装盒辅助线 18
1.6 本章小结 22
1.7 上机实战 22

第2章　CorelDRAW X4 基础 24

2.1 文件的基本操作 25
　2.1.1 文件格式 25
　2.1.2 新建和打开文件 26
　2.1.3 保存和关闭文件 27
　2.1.4 备份和恢复文件 28
　2.1.5 导入和导出文件 29
　2.1.6 现场练兵——制作"全家服" 30
2.2 页面设置 32
　2.2.1 常规页面设置 32
　2.2.2 设置版面样式 33
　2.2.3 设置标签格式 33
　2.2.4 设置页面背景 34
　2.2.5 设置多页文档 34
　2.2.6 现场练兵——制作画册封面 35
2.3 查看视图 37
　2.3.1 缩放和平移视图 37
　2.3.2 视图的显示模式 38
　2.3.3 预览视图 39
2.4 实例演习——绘制星座日历 39
2.5 本章小结 41
2.6 上机实战 41

第3章　绘制基本图形 42

3.1 绘制几何图形 43
　3.1.1 使用矩形和3点矩形工具 43
　3.1.2 使用椭圆形和3点椭圆形工具 45
　3.1.3 使用多边形工具 46
　3.1.4 使用星形工具 47
　3.1.5 使用复杂星形工具 47
　3.1.6 使用图纸工具 48
　3.1.7 使用螺纹工具 48
　3.1.8 使用表格工具 49
　3.1.9 使用基本形状工具组 51
　3.1.10 现场练兵——绘制风车 53
3.2 绘制直线和曲线 55
　3.2.1 使用手绘工具 55
　3.2.2 使用贝塞尔工具 56
　3.2.3 使用艺术笔工具 57
　3.2.4 使用钢笔工具 60
　3.2.5 现场练兵——钢笔抠字 61

3.2.6 使用折线工具 62
3.2.7 使用 3 点曲线工具 62
3.2.8 使用交互式连线工具 63
3.2.9 现场练兵——绘制流程图 ... 63
3.2.10 使用度量工具 65
3.2.11 现场练兵——标注三角形 ... 65
3.2.12 使用智能绘图工具组 67
3.3 实例演习 68
3.3.1 名片的制作 68
3.3.2 绘制卡通动物 70
3.4 本章小结 73
3.5 上机实战 73

第 4 章 对象的基本操作 75

4.1 选取对象 76
4.1.1 使用鼠标单击选取 76
4.1.2 使用鼠标拖动框选 76
4.1.3 使用菜单命令选取 76
4.1.4 使用绘图工具选取 76
4.1.5 使用键盘选取 77
4.1.6 取消选择 77
4.2 变换对象 77
4.2.1 移动对象 77
4.2.2 旋转对象 78
4.2.3 缩放对象 79
4.2.4 镜像对象 81
4.2.5 倾斜对象 82
4.2.6 现场练兵——绘制春日风景 83
4.3 复制、剪切、再制、克隆、删除和
插入条形码对象 84
4.3.1 复制、剪切和粘贴对象 84
4.3.2 再制对象 85
4.3.3 克隆对象 86
4.3.4 复制对象属性 87
4.3.5 删除对象 88
4.3.6 插入条形码对象 88
4.3.7 现场练兵——绘制胶卷 89
4.4 更改对象顺序 90

4.5 对齐和分布对象 91
4.5.1 对齐对象 91
4.5.2 分布对象 92
4.6 为对象造形 93
4.6.1 焊接 93
4.6.2 修剪 94
4.6.3 相交 96
4.6.4 现场练兵——绘制八卦图 ... 96
4.7 对象的群组与取消群组 98
4.8 对象的结合与拆分 98
4.9 对象的锁定与解除锁定 99
4.10 对象的撤消与重做 99
4.11 将轮廓转换为对象 100
4.12 实例演习 100
4.12.1 绘制印花方巾 100
4.12.2 绘制窗花 101
4.13 本章小结 103
4.14 上机实战 103

第 5 章 色彩填充和轮廓编辑 104

5.1 色彩模式 105
5.2 色彩填充 106
5.2.1 均匀填充 106
5.2.2 渐变填充 108
5.2.3 图样填充 109
5.2.4 底纹填充 112
5.2.5 PostScript 填充 113
5.2.6 交互式填充工具 114
5.2.7 交互式网格填充工具 114
5.2.8 现场练兵——绘制卡通猪 ... 115
5.3 轮廓编辑 117
5.3.1 设置轮廓宽度、色彩和样式 ... 117
5.3.2 创建书法轮廓 121
5.3.3 后台填充和按比例显示轮廓 ... 122
5.3.4 现场练兵——绘制六角星 ... 122
5.4 使用吸管和油漆桶工具 123
5.5 实例演习 124
5.5.1 绘制鲜花 124

5.5.2 绘制相框 126
5.6 本章小结 129
5.7 上机实战 129

第 6 章 处理文本 130

6.1 添加文本 131
　　6.1.1 添加美术文本 131
　　6.1.2 添加段落文本 132
　　6.1.3 文本转换 133
　　6.1.4 粘贴与导入外部文本 134
6.2 选择文本 135
　　6.2.1 使用挑选工具选择 135
　　6.2.2 使用文字工具选择 136
　　6.2.3 使用形状工具选择 136
6.3 设置文本的属性 136
　　6.3.1 设置文本的字体、字形、大小和对齐方式 136
　　6.3.2 设置字符效果 138
　　6.3.3 设置字符位移 138
6.4 处理段落文本对象 139
　　6.4.1 设置首字下沉 139
　　6.4.2 设置项目符号 140
　　6.4.3 设置段落缩进 140
　　6.4.4 设置对齐方式 140
　　6.4.5 设置分栏 141
　　6.4.6 设置文本的链接 141
　　6.4.7 现场练兵——编辑段落文本 143
6.5 创建文本的特殊效果 144
　　6.5.1 使文本适合路径 144
　　6.5.2 应用封套 146
　　6.5.3 创建三维文本 147
　　6.5.4 嵌入图形与添加特殊字符 148
　　6.5.5 段落文本绕图排列 150
　　6.5.6 现场练兵——文本的排版 151
6.6 实例演习 152
　　6.6.1 艺术字 152
　　6.6.2 制作光盘 153
6.7 本章小结 156

6.8 上机实战 156

第二篇　提高训练篇 157

第 7 章 编辑曲线 157

7.1 使用形状工具 158
　　7.1.1 编辑曲线的节点 158
　　7.1.2 编辑曲线的端点和轮廓 160
　　7.1.3 现场练兵——绘制蝴蝶图案 161
7.2 修饰图形 162
　　7.2.1 使用涂抹笔刷工具 162
　　7.2.2 使用粗糙笔刷工具 163
　　7.2.3 使用自由变换工具 163
　　7.2.4 现场练兵——绘制夏日风景 164
7.3 编辑和修改几何图形 166
　　7.3.1 使用裁剪工具 166
　　7.3.2 使用刻刀工具 167
　　7.3.3 使用橡皮擦工具 168
　　7.3.4 使用虚拟段删除工具 169
7.4 实例演习 170
　　7.4.1 绘制水洗店会员卡 170
　　7.4.2 绘制 Windows 欢迎界面 171
7.5 本章小结 173
7.6 上机实战 173

第 8 章 图形特效 175

8.1 交互式工具 176
　　8.1.1 交互式调和工具 176
　　8.1.2 现场练兵——绘制动感标志 178
　　8.1.3 交互式轮廓图工具 179
　　8.1.4 交互式变形工具 181
　　8.1.5 现场练兵——绘制凤凰图案 182
　　8.1.6 交互式阴影工具 183
　　8.1.7 交互式透明工具 184
　　8.1.8 现场练兵——绘制水滴 185
　　8.1.9 交互式封套工具 186
　　8.1.10 交互式立体化工具 187
　　8.1.11 现场练兵——绘制齿轮 189
8.2 图形的特殊效果 191

8.2.1	斜角效果	191
8.2.2	透视效果	191
8.2.3	透镜效果	192
8.2.4	现场练兵——绘制足球	195
8.2.5	图框精确剪裁效果	196

8.3 实例演习 196
    8.3.1 绘制透明突起特效字牌 196
    8.3.2 绘制花卉图案 198
8.4 本章小结 200
8.5 上机实战 201

第 9 章 处理位图 202

9.1 使用位图 203
    9.1.1 将矢量对象转换为位图 203
    9.1.2 导入位图 203
    9.1.3 裁切位图 205
    9.1.4 重新取样位图 206
    9.1.5 矫正位图 206
    9.1.6 编辑位图 207
    9.1.7 扩充位图边框 208
    9.1.8 描摹位图 208
9.2 位图的颜色管理 211
    9.2.1 不同色彩模式的转换 211
    9.2.2 现场练兵——山水画展
           海报设计 211
    9.2.3 位图颜色遮罩 214
    9.2.4 调整、变换和校正图像颜色 ...215
9.3 位图的滤镜效果 218
    9.3.1 三维效果 218
    9.3.2 艺术笔触 221
    9.3.3 模糊效果 222
    9.3.4 相机效果 224
    9.3.5 颜色转换 224
    9.3.6 轮廓图 225
    9.3.7 创造性效果 226
    9.3.8 扭曲效果 227
    9.3.9 杂点效果 228

    9.3.10 鲜明化效果 229
9.4 实例演习 230
    9.4.1 设计企业宣传册封面 230
    9.4.2 设计演唱会海报 233
9.5 本章小结 236
9.6 上机实战 236

第三篇　高级应用篇 237

第 10 章 符号、图层和样式的运用 237

10.1 使用符号 238
    10.1.1 创建、编辑和删除符号 238
    10.1.2 在绘图中使用符号 239
    10.1.3 在绘图之间共享符号 240
    10.1.4 管理集合和库 240
10.2 使用图层 241
    10.2.1 图层泊坞窗 241
    10.2.2 图层的管理 242
10.3 图形和文本样式 244
    10.3.1 创建图形和文本样式 244
    10.3.2 应用图形样式 245
    10.3.3 编辑图形或文本样式 245
    10.3.4 删除图形或文本样式 246
10.4 实例演习——制作学生证 246
10.5 本章小结 249
10.6 上机实战 249

第 11 章 应用于 Web 251

11.1 网页页面设置 252
11.2 创建与 Web 兼容的文本 252
11.3 优化 Web 位图 253
11.4 创建翻转 254
11.5 使用书签和超链接 257
11.6 发布到 Web 258
    11.6.1 设置发布到 Web 前的
           准备选项 258
    11.6.2 执行发布到 Web 261
11.7 本章小结 263
11.8 上机实战 263

第 12 章 打印输出 264
12.1 打印设置 265
- 12.1.1 常规设置 265
- 12.1.2 版面设置 266
- 12.1.3 分色设置 267
- 12.1.4 预印设置 268
- 12.1.5 其他设置 268
- 12.1.6 问题设置 269

12.2 打印预览 269
- 12.2.1 打印预览标准栏 270
- 12.2.2 打印预览工具箱 271

12.3 发布 PDF 文件 272
12.4 本章小结 273
12.5 上机实战 273

第四篇 体验设计篇 274

第 13 章 实际运用案例 274
13.1 文字设计 275
- 13.1.1 飞行文字 275
- 13.1.2 空心文字 278
- 13.1.3 冰雪文字 281
- 13.1.4 描边文字 284

13.2 常见印刷品设计 290
- 13.2.1 贺卡设计 290
- 13.2.2 邮票设计 296
- 13.2.3 台历设计 299
- 13.2.4 门票设计 304
- 13.2.5 封面设计 307

13.3 装饰画 311
13.4 图案设计 318
13.5 版面设计 323
13.6 广告设计 329
13.7 产品设计 333
13.8 包装设计 340
13.9 室内平面图设计 350

第五篇 巩固拓展篇 357

第 14 章 优秀作品赏析 357
14.1 广告和海报招贴设计 358
14.2 卡片设计 359
14.3 包装设计 360
14.4 产品设计 361
14.5 电脑手绘艺术 362
14.6 网络动画设计 362
14.7 VI 设计 364
14.8 本章小结 364

参考文献 365

第一篇　基础学习篇

第1章　CorelDRAW X4 入门

教学目标

- 认识 CorelDRAW X4，会启动和退出 CorelDRAW X4 软件
- 了解矢量图与位图的区别
- 熟悉 CorelDRAW X4 工作界面，会使用标尺、网格和辅助线
- 学会定义自己喜欢的工作界面

教学重点

- 熟练操作 CorelDRAW X4 工作界面
- 会使用标尺、网格和辅助线

教学难点

- 认识位图的分辨率
- 自定义工作界面

建议学时

- 总学时：4 课时
- 理论学时：2 课时
- 实践学时：2 课时

Corel 公司的 CorelDRAW 是流行于 PC 上的矢量绘图处理软件，也是专业平面设计的软件。它广泛应用于图形图像绘制和处理、广告设计、网页设计、艺术创作、图文排版及分色输出等诸多领域。无论是进行简单的绘图，还是复杂的设计，用它来创作都能够获得专业的美术效果。

1.1 CorelDRAW X4 简介

CorelDRAW 是一流的矢量插图和版面制作程序，在 Corel 公司多年来的稳步发展和积极推广下，奠定了它在矢量绘图领域中的主导地位。Corel 公司于 2008 年 1 月 28 日正式发布了其矢量绘图软件 CorelDRAW 的第十四个版本，版本号延续为 X4，也就是 CorelDRAW Graphics Suite X4。

CorelDRAW 提供给设计者一整套的绘图工具，包括圆形、矩形、多边形、方格、螺旋线等，并配合塑形工具，对各种基本形状作出更多的变化，如圆角矩形、弧、扇形、星形等。同时也提供了特殊笔刷，如压力笔、书写笔、喷洒器等，以便充分地利用电脑处理信息量大、随机控制能力高的特点。

CorelDRAW X4 相比 CorelDRAW X3 加入了大量的新特性，总计有 50 项以上，其中值得注意的亮点有文本格式实时预览、字体识别、页面无关层控制、交互式工作台控制等。

在 Windows Vista 开始普及的今天，CorelDRAW X4 也与时俱进，整合了新系统的桌面搜索功能，可以按照作者、主题、文件类型、日期、关键字等文件属性进行搜索，还新增了在线协作工具 ConceptShare（概念分享）。此外，CorelDRAW X4 还增加了对大量新文件格式的支持，包括 Microsoft Office Publisher、Illustrator CS3、Photoshop CS3、PDF 8、AutoCAD DXF/DWG、Painter X 等。

1.2 矢量图与位图

数字图像的种类有矢量图形与位图图像两种。矢量图形和位图图像没有好坏之分，只是用途不同而已。因此，整合矢量图形和位图图像的优点，才是处理数字图像的最佳方式。

1.2.1 矢量图

矢量图形由线条和曲线组成，是从决定所绘制线条的位置、长度和方向的数学描述生成的。Illustrator、CorelDRAW、AutoCAD 等软件就是以矢量图形为基础进行创作的。一幅矢量图形可以分解为一系列由点、线、面等组成的子图。矢量图形所记录的是对象的几何形状、线条粗细和色彩等，其基本组成单元是节点和路径。矢量图形是徽标和插图的理想选择，因为它们与分辨率无关，能够在任何分辨率下打印和显示，而不会丢失细节或降低质量。此外，可以在矢量图形中生成鲜明清晰的轮廓。因此，矢量图特别适用于文字设计、标志设计、插图设计、版式设计等，并且生成的矢量图文件空间很小。

矢量图主要依靠设计软件生成，其缺点是色彩相对比较单调，不容易制作出色彩丰富的图像。可以在 CorelDRAW 中创建矢量图形，还可以在 CorelDRAW 中导入位图(如 JPEG 和 TIFF 文件)，并将它们融入绘图中。

矢量图的整体效果和放大后的局部效果，如图 1.1 所示。

图 1.1

1.2.2 位图

位图又叫点阵图或像素图。Photoshop 、Corel Painter 等软件能够处理位图图像。它由许多颜色不同、深浅不同的像素小方块组成。像素是组成图像的最小单位，一幅完整的图像是由一定数量的像素构成的，每个像素都被分配一个特定位置和颜色值。位图图像与分辨率息息相关，分辨率代表单位面积内包含的像素，分辨率越高，在单位面积内的像素就越多，图像也就越清晰。虽然位图在实际大小下效果不错，表现力强、细腻、层次多、细节多，可以十分容易地模拟出像照片一样的真实效果，但在缩放时，或在高于原始分辨率的分辨率下显示或打印时会显得参差不齐或图像质量的下降。位图的整体效果和放大后的局部效果，如图 1.2 所示。

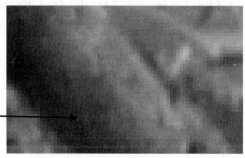

图 1.2

位图的分辨率又分为以下 4 种。

1. 图像分辨率

图像分辨率是指每单位长度所包含的像素数目，通常以像素/英寸(ppi)为计量单位。打印尺寸相同的两幅图像，高分辨率的图像比低分辨率的图像所包含的像素多。例如，打印尺寸为 1×1 平方英寸的图像，如果分辨率为 72 ppi，包含的像素数目为 5184(72×72=5184)；如果分辨率为 300ppi，图像中包含的像素数目则为 90000。

2. 显示器分辨率

显示器分辨率是指显示器上每单位长度显示的像素或点的数目，通常以点/英寸(dpi)为计量单位。显示器分辨率决定于显示器尺寸及其像素设置，PC 显示器典型的分辨率为 96dpi。

3. 打印机分辨率

打印机分辨率是指打印机每英寸产生的油墨点数，大多数激光打印机的输出分辨率为 300～600dpi，高档的激光照排机在 1200dpi 以上。

4. 网频

打印灰度图像和分色时，每英寸打印的点数或半调数，单位为线/英寸(lpi)，一般印刷品为 175lpi。

1.3　CorelDRAW X4 的启动与退出

1.3.1　CorelDRAW X4 的启动

方法一：在确保 CorelDRAW X4 软件已经安装的情况下，单击【开始】按钮，执行【程序】|【CorelDRAW Graphics Suite X4】|【CorelDRAW X4】命令。

方法二：直接双击桌面上的 CorelDRAW X4 快捷方式 即可。

温馨提示：

单击【开始】按钮，执行【程序】|【CorelDRAW Graphics Suite X4】|【CorelDRAW X4】命令，单击鼠标右键，选择"发送到"命令，在级联菜单中单击"桌面快捷方式"选项，即可创建 CorelDRAW X4 的桌面快捷方式。

1.3.2　CorelDRAW X4 的退出

方法一：单击 CorelDRAW 标题栏右上角的 按钮直接退出。
方法二：执行【文件】|【退出】命令或按 Alt+F4 键。
方法三：单击标题栏左上角的 图标，在弹出的菜单中选择"关闭"命令。

1.4　CorelDRAW X4 工作界面介绍

1.4.1　启动界面和欢迎屏幕

当打开 CorelDRAW X4 软件时，首先看到的是软件的启动界面，如图 1.3 所示。
接着进入"欢迎屏幕"界面，如图 1.4 所示。

第 1 章　CorelDRAW X4 入门

图 1.3

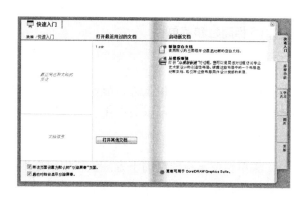
图 1.4

在"欢迎屏幕"界面可以快速完成常见任务，如打开文件以及从模板启动文件。还可以了解 CorelDRAW Graphics Suite X4 中的新功能，并可通过"图库"页面中的图形设计获得灵感。另外，还可以访问教程和提示，并可获得最新的产品更新。

温馨提示：

在"欢迎屏幕"界面的左下侧，如果取消了 启动时始终显示欢迎屏幕 复选框，则下次在启动 CorelDRAW X4 时，将不会显示"欢迎屏幕"界面。

1.4.2　认识工作界面

CorelDRAW X4 的工作界面是可以完全由用户定制的(见 1.4.9 节)，在什么地方放置什么工具都可以更改，这里的工作界面是程序的默认界面，它包括 10 个部分，如图 1.5 所示。

图 1.5

1.4.3 标题栏和菜单栏

1. 标题栏

标题栏在窗口的最上方，显示当前应用软件的名称及文件是否处于激活的工作状态。该栏右边的 3 个按钮可以最小化、最大化或关闭窗口。

2. 菜单栏

菜单栏位于标题栏的下方，该栏中根据不同类别汇集了软件的各项命令。菜单栏中包括如图 1.6 所示的 12 个菜单，单击任意菜单都会出现相应的下拉菜单。

图 1.6

1.4.4 工具栏和属性栏

1. 工具栏

默认状态下的工具栏位于菜单栏的下方，其中主要放置了一些常用的功能按钮，如图 1.7 所示。在用户使用某一菜单命令的时候，可以直接在该工具栏中搜索，使用起来非常方便。

图 1.7

2. 属性栏

属性栏主要用来显示绘图工具的相关属性，如图 1.8 所示。要注意的是属性栏中的选项并不是固定不变的，所选的工具不同，属性栏将随之发生变化。例如，选择文本工具时，文本属性栏上将显示创建和编辑文本的命令。选择缩放工具时，缩放属性栏上将显示缩小和放大的相关命令。

图 1.8

1.4.5 工具箱和绘图页

1. 工具箱

工具箱中放置了用于绘制和编辑图稿的工具，共 17 类 55 种，如图 1.9 所示。它是用户创作图像的最基本的工具，默认状态下它是垂直位于绘图窗口的左侧，也可以拖拉成浮动的水平工具条，如图 1.10 所示。工具箱的操作非常方便，可以通过单击或按快捷键两种方式进行选择。在工具的右下角有一个黑色三角箭头▲，表示有隐藏工具未显示，可以单击展开。将鼠标放在工具箱内的工具上停留几秒就会显示工具的名称和快捷键。

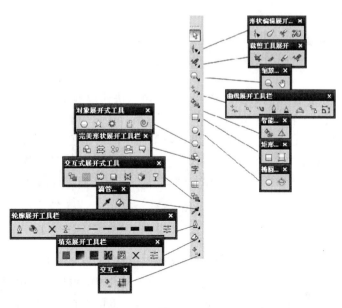

图 1.9

图 1.10

2．绘图页面

CorelDRAW 工作界面中，带阴影效果的矩形称为"绘图页面"。用户可以设置绘图页面的大小、方向、绘图单位和页面背景。超出绘图页之外的绘图打印时将不被显示。

1.4.6 导航器和状态栏

1．导航器

导航器位于工作区的左下方，它的作用是管理多页文档，可以显示当前的页码和总的页数，可以通过单击相应的标签切换到不同的页面，如图 1.11 所示。

图 1.11

2．状态栏

状态栏位于导航器的下方，它显示当前工作状态的相关信息，如鼠标当前的坐标值、被选中对象的简要属性、颜色、填充类型、轮廓、工具使用状态提示等信息，如图 1.12 所示。

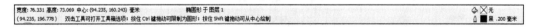

图 1.12

1.4.7 调色板和泊坞窗

1. 调色板

调色板默认位于工作区的右侧，使用调色板可以快速地改变对象的轮廓色和填充色，默认 CMYK 调色板，如图 1.13 所示。也可以通过执行【窗口】|【调色板】命令来打开更多的调色板，或执行【工具】|【调色板编辑器】命令，对调色板进行编辑。

图 1.13

2. 泊坞窗

CorelDRAW X4 中的泊坞窗相当于 Photoshop 软件中的浮动面板，默认情况下位于工作区的右侧，它包含与特定工具或任务相关的可用命令和设置的窗口，通过泊坞窗内的交互式对话框，用户无需反复地打开、关闭各种参数对话框，就可以查看或修改各种参数的设置。

泊坞窗可以同时打开多个，也可以通过拖动放到工作界面的任何位置。所有的泊坞窗都在【窗口】|【泊坞窗】命令下。在 CorelDRAW X4 中共有 27 个泊坞窗。

1.4.8 标尺、网格和辅助线

通过使用标尺、网格和辅助线，可以方便而准确地绘制和排列对象，提高绘图的精度和工作效率。

1. 标尺

标尺可以精确地绘制、缩放和对齐对象。当在绘图窗口移动鼠标时状态栏会显示光标的当前位置。

1) 标尺的显示和隐藏

方法一：执行【视图】|【标尺】命令。

方法二：在页面空白处单击鼠标右键，在弹出的快捷菜单中执行【视图】|【标尺】命令。

"标尺"命令旁边的复选标记则说明已显示了标尺，此时可在界面中看见显示的标尺，再次单击"标尺"命令标尺将被隐藏，如图 1.14、图 1.15 所示。

图 1.14

图 1.15

2) 标尺的移动

(1) 移动任一条标尺：按住 Shift 键，同时用鼠标将任一条标尺拖至绘图区的新位置，如图 1.16 所示。

按住 Shift 键，双击任一条标尺，将使标尺回到默认状态。

(2) 同时移动水平和垂直标尺：按住 Shift 键，在窗口左上角两标尺交汇处按下鼠标拖动至绘图区新位置，如图 1.17 所示。

按住 Shift 键，双击两标尺交汇处，将使标尺回到默认状态。

图 1.16　　　　　　　　　　　　　　　　图 1.17

3) 自定义标尺

(1) 执行【视图】|【设置】|【网格和标尺设置】命令。

(2) 在"文档"列表中单击"标尺"选项，如图 1.18 所示。

(3) 在"单位"选项组中的"水平"列表框中选择一种测量单位(系统默认的单位是 mm)。

(4) 在"原点"选项组的"水平"和"垂直"文本框中输入值。

(5) 在"刻度记号"框中输入一个值。

(6) 设定好所有选项后，单击"确定"按钮即可。

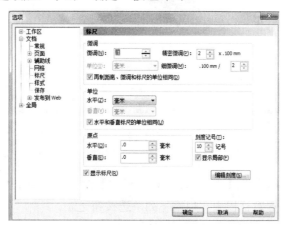

图 1.18

温馨提示：

① 默认状态下，标尺原点，即水平(0)和垂直(0)交汇点位置位于绘图页面的左下角。

② 单击选择属性栏的 单位：像素，也可更改标尺单位，但此时水平和垂直标尺单位是相同的。

③ 如果希望对垂直标尺使用不同的单位，可取消"水平和垂直标尺的单位相同"复选框，然后在"垂直"列表框中选择一种测量单位。

④ 更改了标尺的单位，微调的单位也会随之更改，除非先取消"再制距离、微调和标尺的单位相同"复选框。

2. 网格

网格是一系列交叉的虚线或点，可以用于在绘图窗口中精确地对齐和定位对象，辅助用户设计和绘制图形。它通过指定频率或间距，可以设置网格线或网格点之间的距离。

1) 网格的显示和隐藏

方法一：执行【视图】|【网格】命令。

方法二：在页面空白处单击鼠标右键，在弹出的快捷菜单中执行【视图】|【网格】命令。

"网格"命令旁边的复选标记则说明已显示了网格，此时可在界面中看见显示的网格，显示效果如图 1.19 所示，再次单击"网格"命令网格将被隐藏。

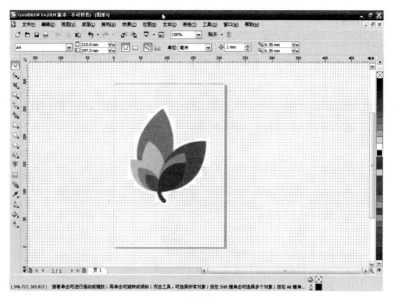

图 1.19

2) 自定义网格

(1) 执行【视图】|【设置】|【网格和标尺设置】命令，如图 1.20 所示。

(2) 在"网格"设置对话框中，启用下列单选按钮之一。

频率：以每一测量单位的行数来指定网格间距。

间距：以每条网格线之间的距离来指定网格间距。

(3) 在"水平"和"垂直"文本框中输入值。
(4) 设定好所有选项后,单击"确定"按钮即可。

图 1.20

温馨提示:

网格间隔所用的测量单位与标尺所用的测量单位相同。

3．辅助线

辅助线是可以放置在绘图窗口中任意位置的虚线。它可以被选择、旋转、删除、锁定和再制等。辅助线分为水平、垂直和导线(倾斜辅助线)3 种类型。

用户可以在需要添加辅助线的任何位置添加辅助线,也可以选择添加预设辅助线。预设辅助线分为 Corel 预设和用户自定义的预设两种类型。Corel 预设包括一英寸页边距上显示的辅助线以及时事通讯栏边界显示的辅助线。自定义的预设是有用户指定位置的辅助线。例如,添加在指定的距离处显示页边距的预设辅助线,或者定义列布局或网格的预设辅助线。添加辅助线后,可对辅助线进行选择、移动、旋转、锁定或删除操作。

用户可以使对象与辅助线对齐,这样当对象移近辅助线时,对象就只能位于辅助线的中间,或者与辅助线的任意一端对齐。

辅助线可以随文件一起保存,但在打印输出时辅助线是不会显示出来的。

1) 辅助线的显示和隐藏(方法同前面介绍的标尺和网格的显示和隐藏操作方法相同)

2) 添加水平或垂直方向辅助线

方法一:拖动添加。选择挑选工具,在水平或垂直标尺上按住鼠标并拖动,即可添加一条辅助线。

方法二:精确添加。

(1) 执行【视图】|【设置】|【辅助线设置】命令或执行【工具】|【选项】命令,如图 1.21 所示。

(2) 在"辅助线"类别列表中,单击"水平"或"垂直"选项。

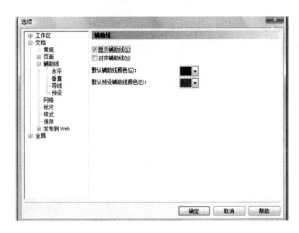

图 1.21

(3) 单击"水平"或"垂直"选项后,在右侧输入所需的参数,如图 1.22 所示,单击"添加"按钮。

(4) 设定好所有的选项后,单击"确定"按钮即可,如图 1.23 所示。

图 1.22

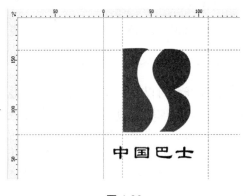

图 1.23

3) 添加倾斜辅助线

方法一:手动添加。

(1) 选择挑选工具,先添加一条水平或垂直辅助线。

(2) 再次单击即显示了辅助线的中心点和两端的旋转手柄,鼠标放在旋转手柄上拖动即可。

方法二:精确添加。

(1) 执行【视图】|【设置】|【辅助线设置】命令。

(2) 在"辅助线"类别列表中单击"导线"选项,如图 1.24 所示。

(3) 从"指定"列表框中选择下列选项之一。

- 2 点:指定要连接的两点,以创建一条辅助线。
- 角度和 1 点:指定一个点和一个角度,如图 1.25 所示,辅助线以指定的角度穿过该点。

　　　图 1.24　　　　　　　　　　　　　　图 1.25

(4) 从列表框中选择测量单位。
(5) 指定 X 轴、Y 轴和角度(如果适用)，单击"添加"按钮。
(6) 设定好所有的选项后，单击"确定"按钮，效果如图 1.26 所示。

4) 添加预设辅助线

(1) 执行【视图】|【设置】|【辅助线设置】命令。
(2) 在"辅助线"类别列表中单击"预设"选项，如图 1.27 所示。

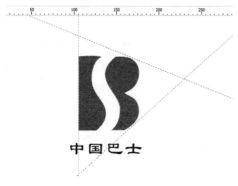　　　

　　　图 1.26　　　　　　　　　　　　　　图 1.27

(3) 启用下列单选按钮之一："Corel 预设"，"用户定义预设"。
(4) 通过启用相应的复选框指定辅助线设置。

如果启用了"用户定义预设"单选按钮，在"页边距"、"列"或"网格"区域中指定相应的值。

(5) 单击"应用预设"按钮。
(6) 设定好所有的选项后，单击"确定"按钮。

5) 编辑辅助线

(1) 选择辅助线：选择挑选工具 ，单击蓝色的辅助线(默认的辅助线颜色是蓝色)，这时辅助线会以红色显示表示选中；如果要选择多条辅助线，按住 Shift 键，单击需加选的辅助线即可。
(2) 选择全部辅助线：执行【编辑】|【全选】|【辅助线】命令。

(3) 移动辅助线：按住鼠标左键，将辅助线拖到绘图窗口中的新位置。

(4) 旋转辅助线：选择挑选工具，双击辅助线，此时辅助线会显示中心点和两端的旋转手柄，鼠标放在旋转手柄上拖动即可。

(5) 锁定辅助线：选中辅助线，然后执行【排列】|【锁定对象】命令。

(6) 解除锁定辅助线：选中辅助线，然后执行【排列】|【解除锁定对象】命令。

(7) 删除辅助线。

方法一：选中辅助线，按 Delete 键。

方法二：在"选项"对话框的"辅助线"类别列表框中单击"水平"或"垂直"选项后，选择好需删除的辅助线，单击右侧的"删除"按钮。

如果要快速清除全部辅助线，在"辅助线"类别列表框中分别单击"水平"和"垂直"选项后，单击右侧的"清除"按钮。

(8) 复制辅助线：选中需要复制的辅助线，执行【编辑】|【复制】命令，再执行【编辑】|【粘贴】命令，会原位复制辅助线，选择挑选工具移动到新位置。

(9) 再制辅助线：选中需要再制的辅助线，执行【编辑】|【再制】命令。

温馨提示：

① 辅助线总是使用标尺的测量单位。

② 要修改辅助线的默认颜色，在"选项"对话框中，选中"辅助线"类别，单击右侧的颜色即可修改。

③ 要自定义标尺、网格和辅助线，还可以通过以下4种方法，打开"选项"对话框：执行【工具】|【选项】命令；或【工具】|【自定义】命令；或双击标尺；或在标尺处单击右键执行【网格设置】|【标尺设置】|【辅助线设置】命令。

4. 贴齐网格和辅助线

为了在作图的过程中，使对象自动捕获到网格和辅助线上，进行精确操作，可以使用贴齐网格和辅助线。

方法一：执行【视图】|【贴齐网格】或【贴齐辅助线】命令。

方法二：单击标准工具栏的 贴齐 按钮，选中"贴齐网格"或"贴齐辅助线"复选框。

方法三：选中网格或辅助线对话框中的"贴齐网格"或"贴齐辅助线"复选框。

1.4.9 自定义工作界面

用户可以在 CorelDRAW 中根据个人要求或习惯自定义一个工作界面，定制的工作区可以满足用户本人的习惯和要求，可以把定制好的工作界面保存下来，到其他的计算机中去使用。当用户不需要在定制的工作环境中工作时，可以很轻松地将工作区恢复到默认状态。

1. 工作区的定制

1) 创建新工作区

(1) 执行【工具】|【自定义】命令。

(2) 然后在类别列表中单击"工作区"选项。

(3) 单击对话框中的"新建"按钮,弹出如图 1.28 所示的对话框。

图 1.28

(4) 在该对话框的"新工作区的名字"框中输入工作区的名称。
(5) 从"基新工作区于"列表框中,选择一个当前工作区作为新工作区的基础。
(6) 如果要包括关于工作区的描述,在"新工作区的描述"框中输入描述文字。
(7) 单击"确定"按钮,如图 1.29 所示。

图 1.29

2) 应用工作区
(1) 执行【工具】|【自定义】命令。
(2) 在类别列表中单击"工作区"选项。
(3) 在"工作区"列表中选中所要运用的工作区旁边的复选框。
(4) 单击"确定"按钮。

3) 删除工作区
(1) 执行【工具】|【自定义】命令。
(2) 在类别列表中单击"工作区"选项。
(3) 从"工作区"列表中选择想要删除的工作区。
(4) 单击"删除"按钮。

温馨提示:

默认工作区是不能删除的。

4) 工作区的导入和导出
(1) 执行【工具】|【自定义】命令。
(2) 在类别列表中单击"工作区"选项。

(3) 单击"导入"按钮，出现如图 1.30 所示的对话框。
(4) 单击"浏览"按钮，弹出如图 1.31 所示的对话框。

图 1.30

图 1.31

(5) 选择要导入的文件，单击"打开"按钮。
(6) 按照导入提示完成导入的工作。

导出工作区，只要用户选择设定好的工作区以后，单击"保存"按钮即可。

温馨提示：

可以导出的工作区项目包括泊坞窗、工具栏(包括属性栏和工具箱)、菜单、状态栏和快捷键。

2. 快捷键的定制

熟练地运用快捷键可以提高工作效率，节省大量的时间和精力。虽然应用程序已经预先设置了快捷键，但是用户可以按自己的工作风格更改或添加快捷键。

(1) 执行【工具】|【自定义】命令。
(2) 在类别列表中单击"命令"选项。
(3) 在"新建快捷键"文本框中输入用户所希望的快捷键，如图 1.32 所示。
(4) 单击"确定"按钮。

图 1.32

温馨提示：

选中"按指定导航到冲突"复选框，CorelDRAW 会自动显示相冲突的快捷键的设定，以方便用户修改。

3. 颜色栏的定制

色彩的运用是 CorelDRAW 中必不可少的一个重要因素，所以要更加合理地使用调色板这个参照工具。可以将调色板显示、移动、隐藏或固定在一个固定的位置，也可以将它转换成一个浮动面板。

(1) 执行【工具】|【自定义】命令。

(2) 在类别列表中单击"调色板"选项，如图 1.33 所示。

图 1.33

(3) 用户可以进行相关参数设置，单击"确定"按钮。

温馨提示：

用鼠标左键按住调色板里的一个颜色块，在该位置就会出现与这一颜色相近似的一组颜色。

4. 菜单的定制

CorelDRAW 的自定义特性允许用户修改菜单栏及其包含的菜单。可以改变菜单和菜单命令的顺序；添加、移除和重命名菜单和菜单命令；以及添加和移除菜单命令分隔符。如果没有记住菜单位置，可以搜索菜单命令，或将菜单重置为默认设置。

(1) 执行【工具】|【自定义】命令，打开如图 1.34 所示的选项卡。

(2) 如果用户要移除菜单栏上的项目，在"自定义"类别列表中单击"命令"选项；选择要移除的命令脱离菜单，如图 1.35 所示。

图 1.34

图 1.35

5. 工具按钮的编辑

在 CorelDRAW 中，用户还可以根据自己的爱好来改变工作按钮的颜色和大小，具体方法如下。

(1) 执行下列步骤的任何一个。

执行【工具】|【选项】命令或按 Ctrl+J 快捷键。

执行【工具】|【自定义】命令。

(2) 在类别列表中单击"命令"选项，然后打开"外观"选项卡，如图1.36所示。

图 1.36

(3) 在该对话框中，用户可以根据自己的爱好进行按钮外观的修改，单击"确定"按钮。

1.5 实例演习——设置包装盒辅助线

设置包装盒辅助线的方法如下。

(1) 首先在桌面任务栏上执行【开始】|【所有程序】|【CorelDRAW Graphics Suite X4】|【CorelDRAW X4】命令(或双击桌面快捷方式)进入"欢迎屏幕"界面，如图1.37所示。

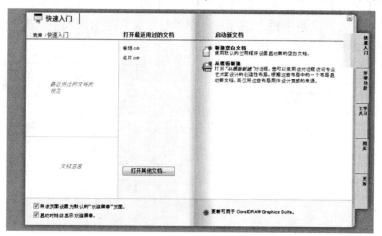

图 1.37

(2) 单击"打开其他文档"按钮,打开素材/第1章素材/包装盒原图,如图1.38所示。可以看到,这个展开的包装盒上的辅助线设置很凌乱,要修改起来很费时间,不如全部清除,重新设置辅助线。所以在确保标尺已显示的情况下,执行【视图】|【设置】|【辅助线设置】命令,打开"选项"对话框,在"辅助线"类别选项中单击"水平"选项,如图1.39所示,再单击右侧的"清除"按钮,水平辅助线被清除,如图1.40所示。

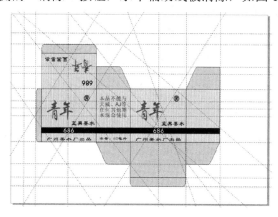

图 1.38

图 1.39

图 1.40

(3) 单击"垂直"选项,如图1.41所示;再单击右侧的"清除"按钮,垂直辅助线将被清除,如图1.42所示。

图 1.41

图 1.42

(4) 单击"导线"选项,如图 1.43 所示;再单击右侧的"清除"按钮,倾斜辅助线被清除,单击"确定"按钮,如图 1.44 所示,效果如图 1.45 所示。

图 1.43

图 1.44

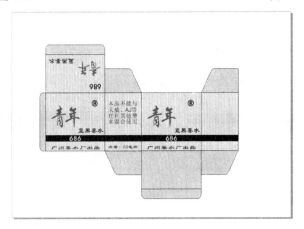

图 1.45

(5) 添加水平辅助线。从水平标尺处拖动 8 条水平参考线分别放于包装盒的水平结构线上,如图 1.46 所示。

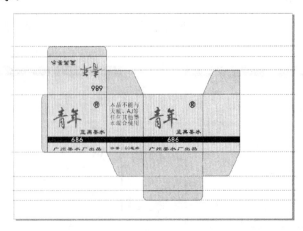

图 1.46

（6）添加垂直辅助线。从垂直标尺处拖动 6 条垂直参考线分别放于包装盒的垂直结构线上，如图 1.47 所示。

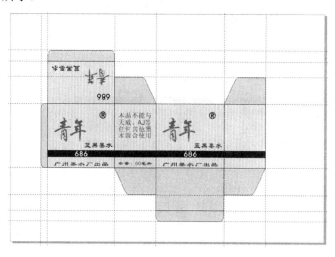

图 1.47

（7）添加导线(倾斜辅助线)。从垂直或水平标尺处拖动一条垂直或水平参考线，单击会显示中心点和旋转控制手柄，在旋转控制柄处拖动鼠标，直到与包装盒边缘的倾斜结构线平行，拖移倾斜参考线至倾斜结构线处，如图 1.48 所示。

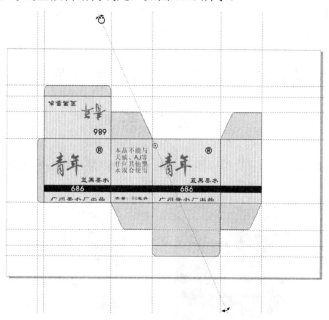

图 1.48

（8）保持倾斜参考线的选中状态，拖动它至与之平行的另一倾斜边缘结构线处时单击鼠标右键，复制此倾斜辅助线；同理添加另一组包装盒倾斜边缘结构线，如图 1.49 所示。

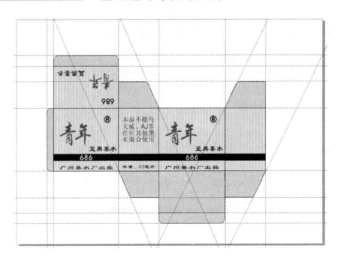

图 1.49

(9) 执行【文件】|【另存为】命令,在"保存绘图"对话框中 保存在(I): 栏选择合适的保存位置, 文件名(N): 栏输入"包装盒辅助线完成图",单击 保存 按钮即可。

1.6 本章小结

本章为 CorelDRAW X4 的入门学习,通过对软件的启动与退出、矢量图与位图以及工作界面的系统介绍,使读者快速地进入 CorelDRAW X4 软件的学习。同时通过本章的学习,用户对 CorelDRAW X4 工具的功能进行全新的认识,对标尺、网格和辅助线进行系统的了解和掌握,读者能够定义自己的工作环境,并通过实例演示巩固所学知识。

1.7 上机实战

1. 仔细识别如图 1.50 所示的两幅图片,看看哪一幅是由线条和填充组成的矢量图形,哪一幅是由像素组成的位图,并说出理由。

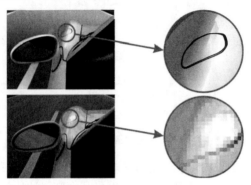

图 1.50

2. 将"导出"按钮的外观修改成如图 1.51 所示的图标样式。

图 1.51

操作提示：

(1) 执行【工具】|【选项】命令。

(2) 打开"选项"对话框，在"自定义"类别选项中选择"命令"选项。

(3) 双击"导入"选项，打开"外观"选项卡，进行修改。

3. 自定义一个自己喜欢的工作环境。

第 2 章　CorelDRAW X4 基础

教学目标

- 了解文件的格式
- 掌握对文件的基本操作和页面的设置
- 会查看视图

教学重点

文件的基本操作和页面的设置

教学难点

设置版面和标签样式

建议学时

- 总学时：4 课时
- 理论学时：2 课时
- 实践学时：2 课时

第 2 章　CorelDRAW X4 基础

2.1　文件的基本操作

2.1.1　文件格式

文件格式是用来定义应用程序如何在文件中存储信息。当用户给文件命名时，应用程序会自动附加上文件扩展名，扩展名通常为 3 个字符的长度，例如，".CDR"、".BMP"、".TIF"和".EPS"等。文件扩展名可以帮助用户和计算机区别不同格式的文件。CorelDRAW X4 支持的文件格式有很多种，以下文件格式是 CorelDRAW X4 中使用比较多的文件格式。

1. CDR 格式

CorelDRAW X4 的文件格式为 CDR 格式，它只能在 CorelDRAW X4 中打开，而不能在其他程序中直接打开。

2. JPEG 格式

JPEG(JPG)是由联合图像专家组开发的一种标准格式，它采用高级压缩技术，允许在各种平台之间进行文件传输。JPEG 支持 8 位灰度及多达 32 位 CMYK 的颜色深度。主要用于图像预览和超文本文档，如 HTML 文档等。JPEG 是一种较流行的有损压缩技术，主要用来压缩图像，在压缩构成中并不会严重影响图像的视觉效果，但会使图像丢失掉部分不易察觉到的数据，所以对印刷质量要求高的图像不适合使用此格式。

3. TIFF 格式

标记图像文件格式(TIFF)是作为标准来使用的一种点阵格式。几乎每种图形应用程序都可以读写 TIFF 文件。该格式支持 RGB、CMYK、Lab 和灰度等颜色模式的信息，但不能保存双色调信息。

4. PSD 格式

PSD 格式是 Photoshop 软件生成的一种格式，也是唯一能支持全部图像色彩模式的格式，以 PSD 格式保存的图像可以包括图层、通道和色彩模式。

5. GIF 格式

GIF 是基于位图的格式，专门在 Web 上使用。这是一种高度压缩的格式，其目的在于尽量缩短文件传输的时间并支持多达 256 种颜色的图像。GIF 格式提供了在一个文件中存储多个位图的功能。多个图像快速连续的显示时，文件即被称为 GIF 动画文件。

6. BMP 格式

Windows 位图(BMP)文件格式是作为在 Windows 操作系统上将图形图像表示为位图的标准而开发出来的。它支持 RGB、索引颜色、灰度和位图色彩模式，但不支持 Alpha 通道。采用 BMP 格式保存的文件会很大。

7. EPS 格式

Encapsulated PostScript(EPS)文件格式是大多数图例程序和页面布局程序都支持的一种图元文件。要查看或打印 EPS 文件格式，必须安装 PostScript 打印机。

2.1.2 新建和打开文件

在使用 CorelDRAW 绘制图形之前，首先要新建一个文件，或者打开一个已有的文件。

1. 新建文件

方法一：运行 CorelDRAW X4 软件，在弹出的"欢迎屏幕"界面中，如图 2.1 所示，单击"新建空白文档"选项，即可新建一个文件。

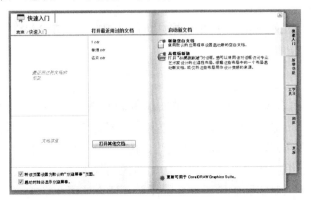

图 2.1

方法二：运行 CorelDRAW X4 软件，在弹出的"欢迎屏幕"界面中，单击"从模板新建"选项，会弹出"从模板新建"对话框，选择所需的模板，单击"打开"按钮，即可新建一个模板文件，如图 2.2 所示。

图 2.2

方法三：在软件打开后，执行【文件】|【新建】命令，可新建一个文件；执行【文件】|【从模板新建】命令，可新建一个模板文件。

方法四：在常用工具栏中单击"新建"按钮，可新建一个文件。

> 温馨提示：
>
> 在 CorelDRAW X4 软件打开后，新建文件的快捷键是：Ctrl+N。

2. 打开文件

方法一：运行 CorelDRAW X4 软件，在弹出的启动界面中，单击"打开其他文档"按钮，可打开一个文件。

方法二：在软件打开后，执行【文件】|【打开】命令，可打开一个文件。

方法三：CorelDRAW X4 有保存最近使用文档的功能，执行【文件】|【打开最近用过的文件】命令，可打开最近使用过的文件，如图 2.3 所示。

图 2.3

方法四：在常用工具栏中单击"打开"按钮，可打开一个文件。

温馨提示：

在 CorelDRAW X4 软件打开后，打开文件的快捷键是：Ctrl+O。

2.1.3 保存和关闭文件

1. 保存文件

方法一：执行【文件】|【保存】命令进行保存。如果是第一次保存，则会弹出如图 2.4 所示的"保存绘图"对话框，在相应的文本框中可以设置"文件名"、"保存类型"和"版本"等，单击"保存"按钮即可；如果不是第一次保存，单击"保存"按钮，则会把当前对该文件的修改保存下来。

方法二：单击常用工具栏上的"保存"按钮，也可保存文件。

图 2.4

温馨提示：

① 在 CorelDRAW X4 中保存文件的快捷键是：Ctrl+S。

② 为了更好地保存文件，可以将文件另存为现有文件的一个副本，而原始文件不变，即可执行【文件】|【另存为】命令，来进行副本保存。

③ CorelDRAW 中保存文件的默认格式为 ".CDR" 格式。

2. 关闭文件

方法一：执行【文件】|【关闭】命令即可关闭。
方法二：单击菜单栏右上角的 按钮即可关闭。
方法三：单击菜单栏左上角的 图标，选择  选项即可关闭。

⒧ 温馨提示：

① 除非在关闭窗口前保存，否则系统会弹出如图 2.5 所示的对话框，用户可以根据自己需要决定是否保存文件。

② 在 CorelDRAW X4 中关闭文件的快捷键是：Ctrl+F4。

图 2.5

2.1.4 备份和恢复文件

CorelDRAW 为用户提供了一个自动备份文件的功能，在系统发生错误后重新启动程序时，提示恢复备份的副本。

自动备份功能用来保存已打开并修改过的绘图文件。在 CorelDRAW 中可以设置自动备份文件的时间间隔(建议用户自动备份文件的时间不要设置得太短，否则会降低系统运行的速度)，并指定要保存文件的位置，在默认情况下，将保存在临时文件夹或指定的文件夹中。

1. 备份文件设置

执行【工具】|【选项】命令，在"工作区"类别列表中，单击"保存"选项，如图 2.6 所示，根据需要进行相应设置。

图 2.6

2. 恢复备份文件

(1) 重新启动 CorelDRAW X4 软件。
(2) 单击"文件恢复"对话框中的"确定"按钮。
(3) 在指定文件夹中保存并重命名文件即可。

2.1.5 导入和导出文件

1. 导入文件

在 CorelDRAW X4 中有以下两种导入文件的方法。

方法一：执行【文件】|【导入】命令。

方法二：单击常用工具栏上的"导入"按钮 进行导入。

选择以上任意一种导入方法，将弹出"导入"对话框，如图 2.7 所示，选择需要导入的文件名称、文件类型等，单击"导入"按钮，鼠标会变成一个厂形，在鼠标右下方显示图像相应信息，如图 2.8 所示，这时在页面单击鼠标，会按原图尺寸导入图像；在页面拖动鼠标，会按鼠标拖出的尺寸导入图像。

图 2.7　　　　　　　　　　　图 2.8

在如图 2.7 所示的"导入"对话框中，若选择"全图像"选项，单击"导入"按钮，则导入的是整个图像。若选择"裁剪"选项，单击"导入"按钮，则会弹出"裁剪图像"对话框，如图 2.9 所示。在对话框中，可以在由 8 个控制柄的图上手动调节图片的大小；也可以在对话框的下部以输值的方式裁剪图像，单击"确定"按钮，即将裁剪的图像导入到了页面当中。若选择"重新取样"选项，单击"导入"按钮，则会弹出"重新取样图像"对话框，如图 2.10 所示，在对话框中，可以修改图像的大小、分辨率等属性。

图 2.9　　　　　　　　　　　图 2.10

图 2.11 所示分别为以全图像、裁剪图像和重新取样导入的图像效果。

图 2.11

📖 温馨提示：

在 CorelDRAW X4 中导入文件的快捷键是：Ctrl+I。

2. 导出文件

方法一：执行【文件】|【导出】命令。
方法二：单击常用工具栏上的"导出"按钮。

选择以上任意一种导出方法，都会弹出"导出"对话框，如图 2.12 所示，选择导出的路径、文件名称、文件类型等，单击"导出"按钮会弹出如图 2.13 所示的过滤器对话框，选择所需要的选项，单击"确定"按钮即可导出文件。

图 2.12

图 2.13

📖 温馨提示：

① 在"导出"对话框中若选中 ☑只是选定的(O) 复选框，则只是将当前选中的图形导出；若取消 ☐只是选定的(O) 复选框，则是将当前页面中的图像全部导出。

② 在 CorelDRAW X4 中导出文件的快捷键是：Ctrl+E。也可通过执行【文件】|【导出到 Office】命令来实现文件的导出。

2.1.6 现场练兵——制作"全家服"

(1) 启动 CorelDRAW X4，在"欢迎屏幕"界面上，单击"从模板新建"选项，选择一个如图 2.14 所示的模板。

(2) 选择工具箱中的挑选工具 ，分别选中上面衬衫上的树叶和下面衬衫上的文字，按 Delete 键删除即可，如图 2.15 所示。

图 2.14

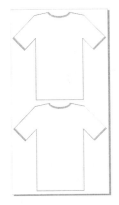
图 2.15

(3) 制作妈妈服。用挑选工具分别选中两个衬衫，单击调色板上的白色，即可将衬衫填充为白色；用挑选工具框选上面的衬衫，执行【排列】|【群组】命令，上面的衬衫将群组为一个整体；将鼠标放在对角控制柄处，按住 Shift 键，向内拖动，等比例缩小衬衫作为妈妈服，如图 2.16 所示。

(4) 制作宝宝服。保持妈妈服的选中状态，按＋键，原位复制一个衬衫作为宝宝服，选择工具箱中的挑选工具 ，将复制的衬衫向左移动，并等比例缩小，如图 2.17 所示。

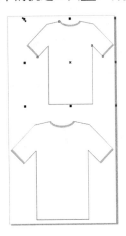
图 2.16

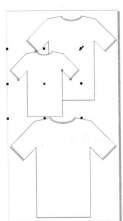
图 2.17

(5) 执行【文件】|【导入】命令，分别导入素材/妈妈服素材、爸爸服素材和宝宝服素材，并适当放大，放入衬衫上适合的位置，如图 2.18 所示。

(6) 选择工具箱中的文字工具 ，输入黑体字"FATHER&SON"并填充淡绿色即可，如图 2.19 所示。

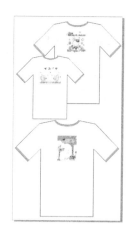

图 2.18

图 2.19

(7) 执行【版面】|【页面背景】命令,在弹出的"选项"对话框中,选择"纯色"的黄色,如图 2.20 所示,单击"确定"按钮,效果如图 2.21 所示。

图 2.20

图 2.21

(8) 执行【文件】|【另存为】命令,在"保存绘图"对话框中 保存在(I) 栏选择合适的保存位置,文件名(N) 栏输入"全家服",单击 保存 按钮即可。

2.2 页面设置

通常在绘图之前,要根据自己的需要来定义页面的尺寸、方向、页面背景、版面样式等。下面详述如何进行页面设置。

2.2.1 常规页面设置

1. 设置纸张大小

当没有选择任何对象时,单击挑选工具,会出现如图 2.22 所示的属性栏。

第 2 章 CorelDRAW X4 基础

图 2.22

(1) 选择预设的纸张类型：单击"纸张类型"列表框右边的 ，会出现各种纸张类型，选择所需要的即可。

(2) 自定义纸张尺寸：如果预设中没有所需要的纸张类型，可以在"纸张尺寸"中输值，按回车键即可设置纸张大小。

2. 设置纸张方向

"纸张方向"分为横向和纵向，单击图 2.22 所示的"横向"或"纵向"按钮即可选择纸张方向。

温馨提示：

> 可以执行【版面】|【页面设置】命令，在弹出的"选项"对话框中，单击左边的"文档"|"页面"|"大小"选项，在右边设置纸张的大小和方向。

2.2.2 设置版面样式

执行【版面】|【页面设置】命令，在弹出的"选项"对话框中，单击左边的"文档"|"页面"|"版面"选项，在中间"版面"列表框中，会显示"全页面"(默认值)、"活页"、"屏风卡"、"帐篷卡"、"侧折卡"、"顶折卡"和"三折小册子" 7 种版面样式，选择其中的一种，单击"确定"按钮即可，如图 2.23 所示。

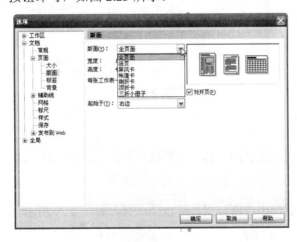

图 2.23

2.2.3 设置标签格式

执行【版面】|【页面设置】命令，单击左边的"文档"|"页面"|"标签"选项，在

中间的"标签"列表框中，汇集了40多家标签制造商的近千种标签格式，供用户选择，如图2.24所示，选择其中的一种，单击"确定"按钮即可。

图 2.24

2.2.4 设置页面背景

执行【版面】|【页面背景】命令，在弹出的"选项"对话框中，可以选择"无背景"、"纯色"或"位图"作为页面背景，如图2.25所示。

图 2.25

2.2.5 设置多页文档

如果用户要编辑较为复杂的文档，需要进行多页文档的设置。

1. 添加文档

方法一：单击导航器中的 按钮，可以插入页，如图2.26所示。

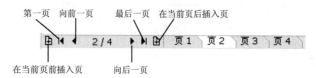

图 2.26

方法二：将光标移到需要插入的页面标签上右击，会弹出快捷菜单，选择"在后面插入页"或"在前面插入页"选项，如图 2.27 所示。

方法三：执行【版面】|【插入页】命令，会弹出"插入页面"对话框，在其中输数值，单击"确定"按钮即可，如图 2.28 所示。

图 2.27

图 2.28

2. 删除页面

方法一：将光标移到需要删除的页面标签上右击，会弹出快捷菜单，选择"删除页面"选项即可，如图 2.27 所示。

方法二：执行【版面】|【删除页面】命令，会弹出"删除页面"对话框，输入要删除的页，单击"确定"按钮即可，如图 2.29 所示。如果删除多个页面，可勾选 ☑通到页面(T)： 选项，可一次删除多个页面，如图 2.30 所示。

图 2.29

图 2.30

图 2.31

3. 重命名页面

方法一：单击导航器中需要重命名的页面标签，执行【版面】|【重命名页面】命令，会弹出"重命名页面"对话框，输入"页名"，单击"确定"按钮即可，如图 2.31 所示。

方法二：将光标移到需要重命名的页面标签上右击，会弹出快捷菜单，选择"重命名页面"选项，如图 2.27 所示。会弹出"重命名页面"对话框，输入"页名"，单击"确定"按钮即可，如图 2.31 所示。

2.2.6 现场练兵——制作画册封面

(1) 启动 CorelDRAW X4，在"欢迎屏幕"界面，单击"新建空白文档"选项，新建一个空白文件，属性栏设置如图 2.32 所示。

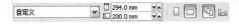
图 2.32

(2) 执行【版面】|【页面背景】命令，选中"位图"单选按钮，单击"浏览"按钮，选择素材/第 2 章/风景，如图 2.33 所示，单击"确定"按钮，效果如图 2.34 所示。

(3) 执行【文件】|【导入】命令，导入素材/第 2 章/照片，这是一个 GIF 文件，拖动会出现 3 张图片，将其调整后放入适合的位置，如图 2.35 所示。

图 2.33

图 2.34　　　　　　　　　　　　　　图 2.35

(4) 选择工具箱中的矩形工具，在画面上部画一长方形，并单击调色板上的 40%的灰色填充，如图 2.36 所示。

(5) 选择工具箱中的文字工具，属性栏设置 方正琥珀简体 52.553 pt，输入"我们的故事"，填充黄色；属性栏设置 黑体 25.368 pt，输入"珍藏版摄影画册"，填充红色，如图 2.37 所示。

图 2.36　　　　　　　　　　　　　　图 2.37

(6) 执行【文件】|【另存为】命令，在"保存绘图"对话框中 保存在(I): 栏选择合适的保存位置，文件名(N): 栏输入"制作画册封面"，单击 保存 按钮即可。

2.3 查看视图

在进行绘图过程中，经常需要对视图进行放大、缩小、移动或查看视图的显示模式等操作。下面将介绍查看视图的方法。

2.3.1 缩放和平移视图

1．缩放视图

为了方便用户对文件进行整体或细节的观察和编辑，需要对视图进行缩放操作，方法如下。

方法一：选择工具箱中的缩放工具 ，将鼠标移动到需放大的对象上，此时鼠标变为 形状，单击即可逐级放大对象。

方法二：选择工具箱中的缩放工具 ，将鼠标移动到需放大的对象上，按住鼠标左键在需要放大的部分框一个虚线框，如图 2.38 所示；松开鼠标即可放大，效果如图 2.39 所示。

图 2.38　　　　　　　　　　　　　　图 2.39

方法三：选择工具箱中的缩放工具 ，此时，属性栏会显示该工具的相关属性，如图 2.40 所示。

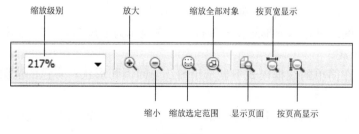

图 2.40

(1) 放大工具：单击此按钮一次，会使视图放大 2 倍，此时在视图中右击一次将会使视图缩小为目前视图的 $\frac{1}{2}$ 大小。

(2) 缩小工具：单击此按钮一次，会使视图缩小为目前视图的 $\frac{1}{2}$ 大小。

(3) 缩放选定对象工具：单击此按钮一次，会使选定的对象最大化地显示在页面中。

(4) 缩放全部对象工具：单击此按钮一次，会使页面中的全部对象显示出来，此时在视图中右击一次将会使视图缩小为原视图的 $\frac{1}{2}$ 大小。

(5) 按页面显示工具：单击此按钮一次，会使页面的宽度和高度最大化地显示出来。

(6) 按页宽显示工具：单击此按钮一次，会按页面的宽度显示，右击一次将会使页面缩小为原视图的 $\frac{1}{2}$ 大小。

(7) 按页高显示工具：单击此按钮一次，会按页面的高度显示，右击一次将会使页面缩小为原视图的 $\frac{1}{2}$ 大小。

2. 平移视图

方法一：将鼠标移到工作区的右边或下边的滚动条滑块上，按住鼠标左键的同时，上下或左右移动鼠标。

方法二：选择工具箱中的手形工具，将鼠标移到工作区的任意位置，按住鼠标左键并进行拖动，直到显示到要查看的区域。

温馨提示：

① 按 Z 键可以快速地从其他工具切换到缩放工具。
② 按 H 键可以快速地从其他工具切换到手形工具。
③ 按 F2 键：进入缩放状态。
④ 按 F3 键：缩小视图。
⑤ 按 F4 键：显示全部对象。
⑥ 按 Shift+F4 键：按页面显示视图。

2.3.2 视图的显示模式

CorelDRAW X4 中，【视图】菜单下有 6 种视图的显示模式。

(1) 简单线框：只显示图形对象的外框、位图显示为灰度图。使用此模式可以快速预览绘图的基本元素。

(2) 线框：在简单的线框模式下显示绘图及中间调和形状，彩色的位图会以灰度的形式出现。

(3) 草稿：显示均匀填充和低分辨率下的位图。如果用户需要快速刷新复杂图形，建议使用此模式。

(4) 正常：显示除 PostScript 填充外的所有填充或高分辨率位图。其刷新和打开速度比增强模式稍快，但显示效果比增强模式差一点。

(5) 增强：图形以高分辨率显示位图及光滑处理的矢量图形，当显示复杂图形时，会消耗更多的内存和时间。此模式是 CorelDRAW X4 默认的视图模式。

(6) 使用叠印增强：模拟重叠对象设置为叠印的区域颜色，并显示 PostScript 填充、高分辨率位图和光滑处理的矢量图形。

2.3.3 预览视图

CorelDRAW X4 中，用户可以预览绘图，以查看打印和导出时绘图的外观。预览视图的方式如下。

1. 全屏预览

执行【视图】|【全屏预览】命令或按 F9 键，即可将工作区以内的对象以全屏的方式显示，工作区以外的对象将被隐藏。

2. 只预览选定的对象

执行【视图】|【只预览选定的对象】命令，即可将选定的对象进行全屏幕预览，没有被选定的对象将被隐藏。

温馨提示：
① 在以上两种预览方式中，单击或按任意键，可以返回到应用程序窗口。
② 如果启用了"只预览选定的对象"模式，但没有选定对象，则将显示空白屏幕。

3. 页面排序器视图

执行【视图】|【页面排序器视图】命令，即可同时浏览所有页面效果。

温馨提示：
单击标准工具栏上的 按钮，或双击任一页面，可以退出页面排序器视图。

2.4 实例演习——绘制星座日历

(1) 启动 CorelDRAW X4，在"欢迎屏幕"界面，单击"新建空白文档"选项，新建一个空白文件，属性栏设置如图 2.41 所示。

图 2.41

(2) 执行【版面】|【页面背景】命令，在"背景"中选中"纯色"单选按钮，在"颜色"下拉列表中选择"桔红色"选项，单击"确定"按钮，效果如图 2.42 所示。

(3) 在左下角的导航器中单击 按钮，添加"页 2"，单击"页 1"选项，执行【文件】|

【导入】命令,在弹出的"导入"对话框中,选择素材/第 2 章/白羊座文件,单击"确定"按钮,这时鼠标会变成一个标尺形,在页面中拉框拖动鼠标,如图 2.43 所示,松开鼠标效果如图 2.44 所示。

图 2.42

图 2.43

(4) 单击左下角导航器栏的"页 2"选项,同样的方法导入素材/第 2 章/金牛座文件,如图 2.45 所示。

图 2.44

图 2.45

(5) 执行【视图】菜单下的 6 种显示模式,查看显示效果。
(6) 执行【视图】|【页面排序器视图】命令,效果如图 2.46 所示,双击"页 1"选项,

退出"页面排序器视图"。

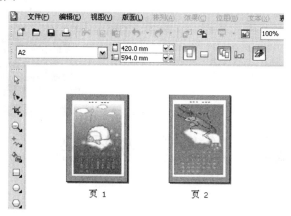

图 2.46

(7) 执行【文件】|【另存为】命令,在"保存绘图"对话框中 保存在(I): 栏选择合适的保存位置, 文件名(N): 栏输入"制作星座日历",单击 保存 按钮即可。

2.5 本章小结

本章系统地介绍了文件的基本操作、页面的设置和查看视图的操作,掌握这些基础知识,并通过实例演示巩固所学知识,为以后的学习与设计奠定基础。

2.6 上机实战

1. 对图 2.47 所示的蜜蜂进行部分预览的操作。

图 2.47

2. 新建一个文件,导入一张位图,再随意绘制一些图形,并进行不同视图之间的切换操作。

第3章 绘制基本图形

教学目标

- 熟练绘制几何图形和各种直线、曲线，培养基本的绘图能力
- 灵活运用工具属性栏，对基本图形进行简单地处理
- 能通过实例灵活掌握基本图形的绘制方法和技巧

教学重点

- 绘图工具的使用方法和技巧
- 能独立操作完成现场练兵和实例演习中的实例

教学难点

在实践中灵活运用各种绘图工具绘制基本图形式

建议学时

- 总学时：8课时
- 理论学时：2课时
- 实践学时：6课时

第 3 章 绘制基本图形

基本图形是组成复杂图形的基础和框架。无论多么复杂的图形都是由一些基本的图形元素组成的，矩形、椭圆、多边形等几何图形是构成基本图形的基础。CorelDRAW X4 提供了多种绘图工具，其中包括基本的几何形状和不规则的曲线或线段，如矩形、椭圆形、多边形、螺纹、贝塞尔、钢笔、度量工具等，下面将分类介绍各种绘图工具的绘图技巧。

3.1 绘制几何图形

绘制几何图形主要是使用矩形工具组、椭圆形工具组、多边形工具组、基本形状工具组和表格工具中的 15 种工具来完成的。

3.1.1 使用矩形和 3 点矩形工具

使用矩形和 3 点矩形工具可以绘制矩形、正方形、圆角矩形和圆角正方形。

1. 矩形工具

1) 绘制矩形
(1) 选择工具箱中的矩形工具 ，这时光标变为 。
(2) 移动光标到页面合适的位置，单击鼠标左键并沿对角线方向拖动。直至理想的大小时松开鼠标，即可绘制出任意大小的矩形，如图 3.1 所示。

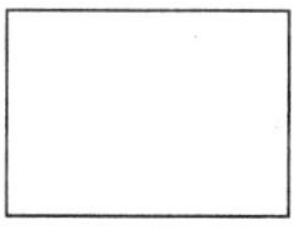

图 3.1

温馨提示：
① 按 F6 键可切换到矩形工具。
② 若按住 Shift 键拖动鼠标左键，则可绘制出以鼠标单击点为中心向外扩展的矩形。
③ 若按住 Ctrl 键拖动鼠标左键，则可绘制出一正方形，如图 3.2 所示。
④ 若按住 Shift+Ctrl 键拖动鼠标左键，则可以绘制出以鼠标单击点为中心向外扩展的正方形。

图 3.2

⑤ 双击矩形工具可以绘制出与绘图页面大小一样的矩形。

2) 编辑已绘制的矩形
(1) 选择工具箱中的矩形工具 ，绘制一矩形或正方形。
(2) 通过属性栏的参数设置来调整矩形的大小、位置、旋转角度和圆角滑度，属性栏如图 3.3 所示。

图 3.3

全部圆角：如果按下此按钮，输入的圆滑度数值会相同，可以使矩形的 4 个角的圆滑度都随所输入的数值一起改变；否则，就可以单个设定各个角的圆滑度数值，矩形的边角圆滑度会不同,如图 3.4 所示,分别为全部圆角、右边圆角、和左右边圆角。

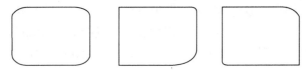

图 3.4

○ 转换为曲线:如果按下此按钮,所绘图形就转化为可以随意调节节点的曲线化的图形。
到前部、到后部:调整与其他图形的前后顺序关系。

温馨提示:

在属性栏(图 3.3)内的矩形的大小输入框中,如果输入的宽度、高度的数值相等则可绘制一个正方形。

3) 设置矩形的圆角
(1) 选择工具箱中的矩形工具 □,绘制一矩形,如图 3.5 所示。
(2) 选择工具箱中的形状工具 ⬚ 后,矩形的状态变为如图 3.6 所示。
(3) 将鼠标移到矩形任一角的小黑块上并向内拖动,即可拖出矩形的圆角,如图 3.7 所示。

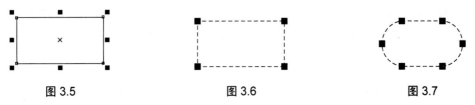

图 3.5   图 3.6   图 3.7

2. 3 点矩形工具

3 点矩形工具主要是为了精确构图与绘制一些比较精密的图准备的(如工程图等),能绘制出有倾斜角度的矩形。具体操作步骤如下。
(1) 在工具箱中选择 3 点矩形工具 ⬚,这时光标变为 ⬚。
(2) 在绘图页面中按住鼠标左键,向任意方向拖动鼠标到合适位置,松开鼠标,即可绘制出该矩形的第一边,再向任意方向移动鼠标到合适位置,单击鼠标完成绘制,如图 3.8 所示。

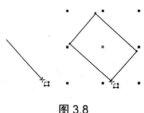

图 3.8

温馨提示:

要调整矩形的大小,可在属性栏上的"对象大小"框中输入相应的值,按回车键即可。

3.1.2 使用椭圆形和 3 点椭圆形工具

使用椭圆形和 3 点椭圆形工具可以绘制椭圆形、正圆形、饼形和弧形。

1. 椭圆形工具

1) 绘制椭圆形

(1) 选择工具箱中的椭圆形工具○，这时光标变为 +○。

(2) 移动光标到页面合适的位置，单击鼠标左键并拖动。直至理想的大小时松开鼠标，即可绘制出任意大小的椭圆形，如图 3.9 所示。

温馨提示：

① 按 F7 键可切换到椭圆形工具。

② 若按住 Shift 键拖动鼠标左键，则可绘制出以鼠标单击点为中心向外扩展的椭圆形。

③ 若按住 Ctrl 键拖动鼠标左键，则可绘制出一正圆形，如图 3.10 所示。

④ 若按住 Shift+ Ctrl 键拖动鼠标左键，则可以绘制出以鼠标单击点为中心向外扩展的正圆形。

图 3.9　　　　　　　　　　　　　图 3.10

2) 编辑已绘制的椭圆形

(1) 选择工具箱中的椭圆形工具○，绘制一椭圆形。

(2) 通过属性栏的参数设置来调整椭圆形的大小、位置、旋转角度和圆角滑度，如图 3.11 所示。

图 3.11

饼形：单击该按钮可使当前选中的椭圆形成饼形，如图 3.12 所示。

弧形：单击该按钮可使当前选中的椭圆或饼形成弧形，如图 3.13 所示。

起始角度：用于控制饼形和弧形的起始角度和结束角度，如图 3.14 所示。

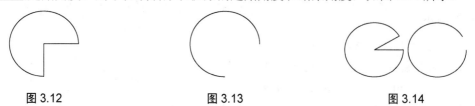

图 3.12　　　　　　　　图 3.13　　　　　　　　图 3.14

⊙ 饼形和弧形的方向：用于设置顺时针或逆时针方向的饼形和弧形。
⊙ 轮廓宽度：用于设置所选椭圆、饼形和弧形轮廓的宽度。

2. 3 点椭圆形工具

3 点椭圆形工具的用法与 3 点矩形工具的用法基本相同，具体操作步骤如下。

(1) 在工具箱中选择 3 点椭圆形工具，这时光标会变为。

(2) 在绘图页面中按住鼠标左键，向任意方向拖动鼠标到合适位置，绘制出该椭圆一条轴的长度，松开鼠标，向任意方向移动鼠标到合适位置，单击鼠标完成绘制，如图 3.15 所示。

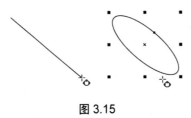

图 3.15

[温馨提示：]

要调整椭圆形的大小，可在属性栏上的"对象大小"框中输入相应的值，按回车键即可。

3.1.3 使用多边形工具

使用多边形工具可以绘制任意边数的多边形。

1. 绘制多边形

(1) 选择工具箱中的多边形工具，这时光标变为，在属性栏设置多边形的边数。

(2) 移动光标至页面合适的位置，按住鼠标左键沿对角线方向拖动鼠标。

(3) 直至理想的大小时松开鼠标，即可绘制出任意大小的多边形。图 3.16 所示为绘制的三边形、四边形、五边形、八边形、十二边形。

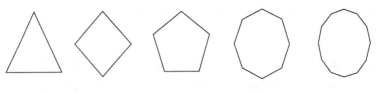

图 3.16

[温馨提示：]

① 按 Y 键可快速切换到多边形工具。

② 若按住 Shift 键拖动鼠标左键，则可绘制出以鼠标单击点为中心向外扩展的多边形。

③ 若按住 Ctrl 键拖动鼠标左键，则可绘制出一正多形。

④ 若按住 Shift+ Ctrl 键拖动鼠标左键，则可以绘制出以鼠标单击点为中心向外扩展的正多边形。

2. 将多边形修改为星形

(1) 选中绘制的多边形。

(2) 选择工具箱中的形状工具 ，将鼠标移到多边形的角点上或各边的中点上，按住鼠标不放并拖动，直至拖出满意的星形为止，如图 3.17 所示，松开鼠标，即可得到修改的星形效果，如图 3.18 所示。

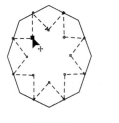

图 3.17

图 3.18

3.1.4 使用星形工具

使用星形工具可以绘制多角星形，步骤如下。

(1) 选择工具箱中的星形工具 ，这时光标变为 ，在属性栏设置星形的边数和锐度 。

(2) 移动光标至页面合适的位置，按住鼠标左键沿对角线方向拖动鼠标。

(3) 直至理想的大小时松开鼠标，即可绘制出相应大小的星形。图 3.19 所示为绘制的多角星形。

图 3.19

温馨提示：

① 若按住 Shift 键拖动鼠标左键，则可绘制出以鼠标单击点为中心向外扩展的星形。

② 若按住 Ctrl 键拖动鼠标左键，则可绘制出一正星形。

③ 若按住 Shift+Ctrl 键拖动鼠标左键，则可以绘制出以鼠标单击点为中心向外扩展的正星形。

3.1.5 使用复杂星形工具

使用复杂星形工具可以绘制复杂星形，步骤与使用星形工具绘制星形是相同的。但是属性栏中的 ，是指星形和复杂星形的锐度，设置不同的边数后，图形的尖锐角度也各不相同，点数低于 7 的交叉星形，不能设置尖锐角度。通常情况下，点数越多，图形的尖锐角度越大，如图 3.20 和图 3.21 所示。

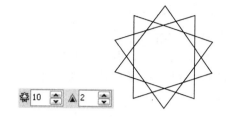

图 3.20　　　　　　　　　　　　　　图 3.21

3.1.6　使用图纸工具

使用图纸工具可以绘制不同行数和列数的网格图纸。网格图纸是由一组矩形或正方形群组而成，可以根据需要将其拆分。

1. 绘制网格图纸

（1）选择工具箱中的图纸工具，这时光标变为，在属性栏中设置图纸的行数和列数。

（2）移动光标至页面合适的位置，按住鼠标左键沿对角线方向拖动鼠标。

（3）拖至理想的大小时松开鼠标，即可绘制出任意大小的网格图纸，如图 3.22 所示。

温馨提示：

① 若按住 Shift 键拖动鼠标左键，则可绘制出以鼠标单击点为中心向外扩展的网格图纸。

② 若按住 Ctrl 键拖动鼠标左键，则可绘制出一正方形网格图纸。

③ 若按住 Shift+Ctrl 键拖动鼠标左键，则可以绘制出以鼠标单击点为中心向外扩展的正方形网格图纸。

2. 拆分网格图纸

（1）选中绘制好的网格图纸，按 Ctrl+U 键，即可将群组的网格图纸取消群组。

（2）选择工具箱中的挑选工具，选中单个或几个矩形并移动，完成拆分，如图 3.23 所示。

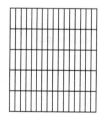
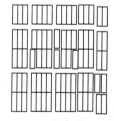

图 3.22　　　　　　　　　　　　　　图 3.23

3.1.7　使用螺纹工具

使用螺纹工具可以绘制两种螺纹：对称式螺纹和对数式螺纹。对称式螺纹均匀扩展，每个回圈之间的距离相等；对数式螺纹的螺纹圈的间距由中心向外逐渐递增，绘制螺纹的步骤如下。

(1) 选择工具箱中的螺纹工具 。

(2) 在螺纹工具属性栏设置好各项参数,如图 3.24 所示。

图 3.24

(3) 移动光标至页面合适的位置,按住鼠标左键并拖动鼠标。

(4) 直至理想的大小时松开鼠标,即可绘制出任意大小的螺纹。

对称式螺纹:单击此按钮,绘制的是对称式螺纹,如图 3.25 所示。

对数式螺纹:单击此按钮,绘制的是对数式螺纹,如图 3.26 所示。

图 3.25　　　　　　　　　　图 3.26

温馨提示:

① 对称螺旋是对数螺旋的一种特例,当对数螺旋的扩展参数为 1 时,就变成了对称式螺旋(螺旋线的间距相等)。螺旋的扩张速度越大,相同半径内的螺旋圈数就会越少。

② 若按住 Shift 键拖动鼠标左键,可从中心向外绘制螺纹。

③ 若按住 Ctrl 键拖动鼠标左键,可绘制具有均匀水平尺度和垂直尺度的螺纹。

3.1.8 使用表格工具

使用表格工具可以绘制不同行数和列数的表格。表格的创建和编辑与 Word 中的表格差不多,也可以拆分单元格、合并单元格、插入行和列、对表格进行颜色填充和边框设置等。

1. 绘制表格

(1) 选择工具箱中的表格工具 ,这时光标变为 ,在属性栏中设置表格的各项参数,如图 3.27 所示。

图 3.27

(2) 移动光标至页面合适的位置，按住鼠标左键沿对角线方向拖动鼠标。

(3) 直至理想的大小时松开鼠标，即可绘制出任意大小的表格，如图 3.28 所示。

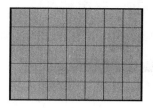 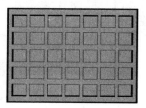

图 3.28

表格行列数：在文本框中输值可以调整表格的行数和列数。

表格的背景色：选中表格后，单击填充下拉列表，在弹出的颜色表格中可根据自己的需要选择一种颜色作为表格的填充背景。

编辑填充：表格填充颜色后，该按钮为可用状态，单击该按钮可更改表格的背景色。

边框：单击该按钮，将弹出一个按钮组，如图 3.29 所示。通过选择相应按钮，可改变表格的边框位置。

轮廓宽度：可以选择边框宽度或输入新宽度。

轮廓颜色：可以选择一种颜色作为边框线的颜色。

轮廓笔对话框：单击该按钮，将弹出"轮廓笔"对话框，如图 3.30 所示，在该对话框中可设置表格边框的颜色、粗细、样式等。

单元格选项：单击该按钮将弹出如图 3.31 所示的对话框，可设置单元格的大小随文本自动调整和单独的单元格的间距大小。

段落文本换行：单击该按钮后，将弹出一个按钮组，在该按钮组中可设置当图文混排时图形与文本之间的排列方式。

图 3.29　　　　　　　　图 3.30　　　　　　　　图 3.31

温馨提示：

① 若按住 Shift 键拖动鼠标左键，可从中心向外绘制表格。

② 若按住 Ctrl 键拖动鼠标左键，可绘制正方形表格。

2. 编辑表格

要编辑表格首先要选中单元格，选中单元格的方法是：选择工具箱中的形状工具 ，在要编辑的单元格上拖动，当出现如图 3.37 所示的蓝色斜纹时即为选中，这时属性栏上会出现如图 3.32 所示的按钮。选中单元格后，单击右键会弹出如图 3.33 所示的快捷菜单，从中选择也可以进行表格的编辑。

图 3.32   图 3.33

（1）创建有间距的表格：用挑选工具选中绘制好的表格，如图 3.34 所示，在属性栏中单击"选项"按钮，选中如图 3.35 所示的复选框，表格会变为如图 3.36 所示的效果。

（2）合并单元格：选择工具箱中的形状工具 ，拖动选择要合并的单元格，如图 3.37 所示；单击属性栏上的合并单元格按钮 ，效果如图 3.38 所示。

（3）调整单元格间距：选择工具箱中的形状工具 ，鼠标放在要调整的单元格边线上向上拖动即可，如图 3.39 所示。

（4）为单元格填色：形状工具 拖动选择需填色的单元格，单击调色板上的颜色填充即可，如图 3.40 所示。

（5）选择工具箱中的文字工具 ，在单元格中输入文字，如图 3.41 所示。

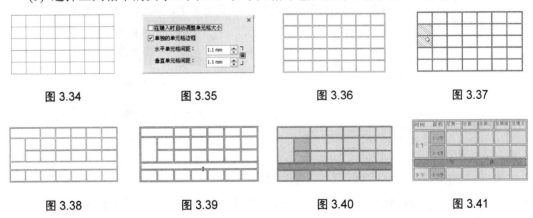

图 3.34   图 3.35   图 3.36   图 3.37

图 3.38   图 3.39   图 3.40   图 3.41

3.1.9 使用基本形状工具组

CorelDRAW X4 提供了 5 组预设形状，它们的绘制方法和属性栏的设置与矩形和椭圆形工具类似，这里不再叙述。

1. 基本形状

在工具箱中选择基本形状 ，绘制基本形状；还可以单击属性栏的"完美形状"按钮，打开如图 3.42 所示的基本形状组，绘制更多的基本形状，如图 3.43 所示。

图 3.42　　　　　　　　　　　　图 3.43

2. 箭头形状

在工具箱中选择箭头形状，绘制箭头形状；还可以单击属性栏的"完美形状"按钮，打开如图 3.44 所示的箭头形状组，绘制更多的箭头形状，如图 3.45 所示。

图 3.44　　　　　　　　　　　　图 3.45

3. 流程图形状

在工具箱中选择流程图形状工具，绘制流程图形状；还可以单击属性栏的"完美形状"按钮，打开如图 3.46 所示的流程图形状组，绘制更多的流程图形状，如图 3.47 所示。

图 3.46　　　　　　　　　　　　图 3.47

4. 标题形状

在工具箱中选择标题形状工具，绘制标题形状；还可以单击属性栏的"完美形状"按钮，打开如图 3.48 所示的标题形状组，绘制更多的标题形状，如图 3.49 所示。

图 3.48　　　　　　　　　　　　图 3.49

5. 标注形状

在工具箱中选择标注形状工具 ，绘制标注形状；还可以单击属性栏的"完美形状"按钮，打开如图 3.50 所示的标注形状组，绘制更多的标注形状，如图 3.51 所示。

图 3.50　　　　　　　　　　　　　图 3.51

温馨提示：

以上介绍的是几何图形的绘制方法，如果所绘制的基本形状不是用户满意的形状，可以单击属性栏的"转换为曲线"按钮 (或执行【排列】|【转换为曲线】命令，或按 Ctrl+Q 快捷键)，将图形曲线化；然后选择工具箱中的形状工具 ，编辑节点，直到得到满意的形状为止。如何编辑，参考第 7 章内容。

3.1.10　现场练兵——绘制风车

(1) 新建文件。执行【文件】|【新建】命令，或按 Ctrl+N 键新建一个文件，从属性栏中设置纸张大小为 A4，摆放方式为横向。

(2) 制作风车把手。选择工具箱中的矩形工具 ，绘制两个成十字形交叉的狭长矩形作为风车的把手，并分别单击调色板中的青色填充，如图 3.52 所示。

(3) 制作左右的风车。选择工具箱中的多边形工具 ，属性栏设置 ，按住 Ctrl 键，绘制一正四边形，如图 3.53 所示。

(4) 选择工具箱中的形状工具 ，光标放在任一边中点的节点处，如图 3.54 所示；顺时针向右拖拉鼠标，调节对象的形状，如图 3.55 所示；挑选工具 选中所调的对象，属性栏设置 ，单击调色板中的洋红色，效果如图 3.56 所示；将红色风车调整大小后放入水平把手的左边，左键向右拖动风车至水平把手的右边适合的位置，在不松开左键的情况下右击，复制风车，并填充绿色，如图 3.57 所示。

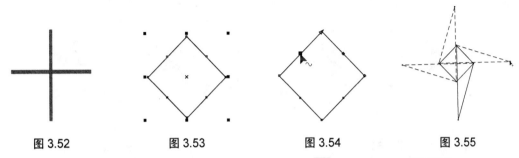

图 3.52　　　　　图 3.53　　　　　图 3.54　　　　　图 3.55

(5) 绘制上部风车。选择工具箱中的复杂星形工具 ，属性栏设置 ，绘制一五角星形，如图 3.58 所示；同理选择工具箱中的形状工具 ，光标放在任一边中点的节点处，如图 3.59 所示;向对角方向拖动,如图 3.60 所示;选择如图 3.61 所示的节点,调节对象成如图 3.62 所示的形状,并填充黄色放入适合的位置,属性栏设置 .75 mm,如图 3.63 所示。

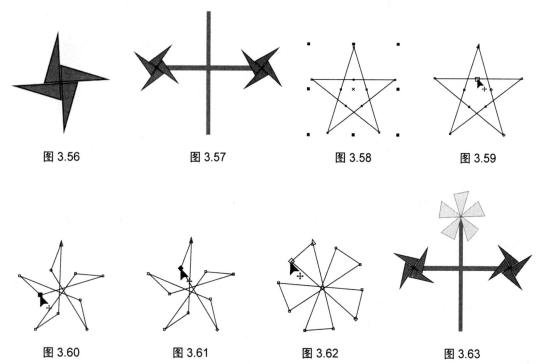

图 3.56　　　　　图 3.57　　　　　图 3.58　　　　　图 3.59

图 3.60　　　　　图 3.61　　　　　图 3.62　　　　　图 3.63

(6) 绘制中间形。选择工具箱中的椭圆形工具,按住 Ctrl 键,在如图 3.64 所示的位置绘制一正圆,并填充黄色。

(7) 选择工具箱中的螺纹工具,属性栏设置 6,按住 Ctrl 键,在黄色正圆的中间绘制一对称式螺纹,右键单击橘红色填充,如图 3.65 所示。

(8) 保存文件。执行【文件】|【另存为】命令,在"保存绘图"对话框中 保存在(I) 栏选择合适的保存位置,文件名(N) 栏输入"制作风车",单击 保存 按钮即可。

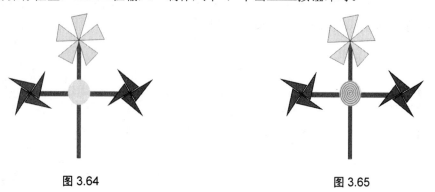

图 3.64　　　　　　　　　　　　图 3.65

3.2 绘制直线和曲线

绘制直线和曲线主要是使用手绘工具组和智能绘图工具组中的 10 种工具来完成的。

3.2.1 使用手绘工具

1. 绘制直线

(1) 选择工具箱中的手绘工具 ，这时光标变为 。
(2) 移动光标到页面合适的位置，在起点处单击。
(3) 移动鼠标到终点处再单击，即可绘制出任意长度的直线，如图 3.66 所示。

2. 绘制有角度约束的直线

有时需要绘制几条直线，其斜率都是某一角度的整数倍，CorelDRAW X4 提供了限制角度的功能，限制角度的默认值为 15°，也可以自行更改。方法是：执行【工具】|【选项】命令，单击"工作区"|"编辑"选项，在"限制角度"文本框中输入所需角度。绘制有角度约束的直线的步骤如下。

(1) 选择工具箱中的手绘工具 ，这时光标变为 。
(2) 移动光标到页面合适的位置，在起点处单击。
(3) 按 Ctrl 键，移动鼠标到终点处再单击，即可绘制出有角度约束的直线，如图 3.67 所示。

3. 绘制连续折线和多边形

(1) 选择工具箱中的手绘工具 ，这时光标变为 。
(2) 移动光标到页面合适的位置，在起点处单击，移动鼠标到每一个转角处双击。
(3) 最后到终点处再单击，即可绘制出连续的折线或多边形，如图 3.68 所示。

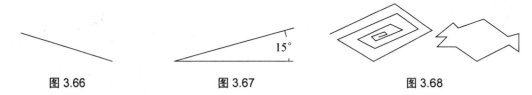

图 3.66　　　　　　　图 3.67　　　　　　　图 3.68

4. 绘制曲线

(1) 选择工具箱中的手绘工具 ，这时光标变为 。
(2) 移动光标到页面合适的位置，在起点处按住左键并沿所需路径拖动鼠标，直到终点处松开鼠标，即可绘制任意曲线，如图 3.70 所示。

5. 添加箭头样式

手绘工具绘制的直线和曲线，还可以配合其属性栏，对其添加箭头、修改轮廓样式和粗细，如图 3.69 和图 3.71 所示。

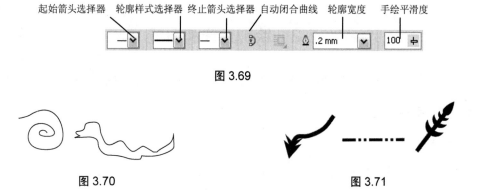

图 3.69

图 3.70　　　　　　　　　　　　　　　图 3.71

3.2.2　使用贝塞尔工具

与手绘工具相比，贝塞尔工具的优点在于其绘制的曲线精度相当高。它是通过调节节点和控制点的位置来控制曲线的弯曲度，达到调节直线和曲线的目的的。具体操作方法如下。

1．绘制直线

(1) 选择工具箱中的贝塞尔工具，这时光标变为。

(2) 移动光标到页面合适的位置，在起点处单击。

(3) 移动鼠标到终点处再单击，按空格键或单击挑选工具，即完成绘制直线，如图 3.72 所示。

2．绘制折线

(1) 选择工具箱中的贝塞尔工具，这时光标变为。

(2) 移动光标到页面合适的位置，在起点处单击。

(3) 移动鼠标到每一个转角处单击，到终点处按空格键或单击挑选工具，即完成绘制折线，如图 3.73 所示。

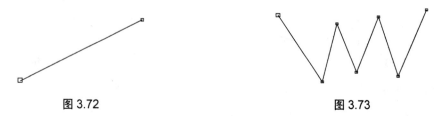

图 3.72　　　　　　　　　　　　　　　图 3.73

3．绘制曲线

(1) 选择工具箱中的贝塞尔工具，这时光标变为。

(2) 移动光标到页面合适的位置，在起点(第一个锚点)处单击。

(3) 移动鼠标至下一点(第二个锚点)，按住鼠标左键并拖移，这时会出现一条蓝色的两头是控制柄的控制线。

(4) 改变控制线的长度和控制柄的位置，直到满意时松开鼠标。

(5) 同样的方法绘制其他的点，按空格键或单击挑选工具，即完成绘制曲线，如图 3.74 所示。

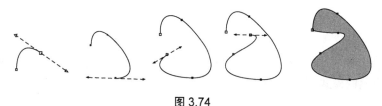

图 3.74

3.2.3 使用艺术笔工具

艺术笔工具是 CorelDRAW 提供的一种具有固定或可变宽度及形状的特殊的画笔工具。它可以模仿真实画笔的特点，利用它可以创建具有特殊艺术效果的线段或图案。

选择工具箱中的艺术笔工具，在属性栏中可以看到艺术笔工具包括预设模式、笔刷模式、喷罐模式、书法模式和压力模式 5 种笔触模式，如图 3.75 所示。选择笔形，完成属性栏的设置后，就可以在所需位置单击并拖动鼠标，绘制出列表中软件所提供的各种图形，还可以对封闭的曲线进行填色。

1. 预设模式

单击属性栏上的"预设"按钮，选择预设模式，如图 3.75 所示。

图 3.75

手绘平滑：可以设置笔触的手绘平滑度。

艺术笔工具的宽度：可以设置艺术笔工具的宽度。

预设笔触列表：下拉列表中提供了 20 多种可以选择的预设笔触类型，如图 3.76 所示。图 3.77 所示为预设模式所绘制的图形。

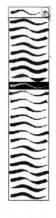

图 3.76

图 3.77

2. 笔刷模式

单击属性栏上的"笔刷" 按钮，选择笔刷模式，如图 3.78 所示。

图 3.78

笔触列表：下拉列表中提供了 20 多种可以选择的笔触类型，如图 3.79 所示。图 3.80 所示为笔刷模式所绘制的图形。

图 3.79

图 3.80

3. 喷罐模式

单击属性栏上的"喷罐" 按钮，选择喷罐模式，如图 3.81 所示。

图 3.81

喷涂的对象大小：可以设置喷罐对象的缩放比例。

喷涂列表文件列表：从下拉列表中可以选择所要的笔触样式，如图 3.82 所示。

喷涂顺序：列表框中列出的喷绘方式为随机、顺序、按方向 3 种，如图 3.86 所示。

喷涂列表对话框：单击会弹出如图 3.83 所示的"创建播放列表"对话框，在对话框中可以添加、移除和清除播放列表中的图像。

用来调整喷涂对象的颜色属性和喷涂样式中各元素之间的距离。

旋转：单击会使喷涂对象按一定角度进行旋转，如图 3.84、图 3.87 所示。

偏移：用来调整对象中各个元素之间的偏移。单击会弹出如图 3.85 所示的下拉列表，在列表中可以设置偏移的大小和方向，如图 3.87 所示。

第 3 章 绘制基本图形

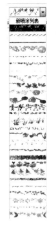  

图 3.82　　　　　　　图 3.83　　　　　　　　图 3.84　　　　　　　图 3.85

图 3.86 所示为笔刷模式所绘制的喷涂顺序的 3 种方式，图 3.87 所示为旋转、偏移的图形。

图 3.86　　　　　　　　　　　　　　　　　图 3.87

4．书法模式

单击属性栏上的"书法" 按钮，选择书法模式，如图 3.88 所示。

图 3.88

可以设置笔触的角度，图 3.89 所示为分别设置笔触角度为 15°和 90°的效果。图 3.90 所示为利用书法模式绘制的艺术文字。

图 3.89　　　　　　　　　　　　　　　　　图 3.90

5．压力模式

单击属性栏上的"压力" 按钮，选择压力模式，如图 3.91 所示。图 3.92 所示为利用压力模式绘制的艺术文字。

图 3.91   图 3.92

温馨提示：

在使用压力模式绘制图形的过程中，如果按↑键，曲线会加粗；如果按↓键，曲线会变细。

3.2.4　使用钢笔工具

钢笔工具是模拟钢笔笔触来绘制精美曲线的。它可以勾勒出很多复杂图形，还可以对绘制的图形进行修改。

1．绘制直线和折线

(1) 选择工具箱中的钢笔工具，这时光标变为 。

(2) 移动光标到页面合适的位置，在起点处单击。

(3) 移动鼠标到终点处再单击，按空格键(或 Esc 键)或双击鼠标，即完成绘制直线。

(4) 如果要画折线，则在原来画直线的基础上不要停止，移到下一点再次单击，在结束点按空格键(或 Esc 键)或双击鼠标，即完成绘制折线。

2．绘制曲线

钢笔工具与贝塞尔工具绘制曲线的方法相同，这里就不再重述。所不同的是要结束曲线的绘制时，按空格键(或 Esc 键)或双击鼠标。

3．添加和删除节点

在使用钢笔工具绘制的过程中，用户有时会对所绘直线或曲线形状不满意，但可以通过添加节点或删除节点的方法调节，以达到满意的效果。

(1) 启用属性栏上的"自动添加/删除"按钮。

(2) 光标放在已绘好的路径上需要添加节点处，这时光标会变为 ，单击即可添加节点，如图 3.93 所示。

(3) 光标放在需要删除的节点上，这时光标变为 ，单击即可删除节点，如图 3.94 所示。

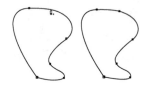   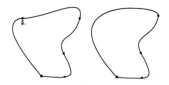

图 3.93   图 3.94

3.2.5 现场练兵——钢笔抠字

(1) 启动软件,打开素材/第 3 章/钢笔抠字素材文件,如图 3.95 所示。

(2) 选择工具箱中的钢笔工具 ,以如图 3.96 所示的横撇笔画相交的横画下部作为起点,准备抠字。

图 3.95　　　　　　　　　　　　　　图 3.96

(3) 在起点处单击,向左沿着字的外轮廓单击,如图 3.97 所示;遇到有弧度的曲线处单击并按住鼠标拖动找准弧线,如图 3.98 所示。

图 3.97　　　　　　　　　　　　　　图 3.98

(4) 小心勾画,当到达起点处时,光标会变为 ,单击起点,封闭曲线,如图 3.99 所示。

(5) 单击调色板中的青色填充即可,如图 3.100 所示。

图 3.99　　　　　　　　　　　　　　图 3.100

(6) 执行【文件】|【另存为】命令，在"保存绘图"对话框中 保存在(I): 栏选择合适的保存位置，文件名(N): 栏输入"钢笔抠字"，单击 保存 按钮即可。

温馨提示：

① 可利用放大镜工具放大视图，方便抠字。

② 抠字过程中，如有勾画不准确的地方，可待抠字结束后，用钢笔工具添加和删除节点，再利用形状工具单击选择节点进行局部调节。

3.2.6 使用折线工具

折线工具，可以很方便地绘制折线。

1. 绘制直线

(1) 选择工具箱中的折线工具 ，这时光标变为 。

(2) 移动光标到页面合适的位置，在起点处单击。

(3) 移动鼠标到终点处双击，即可完成绘制直线，如图 3.101 所示。

2. 绘制曲线

(1) 选择工具箱中的折线工具 ，这时光标变为 。

(2) 移动光标到页面合适的位置，按住鼠标左键的同时拖动鼠标绘制曲线，如图 3.102 所示。

图 3.101

图 3.102

温馨提示：

通过单击属性栏上的"自动闭合曲线"按钮 ，可以以直线闭合开放的线段。

3.2.7 使用 3 点曲线工具

3 点曲线工具一般用来绘制弧形或者近似圆弧的线条，具体操作如下。

(1) 选择工具箱中的折线工具 ，这时光标变为 。

(2) 移动光标到页面合适的位置，在起点处按住鼠标左键，拖动鼠标到需要的弧长位置，如图 3.103 所示。

(3) 松开鼠标并移动，确定曲线的弧度和方向后单击，如图 3.104 所示，完成曲线的绘制，如图 3.105 所示。

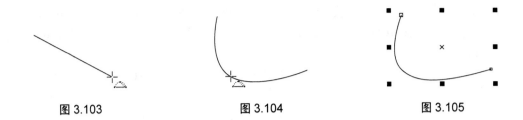

图 3.103　　　　　　　图 3.104　　　　　　　图 3.105

3.2.8　使用交互式连线工具

使用交互式连线工具 ，可以较容易地在两个图形之间创建连接线。为对象创建连线后，移动其中某个对象，连接线也将随之改变，但并不中断连接。属性栏有"成角连接器" 和"直线连接器" 两个按钮，可以绘制出直线和折线两种连接线。图 3.106 所示为成角连接器创建连线后的效果，图 3.107 所示为直线连接器创建连线后的效果。

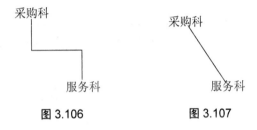

图 3.106　　　　　　图 3.107

温馨提示：

① 对象上中点以外的位置，若被指定为连接线的起点和终点，那么所绘制的连接线将不会与被连接的对象互为关联。

② 要删除连接线，直接按 Delete 键即可。

3.2.9　现场练兵——绘制流程图

(1) 打开素材/第 3 章/流程图素材文件，如图 3.108 所示。

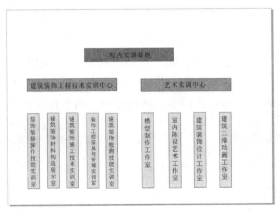

图 3.108

(2) 选择工具箱中的交互式连线工具，单击属性栏的"成角连接器"按钮，在最上面蓝色方块下边线的中点位置单击并拖动鼠标至左边橘红色方块上边线的中心位置处，松开鼠标，如图 3.109 所示。

(3) 在属性栏为此连接线设置轮廓宽度和添加箭头，如图 3.110 所示，效果如图 3.111 所示。

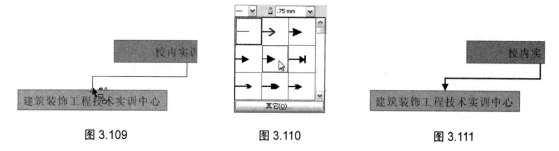

图 3.109　　　　　　图 3.110　　　　　　图 3.111

(4) 在连接线的第一个转角位置，如图 3.112 所示，单击并拖动鼠标至右边橘红色方块上边线的中心位置处，松开鼠标，并设置同样的轮廓宽度和添加同样的箭头，如图 3.113 所示。

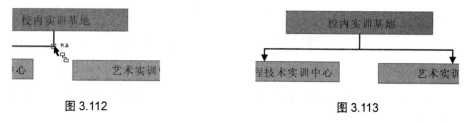

图 3.112　　　　　　　　　　　　图 3.113

(5) 同理绘制下一级流程图的连接线，如图 3.114 和图 3.115 所示。

图 3.114　　　　　　　　　　　　图 3.115

(6) 绘制直线连接线。单击属性栏的"直线连接器"按钮，在最下面左边第二个黄色的方块的上边线中点处单击并向上拖动与前一连接线相交，如图 3.116 所示；在属性栏为此直线连接线设置同样的轮廓宽度和箭头，同理绘制另两个直线连接线，如图 3.117 所示。

图 3.116　　　　　　　　　　　　图 3.117

(7) 同理绘制右边的流程图，最终效果如图 3.118 所示。

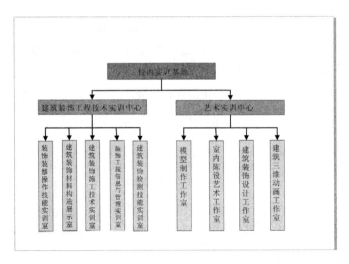

图 3.118

(8) 执行【文件】|【另存为】命令,在"保存绘图"对话框中 保存在(I): 栏选择合适的保存位置, 文件名(N): 栏输入"绘制流程图",单击 保存 按钮即可。

3.2.10 使用度量工具

使用度量工具可以对图形进行水平、垂直、倾斜和角度测量,并会自动显示测量结果。该工具的属性栏中的各项参数如图 3.119 所示。

图 3.119

自动度量工具 ![] :创建垂直尺度线或水平尺度线。
垂直度量工具 ![] :创建垂直尺度线,用于测量任意两点之间的垂直距离(沿 y 轴)。
水平度量工具 ![] :创建水平尺度线,用于测量任意两点之间的水平距离(沿 x 轴)。
倾斜度量工具 ![] :创建倾斜尺度线,用于测量倾斜线段的距离。
标注工具 ![] :为对象添加标签注释。
角度量工具 ![] :用于测量两条相交线段之间的角度,允许使用角度值、斜率和弧度值来表示。

3.2.11 现场练兵——标注三角形

(1) 新建文件。执行【文件】|【新建】命令,或按 Ctrl+N 键新建一个文件,从属性栏中设置纸张大小为 A4,摆放方式为横向。

(2) 选择工具箱中的贝塞尔工具 ![] ,绘制如图 3.120 所示的三角形,并用文字工具输入字母 ABC 标出 3 个顶点。

(3) 标注垂直尺度线。选择工具箱中度量工具，在属性栏单击"垂直度量工具"按钮，在 A 点处单击，再到 B 点处单击，确定垂直尺度线的两端，移动鼠标在 AB 尺度线的外围中部单击确定文本的位置，如图 3.121 所示。

(4) 标注水平尺度线。在属性栏单击"水平度量工具"按钮，在 B 点处单击，再到 C 点处单击，确定水平尺度线的两端，移动鼠标在 AB 尺度线的外围中部单击确定文本的位置，如图 3.122 所示。

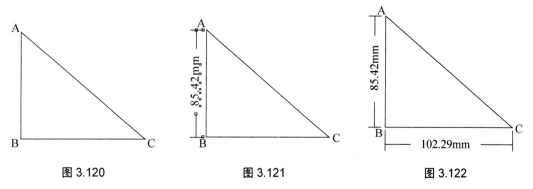

图 3.120　　　　　　　图 3.121　　　　　　　图 3.122

(5) 标注倾斜尺度线。在属性栏单击"倾斜度量工具"按钮，在 A 点处单击，再到 C 点处单击，确定倾斜尺度线的两端，移动鼠标在 AB 尺度线的外围中部单击确定文本的位置，如图 3.123 所示。

(6) 修改文本。选择工具箱中的挑选工具，分别选中 3 个文本，在属性栏选择适合的字体字号更改即可，如图 3.124 所示。

(7) 标注角度。在属性栏单击"角度量工具"按钮，在 A 点处单击，到 C 点单击，再在 B 点处单击，移动鼠标在夹角之间适合处单击确定文本的位置，如图 3.125 所示。

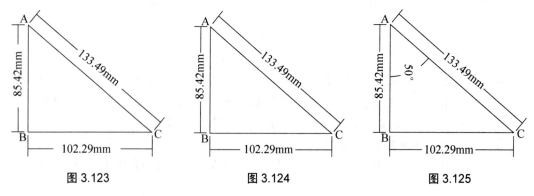

图 3.123　　　　　　　图 3.124　　　　　　　图 3.125

(8) 同理标注另两个角度，如图 3.126 所示。

(9) 添加注释。在属性栏单击"标注工具"按钮，在 A 点内部单击，向上移动后单击，再向右水平移动后单击，输入标注文字"直角三角形"即可，如图 3.127 所示。

(10) 用挑选工具，选中需修改的文本，在属性栏选择适合的字体字号更改即可。

(11) 保存文件。执行【文件】|【另存为】命令，在"保存绘图"对话框中 保存在(I): 栏选择合适的保存位置， 文件名(N): 栏输入"标注三角形"，单击 保存 按钮即可。

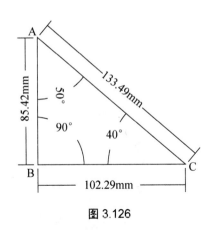
图 3.126

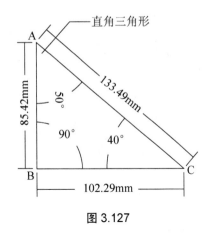
图 3.127

3.2.12 使用智能绘图工具组

智能绘图工具组包括智能绘图工具和智能填充工具。

1. 智能绘图工具

智能绘图工具能对自由手绘的图形进行自动识别和平滑，优化判断并转换为最接近的基本形状。使用智能绘图工具的优点是节约时间，使用户容易建立完美的形状，感觉自由流畅。

智能绘图工具绘制的图形结果有时会有差异，这主要取决与属性栏中"形状识别等级"和"智能平滑等级"的选择，如图 3.128 所示。它们都有无、最低、低、中、高和最高 6 个级别。相对于原始的草绘，从无到最高等级，智能绘图工具将涂鸦的线条转换为规则形状的能力依次增强，线条光滑化的程度较高。

图 3.128

如果要迅速得到很规则的几何图形，不妨将这两个选项设为高或最高；若要尽量保持草绘原貌，只求线条平滑流畅，就将"形状识别等级"设为低或最低，"智能平滑等级"设为高或最高。

智能绘图工具使用方法如下。

(1) 选择工具箱中的折线工具 ，这时光标变为 。

(2) 移动光标到页面合适的位置，在起点处按住鼠标左键并拖动绘制至终点处，如图 3.130 所示。图 3.129 所示为绘制的符号图形。

2. 智能填充工具

智能填充工具除了可以为对象进行均匀填充外，还能自动识别重叠对象的多个交叉区域，并对这些区域应用色彩和轮廓填充。在填充的同时，还能将填色区域生成新的对象。智能填充工具的属性栏如图 3.131 所示。

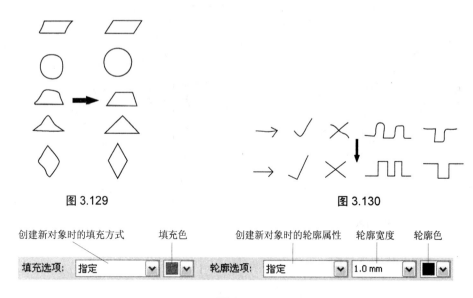

图 3.129　　　　　　　　　　图 3.130

图 3.131

智能填充工具的使用方法如下。

(1) 选择工具箱中的智能填充工具 ，这时光标变为 。

(2) 设置好属性栏后，将光标移到需要填充的区域单击，即可填充颜色，如图 3.132 所示。

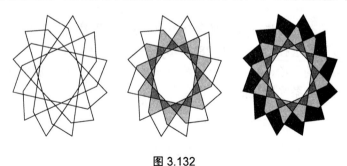

图 3.132

3.3　实例演习

3.3.1　名片的制作

(1) 新建文件。执行【文件】|【新建】命令，或按 Ctrl+N 键新建一个文件，从属性栏中设置纸张大小为 A4，摆放方式为横向。

(2) 绘制名片幅面。选择工具箱中的矩形工具 ，在页面上绘制一矩形，然后在属性栏设置 ，并在调色板中单击白色进行填充，作为名片的幅面。

(3) 绘制标志。选择工具箱中的矩形工具 ，绘制一无填充的竖向矩形，属性栏设置如图 3.133 所示；放大矩形，右键单击调色板中的绿色更改轮廓色，如图 3.134 所示；选中矩形，单击 按钮，曲线化矩形。

图 3.133

(4) 选择工具箱中的形状工具,双击删除如图 3.135 所示的节点;选中如图 3.136 所示的节点,并向下拖动至垂直参考线上,(为了使图形对称,添加水平和垂直参考线)如图 3.137 所示;将右上的节点下移,如图 3.138 所示;再次选中如图 3.139 所示的节点,并在属性栏单击"对称节点"按扭进一步调节。

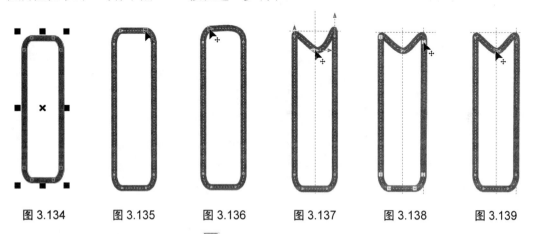

图 3.134　　图 3.135　　图 3.136　　图 3.137　　图 3.138　　图 3.139

(5) 选择工具箱中的椭圆工具,按住 Ctrl 键,在名片上左方绘制一正圆,属性栏设置,并单击调色板中的绿色填充,右键单击调色板中的,去除轮廓,如图 3.140 所示。

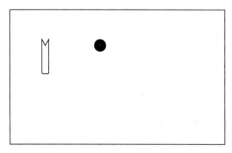

图 3.140

(6) 矩形工具,在正圆下左方绘制一窄点的无填充的横向矩形,角度设为,轮廓宽度设为,轮廓色绿色,复制 3 个,分别旋转到适当位置,如图 3.141 所示;选中这 3 个矩形,单击属性栏的焊接按钮,进行焊接,如图 3.142 所示。

(7) 选择工具箱中的形状工具,双击删除多余的节点,如图 3.143 所示;调整拐角节点的位置使之光滑。

(8) 用挑选工具框选标志的所有部分,单击鼠标右键,在快捷菜单中选择"群组"选项,将标志群组,如图 3.144 所示,至此完成了标志的绘制。

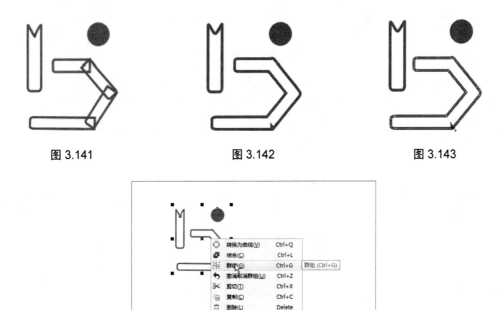

图 3.141　　　　　　　图 3.142　　　　　　　图 3.143

图 3.144

(9) 输入文本。把绘制好的标志放在合适的位置。选择工具箱中的文本工具，分别选择合适的字体和字号，在名片相应位置输入"北京嘉乐广告公司"、"王凯"、"策划部经理"和"地址"、"电话"等文字。并且设定好相关字体和位置。效果如图 3.145 所示。

图 3.145

(10) 保存文件。执行【文件】|【另存为】命令，在"保存绘图"对话框中 保存在(I): 栏选择合适的保存位置， 文件名(N): 栏输入"名片制作"，单击 保存 按钮即可。

3.3.2　绘制卡通动物

(1) 新建文件。执行【文件】|【新建】命令，或按 Ctrl+N 键新建一个文件，从属性栏中设置纸张大小为 A4，摆放方式为竖向。

(2) 绘制背景。双击工具箱中的矩形工具，绘制出了一个与页面大小一样的矩形，把它作为卡通猫的背景，填充紫色；执行【排列】|【锁定对象】命令，如图 3.146 所示。

(3) 绘制卡通猫头部。选择工具箱中的椭圆工具，在紫色背景中上部绘制 3 个椭圆，作为卡通猫的头和耳朵，填充色为白色，去除轮廓，效果如图 3.147 所示。

图 3.146

图 3.147

(4) 绘制卡通猫的眼睛。选择椭圆工具，画一椭圆作为卡通猫的左眼，填充黑色，在确认椭圆为选中的状态下，单击工具箱中的填充工具，选择 渐变填充，在弹出的"渐变填充"对话框中，设置"类型"为"射线"；"中心位移"的"水平"为-15，"垂直"为10；其他为默认值，如图 3.148 所示，单击"确定"按钮。按住 Ctrl 键，将左眼拖动到右眼的位置的同时单击右键，水平复制一个作为右眼，如图 3.149 所示。

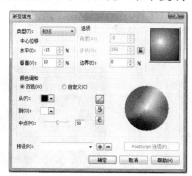

图 3.148

图 3.149

(5) 绘制卡通猫的鼻子。用同样的方法绘制鼻子，填充色为从淡黄到深黄的径向渐变，如图 3.150 所示。

(6) 绘制卡通猫的胡须。选择工具箱中的手绘工具，绘制 6 条黑线作为卡通猫的胡须，如图 3.151 所示。

图 3.150

图 3.151

(7) 绘制花朵。选择工具箱中的星形工具，绘制两个一大一小的同心六角星，大的六角星的填充类型为射线，填充色为橘红到白色渐变，如图 3.152 所示；小的六角形的填充色为洋红，效果如图 3.153 所示。

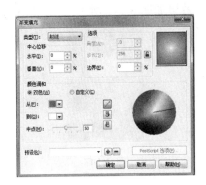
图 3.152

图 3.153

(8) 全选卡通猫头部所有图形，执行【排列】|【群组】命令。

(9) 绘制卡通猫的裙子。选择工具箱中的贝塞尔工具，绘制梯形，并执行【排列】|【顺序】|【向后一层】命令，如图 3.154 所示。

(10) 单击工具箱中的填充工具，选择 图样填充 ，在弹出的"图样填充"对话框中，选择一图样。"前部"蓝色，"后部"白色；"宽度"15mm，"高度"15mm，如图 3.155 所示，单击"确定"按钮，效果如图 3.156 所示。

图 3.154

图 3.155

图 3.156

(11) 绘制卡通猫的手臂。选择工具箱中的 3 点椭圆工具，绘制一个椭圆作为左手臂，同样的方法填充"前部"黄色，"后部"白色的图样；复制左手臂并旋转放在右手臂的位置，效果如图 3.157 所示。

(12) 绘制卡通猫的手掌。同样的方法绘制手掌，并填充白色，如图 3.158 所示。

(13) 绘制卡通猫的脚。同样的方法绘制卡通猫的脚，填充从淡黄到深黄的径向渐变，如图 3.159 所示。

(14) 保存文件。执行【文件】|【另存为】命令，在"保存绘图"对话框中 保存在(I): 栏选择合适的保存位置，文件名(N): 栏输入"卡通动物"，单击 保存 按钮即可。

图 3.157　　　　　　　　图 3.158　　　　　　　　图 3.159

3.4 本章小结

本章详细讲解了 24 种绘图工具的功能，以及使用它们绘制基本几何图形和直线、曲线对象的方法步骤和技巧，学会灵活使用工具绘制基本图形是进行图形设计和艺术创作的基础，要结合实例牢牢掌握。

3.5 上机实战

1. 参考图 3.160 所示为自己制作一张课程表。

图 3.160

操作提示：

(1) 选择工具箱中的表格工具，在属性栏中设置表格的各项参数。

(2) 用挑选工具选中绘制好的表格，在属性栏中单击"选项"按钮，选中"单独的单元格边框"复选框设置水平和垂直间距。

(3) 选择工具箱中的形状工具，拖动选择要合并的单元格，单击属性栏上的合并单元格按钮。

(4) 选择工具箱中的形状工具，鼠标放在要调整的单元格边线上向上拖动。

(5) 形状工具拖动选择需填色的单元格，单击调色板上的颜色填充。

(6) 选择工具箱中的文字工具，在单元格中输入文字。

2. 使用绘制曲线的工具绘制如图 3.161 所示的胡萝卜。

图 3.161

操作提示：

(1) 选择工具箱中的任一种绘制曲线的工具，分块绘制封闭的曲线。

(2) 如果不理想，可用形状工具进行调节。

(3) 将每部分填上深浅不同的颜色并组织成有立体感的胡萝卜。

3. 分别用艺术笔工具的 5 种模式绘出"曲项向天歌"5 个字，并进行比较。

第4章 对象的基本操作

教学目标

- 掌握选取和变换对象
- 掌握复制、剪切、再制、克隆和删除对象
- 掌握更改对象的顺序、对齐和分布对象、为对象造型
- 掌握对象的群组与取消群组、结合与拆分、锁定与解除锁定、撤消与重做

教学重点

- 选取和变换对象
- 复制、剪切、再制、克隆对象
- 更改对象的顺序、对齐和分布对象、为对象造型

教学难点

- 为对象造型
- 再制、克隆对象

建议学时

- 总学时:8课时
- 理论学时:2课时
- 实践学时:6课时

4.1 选取对象

在编辑一个对象前,首先要选取这个对象。对象刚建立时,呈现选取状态,在对象的周围出现圈选框,圈选框是由 8 个控制手柄组成的。对象的中心有一个 ✖ 形的中心标记。

4.1.1 使用鼠标单击选取

选取单个对象:选择工具箱中的挑选工具,单击想要选中的对象即可,如图 4.1 所示。

选取多个对象:选择完一个对象后,按住 Shift 键在需要加选的其他对象上连续单击,如图 4.2 所示。

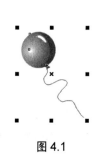

图 4.1

图 4.2

4.1.2 使用鼠标拖动框选

选择工具箱中的挑选工具,在需要选取的单个或多个对象外围按住鼠标左键拖动,此时,会出现一个蓝色的虚线框,待到全部框住要选取的对象后松开鼠标。

温馨提示:

在框选对象的同时若按住 Alt 键,那么只要蓝色虚线框接触到的对象都将被选取。

4.1.3 使用菜单命令选取

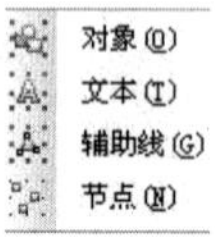

图 4.3

执行【编辑】|【全选】命令,会弹出如图 4.3 所示的子菜单。

对象:就是将绘图窗口中所有的对象选中。

文本:就是将绘图窗口中的所有文本选中。

辅助线:就是将绘图窗口中的所有辅助线选中。

节点:就是将绘图窗口中所有的节点选中。

4.1.4 使用绘图工具选取

使用矩形工具、椭圆形工具、多边形工具、基本形状工具、表格工具等 15 种绘图工具中的任意一个,均可以选中对象。

4.1.5 使用键盘选取

（1）如果页面中有多个对象，按空格键，此时挑选工具 被选中，然后连续按 Tab 键，即可依次选取下一个对象。

（2）选择工具箱中的挑选工具 ，按 Shift 键，再连续按 Tab 键，可依次选择上一个对象。

（3）选择工具箱中的挑选工具 ，按 Ctrl 键，鼠标单击可以选择嵌套群组、群组或嵌套群组中的单个对象。

4.1.6 取消选择

（1）取消对全部对象的选择：单击绘图页面的空白处或按 Esc 键。

（2）取消对多个对象中的单个对象的选择：按 Shift 键，单击需要取消选择的单个对象或是框减需要取消选择的对象。

4.2 变换对象

对象的变换包括移动、旋转、缩放、倾斜和镜像，在进行这些操作之前，必须要使对象处于选中状态。

4.2.1 移动对象

方法一：使用工具移动对象。

（1）选中要移动的对象，如图 4.4 所示。

（2）光标放到对象的中心 处，这时光标会变为 ✥ 形，按住鼠标左键拖动到新位置即可，如图 4.5 所示。

图 4.4

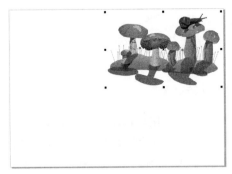

图 4.5

方法二：使用键盘移动对象。

（1）选中要移动的对象。

（2）按↑、↓、←、→方向键，可以微移对象。

温馨提示：

① 默认情况下，对象将以 0.1mm 增量移动，用户也可以更改这个值，方法是：在不选任何对象的情况下，选中挑选工具，在属性栏的 2.0mm 中重新设定微调距离。

② 按住 Shift 键的同时按 ↑、↓、←、→ 方向键，可以以双倍距离移动对象。

方法三：使用属性栏移动对象。

(1) 用挑选工具选中要移动的对象。

(2) 在属性栏的 x: 105.393 mm y: 121.194 mm 中重新输入数值，按回车键即可。X 表示对象所在位置的横坐标；Y 表示对象所在位置的纵坐标。

方法四：使用"变换"泊坞窗移动对象。

(1) 用挑选工具选中要移动的对象。

(2) 执行【排列】|【变换】|【位置】命令，在弹出的"变换"泊坞窗中，☑相对位置对象将相对于原位置的中心移动，分别在水平和垂直文本框中输入移动的距离，单击"应用"按钮或按回车键即可，如图 4.6 所示。☐相对位置分别在"水平"和"垂直"文本框中输入要移动到的新位置的坐标值，单击"应用"按钮或按回车键即可，如图 4.7 所示。

(3) 若单击"应用到再制"按钮，可以在移动的新位置复制出新的对象，如图 4.8 所示。

图 4.6

图 4.7

图 4.8

4.2.2 旋转对象

方法一：使用鼠标工具旋转对象。

(1) 选中要旋转的对象，对象的周围出现控制手柄。再次单击对象，这时对象的周围出现旋转和倾斜控制手柄，如图 4.9 所示。

(2) 将鼠标的光标移动到旋转控制手柄上，这时的光标变成旋转符号，按住鼠标左键，拖动鼠标旋转对象，旋转时对象会出现蓝色的虚线框提示旋转方向和角度，旋转到需要的角度后松开鼠标左键即可，如图 4.10 所示。

(3) 对象是围绕中心⊙旋转的，默认的旋转中心是对象的中心点，可以通过改变旋转中心来使对象旋转到新的位置。将鼠标移动到旋转中心上，拖动旋转中心到需要的位置后，松开鼠标就可以了，如图 4.11 所示。

第 4 章　对象的基本操作

图 4.9

图 4.10

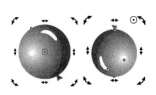
图 4.11

方法二：使用自由变换工具旋转对象。

(1) 选择工具箱中的自由变换工具 。

(2) 在需要旋转的对象上拖动旋转或在属性栏中的 中输入旋转的角度数值，按回车键即可。

方法三：使用属性栏旋转对象。

(1) 选中对象。

(2) 在属性栏的框中 ，输入旋转的角度数值，按回车键即可。

方法四：使用"变换"泊坞窗旋转对象。

(1) 选中对象。

(2) 执行【排列】|【变换】|【旋转】命令，在弹出的"变换"泊坞窗中， 相对中心：对象将相对于原位置的中心旋转，在"角度"文本框中输入旋转的角度，旋转角度可以是正值也可以是负值。在"中心"设置区中输入旋转中心的坐标值。单击"应用"按钮或按回车键，如图 4.12 所示。 相对中心：对象的旋转将以选中的旋转中心旋转，单击"应用"按钮或按回车键即可，如图 4.13 所示。

(3) 若单击"应用到再制"按钮，可以在旋转的新位置复制出新的对象，如图 4.14 所示。

图 4.12

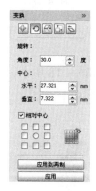
图 4.13

图 4.14

4.2.3　缩放对象

方法一：使用鼠标缩放对象。

(1) 选中要缩放的对象。

(2) 拖动对角线上的控制手柄可以按比例缩放对象，如图 4.15 所示。拖动中间的控制手柄可以不规则缩放对象,如图 4.16 所示。

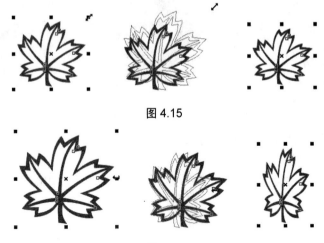

图 4.15

图 4.16

(3) 拖动对角线上的控制手柄时:按住 Shift 键,可以从对象中心按比例缩放对象;按住 Ctrl 键,对象会以 100%的比例放大。按住 Shift+Ctrl 键,对象会以 100%的比例从中心放大。

方法二:使用自由变换工具属性栏缩放对象。

(1) 选中对象。

(2) 选择工具箱中的自由变换工具,这时的属性栏如图 4.17 所示。

图 4.17

(3) 在  中,输入对象的宽度和高度值。如果单击 按钮,则宽度和高度将按比例缩放。

(4) 按回车键即可。缩放的效果如图 4.18 所示。

图 4.18

方法三:使用"变换"泊坞窗的"比例"或"大小"命令缩放对象。

(1) 选中对象。

(2) 执行【排列】|【变换】|【比例】命令,在弹出的"变换"泊坞窗中,在"水平"和"垂直"文本框中输入百分比数值,然后选择对象缩放的位置,单击"应用"按钮或按

回车键即可，如图 4.19 所示。

在"变换"泊坞窗中，单击"大小"按钮，在"水平"和"垂直"文本框中输入数值，然后选择对象缩放的位置，单击"应用"按钮或按回车键也可缩放对象，如图 4.20 所示。

(3) 若单击"应用到再制"按钮，可以在缩放的新位置复制出新的对象，如图 4.21 所示。

□不按比例：对象不按比例缩放。 ☑不按比例：对象按比例缩放。

图 4.19

图 4.20

图 4.21

4.2.4 镜像对象

镜像变换可以使对象沿水平、垂直或对角线的方向进行翻转。

方法一：使用鼠标镜像对象。

(1) 选中需镜像的对象。

(2) 按住鼠标左键拖动控制手柄到相对的边，出现蓝色虚线框，如图 4.22 所示。松开鼠标左键可得到不规则的镜像对象，如图 4.23 所示。

图 4.22

图 4.23

温馨提示：

① 按 Ctrl 键，拖动左边或右边中间的控制手柄到相对的边，就可以完成保持原对象比例的水平镜像。

② 按 Ctrl 键，拖动上边或下边中间的控制手柄到相对的边，就可以完成保持原对象比例的垂直镜像。

③ 按 Ctrl 键，拖动边角控制手柄到相对的边，就可以完成保持原对象比例的沿对角线方向的镜像。

④ 在镜像的过程中，只能使对象本身产生镜像。如果想产生图 4.23 的效果，需要在镜像的位置生成一个对象的复制品。方法是在松开鼠标左键之前按下鼠标右键，就可以在镜像的位置生成一个对象的复制品。

方法二：使用属性栏镜像对象。

(1) 选中需镜像的对象。

(2) 单击属性栏的"水平镜像"按钮，可以使对象沿水平方向翻转；单击属性栏的"垂直镜像"按钮，可以使对象沿垂直方向翻转。

方法三：使用"变换"泊坞窗镜像对象。

(1) 选中需镜像的对象。

(2) 执行【排列】|【变换】|【比例】命令，会弹出"变换"泊坞窗。

(3) 在"变换"泊坞窗中，可以通过设置产生一个变形的对象。在泊坞窗中的"缩放"文本框中输入"水平"和"垂直"的百分比，如图4.24所示。设置好后单击 应用到再制 按钮，效果如图4.25所示。

图 4.24

图 4.25

4.2.5 倾斜对象

方法一：使用鼠标倾斜对象。

(1) 选中需倾斜的对象。

(2) 使用挑选工具，再次单击对象，对象的周围出现旋转和倾斜控制手柄，如图4.26所示。

(3) 将鼠标的光标移动到倾斜控制手柄上，此时的光标变为倾斜符号，如图4.27所示。按住鼠标左键，拖动鼠标向左右移动，此时会出现蓝色的虚线框，如图4.28所示。倾斜到需要的角度后松开鼠标，如图4.29所示。

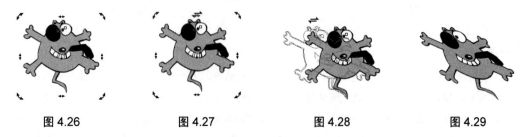

图 4.26　　　　　图 4.27　　　　　图 4.28　　　　　图 4.29

方法二：使用自由变换工具倾斜对象。

(1) 选中需倾斜的对象。

(2) 选择工具箱中的自由变换工具 ，单击属性栏中的"倾斜"按钮，在属性栏中设定倾斜变形对象的数值或用鼠标拖动对象都可以产生倾斜变形的效果。

方法三：使用"变换"泊坞窗倾斜变形对象。

(1) 选中需倾斜的对象，如图 4.30 所示。

(2) 执行【排列】|【变换】|【倾斜】命令，会弹出"变换"泊坞窗。

(3) 在"变换"泊坞窗中，设置"倾斜"变形对象的数值，如图 4.31 所示。单击 按钮，产生如图 4.32 所示的效果。

图 4.30　　　　　　　　　图 4.31　　　　　　　　　图 4.32

4.2.6　现场练兵——绘制春日风景

(1) 新建文件。执行【文件】|【新建】命令，或按 Ctrl+N 键新建一个文件，从属性栏中设置纸张大小为 A4，摆放方式为横向。

(2) 绘制背景。双击矩形工具 ，创建一个和页面窗口相同大小的矩形。选择工具箱中的渐变工具 对其填充从蓝色到白色的线性渐变，如图 4.33 所示。

(3) 绘制草地。选择工具箱中的贝塞尔工具 绘制草地，可以再选择工具箱中的形状工具 进行调整。并为草地填充深浅不同的绿色，如图 4.34 所示。

(4) 绘制太阳。选择工具箱中的椭圆工具 ，绘制一个正圆，放在画面的右上角，填充红色。

(5) 绘制太阳光束。选择工具箱中的矩形工具 ，绘制一个长条矩形，并去除轮廓线，填充白色。选择工具箱中的交互式透明工具 ，为太阳光添加透明效果。交互式透明工具 的属性栏设置为：标准，50%的填充。效果如图 4.35 所示。

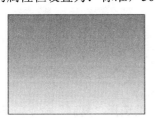

图 4.33　　　　　　　　　图 4.34　　　　　　　　　图 4.35

(6) 选中太阳光，执行【排列】|【变换】|【旋转】命令，打开"变换"泊坞窗，设置旋转角度和旋转中心点，如图 4.36 所示，单击"应用到再制"按钮，效果如图 4.37 所示(为了便于看清太阳光，在此改变了背景的颜色)。选中所有太阳光，并群组。选中群组的太阳光，执行【效果】|【图框精确裁剪】|【放置在容器中】命令，这时光标变为➡，单击矩形。效果如图 4.38 所示。

图 4.36

图 4.37

图 4.38

(7) 执行【文件】|【打开】命令，打开素材/第 4 章/气泡文件，选中气泡并复制，在春日风景画面中粘贴，复制多个气泡，并分别使用鼠标缩放的方法等比例缩放气泡，使成大小不一、疏密相间的气泡效果，最终效果如图 4.39 所示。

(8) 保存绘图。执行【文件】|【另存为】命令，在"保存绘图"对话框中 文件名(N): 栏输入"春日风景"，单击 保存 按钮即可。

图 4.39

4.3 复制、剪切、再制、克隆、删除和插入条形码对象

4.3.1 复制、剪切和粘贴对象

方法一：使用菜单栏复制对象。

(1) 选中需复制的对象。

(2) 执行【编辑】|【复制】命令(或按 Ctrl+C 键，或单击右键选择"复制"命令)，对象的副本将被放置在剪贴板上。

第4章 对象的基本操作

执行【编辑】|【剪切】命令(或按 Ctrl+X 键,或单击右键选择"剪切"命令),对象的副本将被放置在剪贴板上。

(3) 执行【编辑】|【粘贴】命令(或按 Ctrl+V 键,或单击右键选择"粘贴"命令),对象的副本将被粘贴到要复制对象的下面,复制的位置和复制的对象是相同的。用鼠标移动对象,就可以找到复制的对象了。

要粘贴不受支持的文件格式的对象,或者为粘贴的对象指定选项,执行【编辑】|【选择性粘贴】命令。

方法二:使用标准工具栏复制对象。

(1) 选中需复制的对象。

(2) 单击标准工具栏的"复制" 按钮。

　　 单击标准工具栏的"剪切" 按钮。

(3) 再单击标准工具栏的"粘贴" 按钮,完成复制。用鼠标移动对象,就可以找到复制的对象了,如图 4.40 所示。

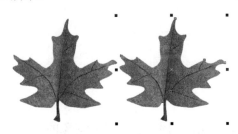

图 4.40

方法三:使用鼠标拖动的方式快速复制对象。

(1) 选中需复制的对象。

(2) 按住鼠标左键拖动对象到合适的位置后,按空格键或单击右键,这样在原始对象的上方立即创建副本;或按住鼠标右键拖动对象到合适的位置后松开鼠标,在弹出的快捷菜单中选择"复制"命令。

方法四:使用一键快速复制对象。

(1) 选中需复制的对象。

(2) 按+键,快速复制。这样在原始对象的上方放置了对象副本。

温馨提示:

① 剪切对象可以将其放到剪贴板上,并从绘图中移除该对象。复制对象可以将其放置在剪贴板上,而在绘图中保留原始对象。

② 方法三和方法四是快速创建对象副本,而不使用剪贴板。

4.3.2 再制对象

1. 执行再制对象

再制对象就是在绘图窗口中直接放置一个副本,而不使用剪贴板。再制的速度比复制和粘贴快。再制对象对于创建乙烯基切割机和绘图仪等设备的可剪切阴影非常有用。具体步骤如下。

(1) 选中要再制的对象。

(2) 执行【编辑】|【再制】命令或按 Ctrl+D 键。默认情况下再制的对象将出现在原对象的右上方，如图 4.41 所示。

2．设置再制份数、偏移的距离和方向

(1) 执行【编辑】|【步长和重复】命令。

(2) 在弹出的如图 4.42 所示的"步长和重复"对话框中，设置参数。

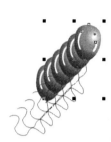

图 4.41   图 4.42

如果偏移值设置为 0，则会将副本放置在原始对象的上部；如果偏移值设置为正，则会将副本放置在原始对象的上方和右侧；如果偏移值设置为负，则会将副本放置在原始对象的下方和左侧。

如果要水平分布对象：在"垂直设置"区域中选择"无偏移"。在"水平偏移"区域中选择"对象之间的间隔"。要指定对象副本之间的间距，在"距离"文本框中输入值。从"方向"列表框中选择"右"或"左"。

如果要垂直分布对象：在"水平设置"区域中选择"无偏移"。 在"垂直偏移"区域中选择"对象之间的间隔"。要指定对象副本之间的间距，在"距离"文本框中输入值。从"方向"列表框中选择"上"或"下"。 单击"确定"按钮即可。

4.3.3 克隆对象

1．执行克隆对象

(1) 选中需克隆的对象，如图 4.43 所示。

(2) 执行【编辑】|【克隆】命令，如图 4.44 所示。

克隆的对象与原始对象之间存在着链接的关系。默认状态下克隆的对象被放置在原始对象的右上方。克隆对象时，将创建链接到原始对象的对象副本。对原始对象所做的任何更改都会自动反映在克隆对象中，如图 4.45 所示。不过，对克隆对象所做的更改不会自动反映在原始对象中，如图 4.46 所示。

第 4 章 对象的基本操作

  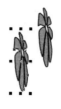 

图 4.43　　　　　　图 4.44　　　　　　图 4.45　　　　　　图 4.46

2. 还原为原始对象

通过克隆可以在更改原始对象的同时修改对象的多个副本。如果希望克隆对象和原始对象在填充和轮廓颜色等特定属性上不同，而希望原始对象控制形状等其他属性，则这种类型的修改特别有用。

可以选择克隆对象的原始对象：右键单击克隆对象，然后选择"选择主对象"命令。

也可以选择原对象的克隆对象：右键单击原对象，然后选择"选择克隆"命令。

通过还原为原始对象，可以移除对克隆对象所做的更改，方法如下：

(1) 右键单击已经被修改的克隆对象。

(2) 选择"还原为主对象"命令。启用下列任一复选框。

克隆填充：恢复主对象的填充属性。

克隆轮廓：恢复主对象的轮廓属性。

克隆路径形状：恢复主对象的形状属性。

克隆变换：恢复主对象的形状和大小属性。

克隆位图颜色遮罩：恢复主对象的颜色设置。单击"确定"按钮，如图 4.47 所示。

图 4.47

温馨提示：

① 可以多次克隆主对象，但不能对克隆对象进行克隆。

② 如果只是希望在多次绘制时使用相同对象，考虑使用符号而不是克隆，以使文件大小可以管理。有关符号的详细信息，参阅第 10 章。

③ 在"还原为主对象"对话框中，仅不同于主对象的克隆属性可用。

4.3.4　复制对象属性

在绘图页面上有两个以上的对象时，可以复制其中一个对象的属性，使其应用于其他对象上。

方法一：使用菜单命令复制对象属性。

(1) 选中要复制属性的对象，如图 4.48 所示。

(2) 执行【编辑】|【复制属性自】命令，会弹出"复制属性"对话框，如图 4.49 所示。

(3) 在对话框中勾选选项，单击"确定"按钮。

(4) 这时光标会变为➡，单击要复制其属性的对象，如图 4.50 所示。得到效果如图 4.51 所示。

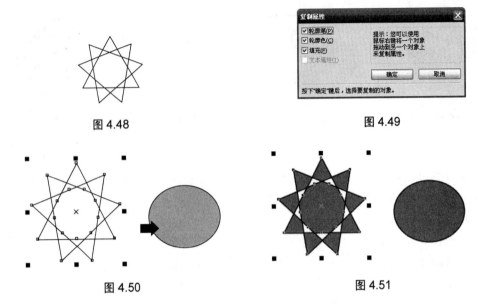

图 4.48　　　　　　　　　　　　图 4.49

图 4.50　　　　　　　　　　　　图 4.51

方法二：使用右键复制对象属性。

用右键拖动一个已经有属性的对象到另一个对象上，这时光标变为 ⊕，如图 4.52 所示；松开鼠标选择快捷菜单中的命令，如图 4.53 所示；效果如图 4.54 所示。

图 4.52　　　　　　　　图 4.53　　　　　　　　图 4.54

4.3.5　删除对象

方法一
(1) 选中需删除的对象。
(2) 执行【编辑】|【删除】命令。

方法二
(1) 选中需删除的对象。
(2) 直接按 Delete 键。

4.3.6　插入条形码对象

使用 CorelDRAW 中的条形码向导可以将条形码作为对象插入到绘图。条形码是由竖条、空白条组成的区域，有时还包含数字，专用于扫描和读取到计算机内存中。条形码通常用于标识商品、库存以及文档。插入条形码的步骤如下。

(1) 执行【编辑】|【插入条形码】命令。

(2) 按照条形码向导中的说明进行操作。

4.3.7 现场练兵——绘制胶卷

(1) 新建文件。执行【文件】|【新建】命令,或按 Ctrl+N 键新建一个文件,从属性栏中设置纸张大小为 A4,摆放方式为横向。

(2) 绘制背景。选择工具箱中的矩形工具 □,绘制一个长为 230mm、宽为 65mm 的矩形,填充黑色。

(3) 制作胶卷的镂空效果。选择工具箱中的矩形工具 □,绘制一个长为 2mm、宽为 5mm 的矩形,填充白色。使用挑选工具 选择白色小矩形,按住鼠标左键向右拖动,过程中按住 Ctrl 键,右击即复制了一个小矩形。按 Ctrl+D 键多次,复制一排小矩形。框选这一排的小矩形并群组,如图 4.55 所示。

(4) 选择群组的小矩形,垂直向下拖动,过程中按住 Ctrl 键,到适合的位置右击,复制了群组的小矩形,如图 4.56 所示。

图 4.55

图 4.56

(5) 双击挑选工具,选中背景和两排小矩形,执行【排列】|【造形】|【修剪】命令。选中两排小矩形并删除,此时的底片有了镂空的效果。

(6) 绘制照片框。选择工具箱中的矩形工具 □,绘制一个长为 31mm、宽为 37mm 的矩形,填充白色。选中白色矩形,向右水平复制 4 个,注意间距要均等,如图 4.57 所示。

(7) 添加照片。执行【文件】|【导入】命令,分别导入素材/第 4 章中的 5 张照片,将照片等比缩放并比矩形小一点,依次放于白色矩形中,然后依次选中 5 张照片,执行【效果】|【图框精确裁剪】|【放置在容器中】命令,单击白色矩形,如图 4.58 所示。这样就将照片放入白色矩形中了,效果如图 4.59 所示。

(8) 保存绘图。执行【文件】|【另存为】命令,在"保存绘图"对话框中 : 栏输入"胶卷",单击 保存 按钮即可。

图 4.57

图 4.58

图 4.59

4.4 更改对象顺序

CorelDRAW X4 中绘制的多个图形是以层的方式排列在一起的,最先绘制的对象位于最下面,最后绘制的对象位于最前面。要更改对象顺序,方法如下。

方法一

(1) 选择对象。

(2) 执行【排列】|【顺序】命令。然后单击下列某个按钮,效果如图 4.60 所示。

到页面前面:将选定对象移到页面上所有其他对象的前面。

到页面后面:将选定对象移到页面上所有其他对象的后面。

到图层前面:将选定对象移到活动图层上所有其他对象的前面。

到图层后面:将选定对象移到活动图层上所有其他对象的后面。

向前一层:将选定的对象向前移动一个位置。如果选定对象位于活动图层上所有其他对象的前面,则将移到图层的上方。

向后一层:将选定对象向后移动一个位置。如果选定对象位于所选图层上所有其他对象的后面,则将移到图层的下方。

置于此对象前:将选定对象移到在绘图窗口中单击的对象的前面。

置于此对象后:将选定对象移到在绘图窗口中单击的对象的后面。

反转对象:反转多个选定对象的顺序。

图 4.60

方法二

单击属性栏中 ▫ (到图层前面)和 ▫ (到图层后面)按钮,可以快速更改所选对象的排列顺序。

温馨提示:

① 对象不能移到锁定(不可编辑)图层上,而会移到最近的常规图层或可编辑图层上。

② 默认情况下,主页面上的所有对象均显示在其他页面对象的上部。

③ 如果选定对象已按指定的堆叠顺序放置,则"顺序"命令不可用。

4.5 对齐和分布对象

4.5.1 对齐对象

1. 使对象与另一个对象对齐

(1) 选择对象(用作对齐左、右、上或下边缘参考的对象由创建顺序或选择顺序确定)。如果在对齐之前圈选对象,则将使用最后创建的那个对象。如果每次选择一个对象,最后选定的对象将成为对齐其他对象的参照点。

(2) 执行【排列】|【对齐和分布】|【对齐和分布】命令,打开"对齐"选项卡,如图 4.61 所示。

(3) 指定垂直对齐、水平对齐,或两者。

要沿垂直轴对齐对象,启用"左"、"中"或"右"复选框。

要沿水平轴对齐对象,启用"上"、"中"或"下"复选框。

(4) 从"对齐对象到"列表框中选择"活动对象"。

如果要对齐文本对象,从"用于文本来源对象"列表框中选择下列某个选项。

第一条线的基线:使用文本第一条线的基线作为参照点。

最后一条线的基线:使用文本最后一条线的基线作为参照点。

装订框:使用文本对象的边框作为参照点。

(5) 单击"应用"按钮。

图 4.61

💡 温馨提示:

① 可以通过执行【排列】|【对齐和分布】命令,然后单击前 6 个对齐命令中的任何一个命令,快速地将对象与其他对象对齐,而无需使用"对齐与分布"对话框。

② 通过选择对象,然后单击属性栏上的"对齐和分布" 按钮,也可以打开"对齐与分布"对话框对齐对象。

2. 使对象与页面中心对齐

(1) 选择对象(如果要对齐多个对象,圈选对象)。

(2) 执行【排列】|【对齐和分布】|【对齐和分布】命令,然后单击下列某个按钮。

在页面居中：使所有对象同时垂直和水平对齐页面中心。
在页面垂直居中：使各对象沿垂直轴对齐页面中心。
在页面水平居中：使各对象沿水平轴对齐页面中心。

温馨提示：

还可以通过按 P 键，使所有对象与页面中心同时垂直和水平对齐。

3. 使对象与页边(网格和指定点)对齐

(1) 选择对象(如果要对齐某个对象群组，选择该群组)。

(2) 执行【排列】|【对齐和分布】|【对齐和分布】命令，打开"对齐"选项卡。

(3) 指定垂直对齐、水平对齐，或两者。
要沿垂直轴对齐对象，启用"左"、"中"或"右"复选框。
要沿水平轴对齐对象，启用"上"、"中"或"下"复选框。

(4) 从"对齐对象到"列表框中选择"页边"或"网格"或"指定点"。

(5) 单击"应用"按钮。

(6) 如果选择了"指定点"，指针将变成一个十字形指针，在绘图窗口中单击指定的参照点。

4.5.2 分布对象

(1) 选择要分布的对象。

(2) 执行【排列】|【对齐和分布】|【对齐和分布】命令，打开"分布"选项卡如图 4.62 所示；图 4.63 所示为分散的对象，图 4.64 所示为平均分布和垂直对齐的对象。

图 4.62

图 4.63

图 4.64

(3) 要水平分布对象，从右上方的行中启用以下某个复选框。
左：平均设定对象左边缘之间的间距。
中：平均设定对象中心点之间的间距。
间距：将选定对象之间的间隔设为相同距离。
右：平均设定对象右边缘之间的间距。

(4) 要垂直分布对象，从左侧的列中启用以下某个复选框。
上：平均设定对象上边缘之间的间距。
中：平均设定对象中心点之间的间距。
间距：将选定对象之间的间隔设为相同距离。

下：平均设定对象下边缘之间的间距。

(5) 要指示分布对象的区域，启用以下某个单选按钮。

选定的范围：在环绕对象的边框区域上分布对象。

页面的范围：在绘图页面上分布对象。

(6) 单击"应用"按钮。

图4.65所示为水平分布对象的选项。图4.66所示为"左"选项是平均设定左边缘之间的间距。图4.67所示为"中"选项是平均设定中心点之间的间距。

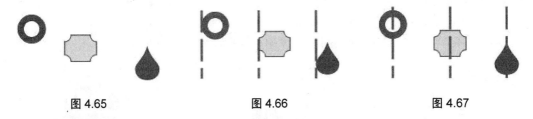

图4.65　　　　　　　　图4.66　　　　　　　　图4.67

图4.68所示为垂直分布对象的选项。图4.69所示为"上"选项是平均设定上边缘之间的间距。图4.70所示为"中"选项是平均设定中心点之间的间距。

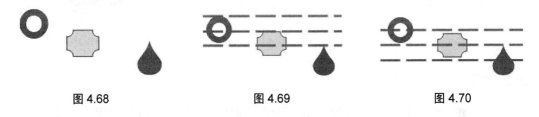

图4.68　　　　　　　　图4.69　　　　　　　　图4.70

4.6　为对象造形

CorelDRAW X4的造形功能，可以很容易地为对象创造不规则形状。主要包括焊接、修剪、相交、简化、移除后面对象、移除前面对象和创建围绕选定对象的新对象7项。注意不能焊接、相交和修剪段落文本、尺度线或克隆的原始对象。焊接、相交和修剪后的新对象属性和目标对象一致。

4.6.1　焊接

焊接可以创建具有单一轮廓的独立对象。新对象用焊接对象的边界作为它的轮廓，所有重叠线都消失。

不管对象之间是否相互重叠，都可以将它们焊接起来。如果焊接不重叠的对象，则它们形成起单一作用的对象是焊接群组。

方法一：使用菜单命令或属性栏焊接。

(1) 选择一个或多个对象作为来源对象。

(2) 按住Shift键，同时单击目标对象。

(3) 执行【排列】|【造形】|【焊接】命令或单击属性栏的"焊接"按钮，即可焊接。

> **温馨提示:**
> 如果使用框选方法选择对象进行焊接,那么焊接后的对象属性与下层对象属性一致。

方法二:使用"造形"泊坞窗焊接。

(1) 选择一个或多个对象作为来源对象,如图 4.71 所示。

(2) 执行【排列】|【造形】|【造形】命令,会弹出"造形" 泊坞窗,如图 4.72 所示。

☑ **来源对象**:焊接后将保留来源对象。

☑ **目标对象**:焊接后将保留目标对象。

(3) 设置好后,单击"焊接到"按钮。

(4) 这时光标会变为 ,单击目标对象即可焊接,.如图 4.73 所示。

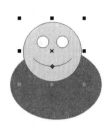
图 4.71

图 4.72

图 4.73

4.6.2 修剪

修剪就是通过移除对象重叠的区域来创建不规则的形状,CorelDRAW 允许以不同的方式修剪对象。

1. 修剪对象

方法一:使用菜单命令或属性栏修剪。

(1) 选择一个或多个对象作为来源对象。

(2) 按住 Shift 键,同时单击目标对象。

(3) 执行【排列】|【造形】|【修剪】命令或单击属性栏的"修剪"按钮 ,即可修剪对象。

> **温馨提示:**
> 如果圈选对象,将修剪最底层的选定对象;如果逐个选定多个对象,就会修剪最后选定的对象。

方法二:使用"造形"泊坞窗修剪。

(1) 选择一个或多个对象作为来源对象,如图 4.74 所示。

(2) 执行【排列】|【造形】|【造形】命令,会弹出"造形" 泊坞窗,如图 4.75 所示。

(3) 设置好后,单击"修剪"按钮。

(4) 这时光标会变为 ,单击目标对象即可修剪,如图 4.76 所示。

第 4 章 对象的基本操作

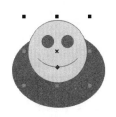  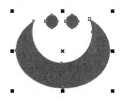

图 4.74   图 4.75   图 4.76

2. 移除后面或前面对象

(1) 圈选来源对象和目标对象。

(2) 执行【排列】|【造形】命令，然后单击下列按钮之一(或单击属性栏的按钮)。

移除后面对象：就是移除最上层对象后面的对象以及重叠的区域。

移除前面对象：就是移除最下层对象前面的对象以及重叠的区域。

3. 简化

简化就是移除对象中的重叠区域，并保留上面的对象。

(1) 圈选要修剪的对象。

(2) 执行【排列】|【造形】|【简化】命令或单击属性栏的"简化"按钮。

4. 创建围绕选定对象的新对象

创建围绕选定对象的新对象是指可按所选的两个或两个以上对象的边界创建一个新的封闭图形，创建的新对象不具有原对象的任何属性。

(1) 选中要执行的对象。

(2) 单击属性栏的"创建围绕选定对象的新对象"按钮。

(3) 利用挑选工具移动新对象就可以看到封闭的图形了。

图 4.77 所示分别是原对象、移除后面对象、移除前面对象、简化对象、创建围绕选定对象的新对象。

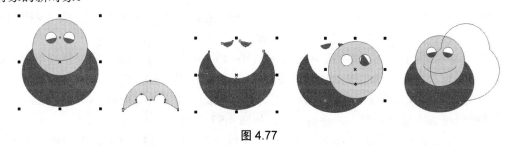

图 4.77

温馨提示：

① 链接的对象(如阴影、路径上的文本、艺术笔、调和、轮廓图和立体模型)在修剪前会转换为曲线对象。

② 简化、移除后面对象、移除前面对象都可以在"造形"泊坞窗中操作，方法同焊接、修剪和相交泊坞窗的操作。

4.6.3 相交

相交是从两个或多个对象重叠的区域创建对象的。

方法一：使用菜单命令或属性栏修剪。

(1) 选择一个或多个对象作为来源对象。

(2) 按住 Shift 键，同时单击目标对象。

(3) 执行【排列】|【造形】|【相交】命令或单击属性栏的"相交"按钮。

方法二：使用"造形"泊坞窗相交。

(1) 选择一个或多个对象作为来源对象，如图 4.78 所示。

(2) 执行【排列】|【造形】|【造形】命令，会弹出"造形"泊坞窗选择"相交"选项，如图 4.79 所示。

(3) 设置好后，单击"相交"按钮。

(4) 这时光标会变为 ，单击目标对象即可，如图 4.80 所示。

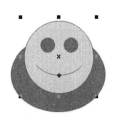
图 4.78

图 4.79

图 4.80

4.6.4 现场练兵——绘制八卦图

(1) 新建文件。执行【文件】|【新建】命令，或按 Ctrl+N 键新建一个文件，从属性栏中设置纸张大小为 A4，摆放方式为横向。

(2) 绘制大圆。使用工具箱中的椭圆工具画一个正圆。在属性栏中输入正圆的大小为 140.0 mm。

(3) 绘制小圆。选择正圆，执行【排列】|【变换】|【比例】命令，打开"变换泊坞窗"，如图 4.81 所示，单击"应用到再制"按钮，再制了一个小圆。

(4) 选中小圆与大圆，依次按 B(底端对齐)和 C(垂直居中对齐)键。向上复制小圆，选中复制的小圆与大圆，依次按 T(顶端对齐)和 C(垂直居中对齐)键。效果如图 4.82 所示。

(5) 绘制矩形。选择工具箱中的矩形工具，绘制一个宽为 70mm、高为 140mm 的矩形。将矩形与大圆进行右对齐，顶端对齐，如图 4.83 所示。

(6) 为对象造形。选择上面的小圆，执行【排列】|【造形】|【造形】命令，会弹出"造形"泊坞窗，选择"修剪"选项如图 4.84 所示，单击"修剪"按钮。单击矩形进行修剪，结果如图 4.85 所示。

(7) 选中被修剪的矩形，在"造形"泊坞窗中选择"焊接"选项，如图 4.86 所示，单击"焊接"按钮。单击小圆进行焊接，效果如图 4.87 所示。

第 4 章 对象的基本操作

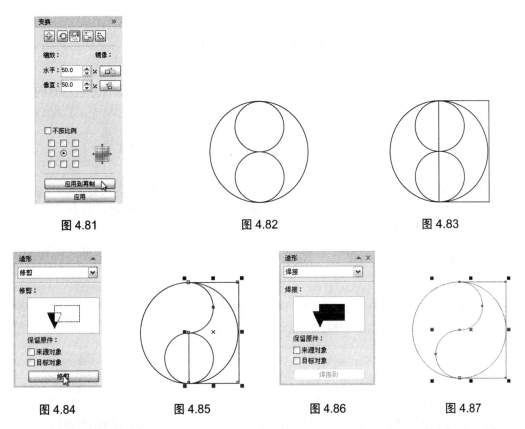

图 4.81　　　　　　图 4.82　　　　　　图 4.83

图 4.84　　图 4.85　　　　图 4.86　　图 4.87

(8) 选中焊接后的图形,在"造形"泊坞窗中,选择"相交"选项,如图 4.88 所示,单击"相交"按纽,单击大圆,如图 4.89 所示。

(9) 填色。选择大圆,用黑色填充,相对的对象用白色填充。使用椭圆工具绘制两个等大的小正圆,填充上白色和黑色,分别放在步骤(2)和步骤(3)中绘制的小圆的圆心处(事先可拉参考线标注),最终效果如图 4.90 所示。

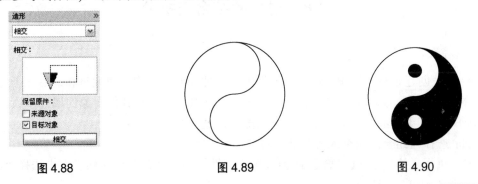

图 4.88　　　　　　图 4.89　　　　　　图 4.90

(10) 保存绘图。执行【文件】|【另存为】命令,在"保存绘图"对话框中 文件名(N): 栏输入"八卦图",单击 保存 按钮即可。

4.7 对象的群组与取消群组

群组是把所有对象连接在一起，成为一个整体，但它们还会保持其各自原有的属性。可以对群组内的所有对象同时应用相同的格式、属性以及其他更改。此外，群组还有助于防止对象相对于其他对象的位置意外更改。

1. 对象的群组

(1) 选择需群组的两个或两个以上的对象(也可以是两组或多组对象)。

(2) 执行【排列】|【群组】命令(或单击属性栏的"群组" 按钮、右击选择"群组"命令、按 Ctrl+G 键)群组对象。

(3) 在"对象管理器"泊坞窗中将一个对象名称拖到另一个对象名称上也可以进行群组。

温馨提示：

① 群组的对象如果是已经群组了的对象，再进行的群组是嵌套群组。
② 如果将不同图层的对象进行群组，那么群组后，它们将位于相同的图层上并互相堆叠。

2. 取消群组

(1) 选择需取消群组的对象。

(2) 执行【排列】|【取消群组】或【取消全部群组】命令(或单击属性栏的"取消群组" 按钮、右击选择"取消群组"或"取消全部群组"命令、按 Ctrl+U 键)都可以取消群组对象。

取消群组：将群组拆分为单个对象，或者将嵌套群组拆分为多个群组。

取消全部群组：将一个或多个群组拆分为单个对象，包括嵌套群组中的对象。

4.8 对象的结合与拆分

1. 对象的结合

结合是创建带有共同填充和轮廓属性的单个曲线对象。它的属性将和最后一个选取的对象的属性一致；如果是框选方式选取对象，则属性与最先创建的对象的属性一致。如果结合前对象有重叠部分，那么结合后重叠部分将是镂空的。

(1) 选择需结合的两个或两个以上的对象。

(2) 执行【排列】|【结合】命令(或单击属性栏的"结合" 按钮、右击选择"结合"命令、按 Ctrl+L 键)结合对象。

2. 对象的拆分

(1) 选择需拆分的对象。

(2) 执行【排列】|【打散曲线】命令(或单击属性栏中的"打散" 按钮、右击选择

"打散曲线"命令、按 Ctrl+K 键),将原组合的对象变为多个独立的对象。

(3) 选择并拖动其中的一个对象,即可看到其与原组合对象已经分开,如图 4.91 所示。图 4.91 所示为原对象、结合后的对象和拆分的对象。

图 4.91

4.9 对象的锁定与解除锁定

锁定是把一个或对个对象固定在页面内,无法对对象进行任何的操作。锁定是在编辑复杂图形时避免误操作的有效手段。解除锁定和锁定的功能正好相反,有对象被锁定后,解除锁定命令才可以激活。

1. 对象的锁定

执行【排列】|【锁定对象】命令(或右击选择"锁定对象"命令),图 4.92 所示为对象的锁定状态。

2. 对象的解除锁定

执行【排列】|【解除锁定对象】命令(或右击选择"解除锁定对象"命令),即可解除全部的锁定对象,对象就会转为可编辑状态。

图 4.92

4.10 对象的撤消与重做

在进行设计的操作中,可能会出现错误的操作。下面,来讲解撤消和重做的操作。

1. 撤消对象

执行【编辑】|【撤消】命令或按 Ctrl+Z 键,可以撤消上一次的操作。单击常用工具栏中的"撤消"按钮,也可撤消上一次的操作。

单击"撤消"按钮右侧的·按钮,将弹出"撤消"的下拉列表,如图 4.93 所示。在下拉列表中可以对多个操作步骤进行撤消。

图 4.93

💡 温馨提示:

撤消操作也不是万能的,对于直接用 Delete 键删除掉的内容是不能恢复的。

2. 对象的重做

执行【编辑】|【重做】命令或按 Ctrl+Shift+Z 键,可以返回上一步的操作。

单击常用工具栏中的"重做" 按钮，也可恢复上一次的操作。

单击"恢复" 按钮右侧的 按钮，将弹出下拉列表，在下拉列表中可以对上一次操作步骤进行恢复。

4.11 将轮廓转换为对象

将轮廓转换为对象就是创建一个具有轮廓形状的未填充的闭合对象。可以对新的对象应用填充和特殊效果。将轮廓转换为对象，可以用于为绘图仪、蚀刻机和乙烯树脂切割机等无法解释 CorelDRAW 文件中的轮廓的设备创建可剪切的轮廓。具体操作如下。

(1) 选择具有轮廓的对象(也可以是线条对象)，如图 4.94 所示。

(2) 执行【排列】|【将轮廓转化为对象】命令。此时轮廓转换为对象了，如图 4.95 所示。

轮廓成为了一个独立于原始对象填充的未填充的闭合对象。如果想要将填充应用到该新对象上，则该填充将应用到原始对象的轮廓所在的区域，如图 4.96 所示。

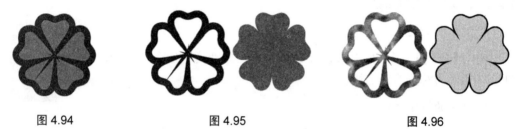

图 4.94　　　　　　　　图 4.95　　　　　　　　图 4.96

4.12 实例演习

4.12.1 绘制印花方巾

(1) 新建文件。执行【文件】|【新建】命令，或按 Ctrl+N 键新建一个文件，从属性栏中设置纸张大小为 A4，摆放方式为横向。

(2) 绘制图案。选择工具箱中的椭圆工具 ，选中正圆，鼠标点按圆左中控制点向右拖动，过程中按住 Ctrl 键，单击右键，这样就水平镜像并复制了一个正圆，如图 4.97 所示。

(3) 选中右边的正圆，按+键，原位复制一个正圆，再次单击，将复制的正圆的中心点移到两圆的相切点，属性栏设置 ，按回车键后效果如图 4.98 所示。

(4) 选中上面的圆，鼠标点按圆上中控制点向下拖动，过程中按住 Ctrl 键，单击右键，这样就垂直镜像并复制了一个正圆，如图 4.99 所示。

(5) 分别对上下和左右的圆执行【排列】|【群组】命令。

(6) 全选这两个群组对象，单击属性栏的"相交" 按钮，删除两个群组的对象，得到如图 4.100 所示的图案。

(7) 选中相交得到的图案，向右拖动，过程中按住 Ctrl 键，当出现如图 4.101 所示的状态时单击右键,水平复制了一个图案,按 Ctrl+D 键 2 次再制图案,得到如图 4.102 所示的效果。

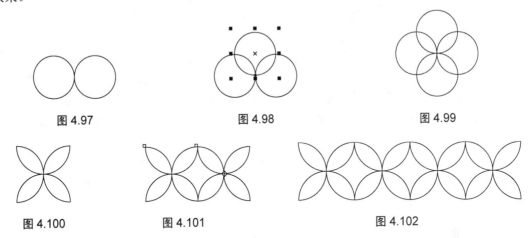

图 4.97　　　　　　　　　图 4.98　　　　　　　　　图 4.99

图 4.100　　　　　图 4.101　　　　　　　　图 4.102

(8) 全选图 4.102 所示的图案,进行垂直复制,得到如图 4.103 所示的图案效果。将图案进行"群组",并填充青色。

(9) 绘制方巾幅面。选择工具箱中的矩形工具 ,按住 Ctrl 键绘制一个填充蓝色比群组图案大的正方形,执行排列顺序向后一层命令,将正方形放到图案的后面。双击挑选工具 ,全选图案和矩形,先后按 E 和 C 键水平居中和垂直居中对齐两对象,如图 4.104 所示。

(10) 添加装饰花纹。打开素材/第 4 章/印花方巾素材文件,分别将 3 个花纹复制粘贴到方巾中。然后再分别调整大小。将放在四角的花纹去除轮廓并填充黄色,再水平和垂直复制 3 个放在拐角;将放在四边的花纹填充白色,并运用先复制、然后再制、最后水平和垂直复制的方法放在四边;将放在内部的花纹填充黄色,并复制再制多个放在内部。最终效果如图 4.105 所示。

图 4.103　　　　　　　图 4.104　　　　　　　图 4.105

(11) 保存绘图。执行【文件】|【另存为】命令,在"保存绘图"对话框中 文件名(N): 栏输入"印花方巾",单击 保存 按钮即可。

4.12.2　绘制窗花

(1) 新建文件。执行【文件】|【新建】命令,或按 Ctrl+N 键新建一个文件,从属性栏中设置纸张大小为 A4,摆放方式为横向。

(2) 执行【视图】|【辅助线】和【贴齐辅助线】命令，在页面上拖出一水平和一垂直的交叉的辅助线。

(3) 选择工具箱中的椭圆工具，按住 Ctrl+Shift 键，以辅助线的交点为中心绘制一个正圆，如图 4.106 所示。

(4) 选择工具箱中的多边形工具，将属性栏上的边数设置为 4，按住 Shift 键以正圆上方和辅助线的交点为中心点绘制一个菱形。将菱形的中心点移到正圆的圆心处，如图 4.107 所示。执行【排列】|【变换】|【旋转】命令，打开"变换"泊坞窗，将角度值设置为 20，如图 4.108 所示。单击 应用到再制 按钮多次，使菱形布满正圆的边线，效果如图 4.109 所示。

(5) 选中所有菱形并群组，执行【排列】|【造形】|【造形】命令，在打开的"造形"泊坞窗中选择"修剪"选项，如图 4.110 所示，单击"修剪"按钮，单击正圆，得到图 4.111 所示的图形。

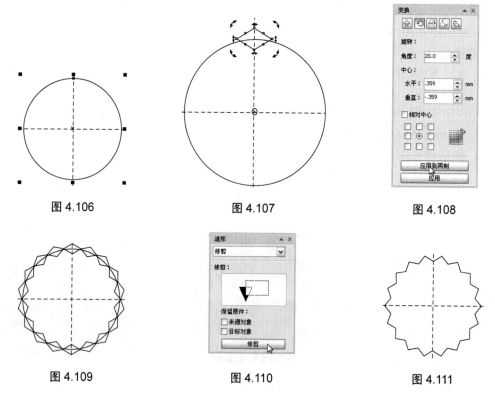

图 4.106　　　　图 4.107　　　　图 4.108

图 4.109　　　　图 4.110　　　　图 4.111

(6) 选择工具箱中的椭圆工具，在修剪的图形内以竖向辅助线的上部为中心绘制一个小的正圆，在"变换"泊坞窗的旋转窗口中将角度值设置为 30，单击 应用到再制 按钮多次，得到多个小正圆。将所有的小正圆群组，在打开的"造形"泊坞窗中选择"修剪"选项，单击"修剪"按钮，单击大图形，得到图 4.112 所示的图形。

(7) 使用步骤(5)的方法绘制心形并和图 4.112 的图形进行修剪，再以图形中心点绘制一个五角星，如图 4.113 所示。

(8) 使用步骤(5)的方法绘制 12 个小圆圈,将小圆圈群组,并填充黄色,将中间的五角星填充黄色。大的图形填充为蓝色,最终效果如图 4.114 所示。

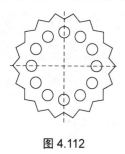
图 4.112

图 4.113

图 4.114

(9) 保存绘图。执行【文件】|【另存为】命令,在"保存绘图"对话框中 文件名(N): 栏输入"窗花",单击 保存 按钮即可。

4.13 本章小结

本章主要介绍了对象的选取、变换、复制、剪贴、再制、克隆、删除等基本操作,及多个对象的顺序调整、对齐和分布、造形、群组、锁定、结合与拆分等常用功能。熟练掌握这些基本知识和基本操作为以后的学习打下坚实的基础。

4.14 上机实战

利用本章所学知识,制作如图 4.115 所示的工商银行的标志。

图 4.115

操作提示:

(1) 绘制一大一小的同心圆,用小圆去修剪大圆。

(2) 拖拉参考线。矩形工具绘制横向矩形并垂直等距离向下复制矩形;绘制纵向矩形并等距离复制。

(3) 注意矩形相互间的间距和对齐。群组 7 个矩形对象,然后水平镜像并复制对象,水平移动对象。

第5章 色彩填充和轮廓编辑

教学目标

- 了解色彩模式的概念
- 掌握多种色彩填充方式
- 会使用交互式填充工具
- 会编辑轮廓
- 能熟练使用吸管工具和油漆桶工具

教学重点

- 运用多种填充方式填充对象
- 编辑对象的轮廓

教学难点

交互式网格填充工具的使用

建议学时

- 总学时:8课时
- 理论学时:2课时
- 实践学时:6课时

5.1 色彩模式

色彩模式提供各种用于定义颜色的方法，每种模式都是通过使用特定的颜色组件来定义颜色的。在创建图形时，有多种颜色模型可供选择。

1. CMYK 模式

CMYK 模式在印刷时应用了色彩学中的减法混合原理，它通过反射某些颜色的光并吸收另外一些颜色的光，来产生不同的颜色，是一种减色色彩模式。CMYK 代表了印刷上用的 4 种油墨色：C 代表青色，M 代表洋红色，Y 代表黄色，K 代表黑色。CorelDRAW X4 默认状态下使用的就是 CMYK 模式。

CMYK 模式是图片和其他作品中最常用的一种印刷方式。这是因为在印刷中通常都要进行四色分色，出四色胶片，然后再进行印刷。

2. RGB 模式

RGB 模式是使用最广泛的一种加色色光色彩模式，它通过红、绿、蓝 3 种色光相叠加而形成更多的颜色。每个通道都有 8 位的色彩信息——0～255 的亮度值色域。RGB 的 3 种色彩的数值越大，颜色就越浅，如 3 种色彩的数值都为 255 时，颜色被调整为白色。RGB 的 3 种色彩的数值越小，颜色就越深，如色彩的数值都为 0 时，颜色为黑色。

在编辑图像时，RGB 色彩模式应是最佳的选择。因为它可以提供全屏幕的多达 24 位的色彩范围，一些计算机领域的色彩专家称之为 True Color(真彩显示)。显示器就是 RGB 模式的。

3. HSB 模式

HSB 模式是一种更直观的色彩模式，它的调色方法更接近人的视觉原理，它不基于混合颜色。因此在调色过程中更容易找到需要的颜色。

H 代表色相，S 代表饱和度，B 代表亮度。色相描述颜色的色素，用 0°～359°来测量(例如，0°为红色，60°为黄色，120°为绿色，180°为青色，240°为蓝色，而 300°则为品红)。饱和度描述颜色的鲜明度或阴暗度，用 0%～100%来测量(百分比越高，颜色就越鲜明)。亮度描述颜色包含的白色量，用 0%～100%来测量(百分比越高，颜色就越明亮)。

4. Lab 模式

Lab 是一种国际色彩标准模式，它由 3 个通道组成：一个通道是透明度，即 L；其他两个是色彩通道，即色相和饱和度，用 a 和 b 表示。

Lab 模式在理论上包括了人眼可见的所有色彩，它弥补了 CMYK 模式和 RGB 模式的不足。因为这种模式图像的处理速度比在 CMYK 模式下快数倍，与 RGB 模式的速度相仿而在把 Lab 模式转换成 CMYK 模式的过程中，所有的色彩不会丢失或被替换。事实上，将 RGB 模式转换成 CMYK 模式时，Lab 模式一直扮演着中介者的角色。也就是说，RGB 模式先转成 Lab 模式，然后再转成 CMYK 模式。

5. 灰度模式

当一个彩色文件被转换为灰度模式文件时，所有的颜色信息都将从文件中丢失。尽管 CorelDRAW X4 允许将一个灰度文件转换为彩色模式文件，但不可能将原来的颜色完全还原。所以，当要转换灰度模式时，先做好一个图像的备份。

像黑白照片一样，一个灰度模式的图像只有明暗值，没有色相和饱和度这两种颜色信息，0%代表黑，100%代表白。其中的 K 值是用于衡量黑色油墨用量的。

将彩色模式转换为双色调模式或位图模式时，必须先转换为灰度模式，然后由灰度转换为双色调模式或位图模式。在制作黑白印刷中会经常使用灰度模式。

设置以上模式的方法是：选择工具箱中的填充工具 ，选择 均匀填充... ，在弹出的"均匀填充"对话框中，选择"模型"下拉列表中的各种模式，如图 5.1 所示。

图 5.1

5.2 色彩填充

在 CorelDRAW X4 中，只有对闭合的图形才能进行色彩填充；若需对一个开放的曲线或折线进行色彩填充，则必须先将其闭合。色彩填充的方式有均匀、渐变、图案和底纹填充等，下面将详细介绍。

5.2.1 均匀填充

均匀填充是一种最简单的填充方式，它可以应用于绘图页面中所选的对象，也可以被指定为默认的填充方式而自动应用于新建的对象。通过调色板、均匀填充对话框和颜色泊坞窗等方式可以很方便地实现对象的均匀填充，下面将详细介绍均匀填充的方法。

1. 通过"调色板"做均匀填充

(1) 选中需填充颜色的对象。

(2) 单击调色板上任意一个颜色方块，即可将对象填充颜色。(或拖动调色板上的一种颜色到对象内部，鼠标的形状显示为 。)

第 5 章　色彩填充和轮廓编辑

温馨提示：

在某种颜色上按住鼠标左键持续 2 s。将显示出与这一颜色相近的颜色。

2. 通过"均匀填充"对话框做均匀填充

(1) 选中需填充颜色的对象。
(2) 单击工具箱中的填充工具，此时会弹出一个填充工具菜单，如图 5.2 所示。
(3) 选择菜单中的"均匀填充"，此时会弹出"均匀填充"对话框，如图 5.3 所示。

在该对话框中，右边有一个色带滑块，可以上下滑动来确定颜色的范围；左边的色彩选择区中有一个小的空心方框，单击可以精确地选取颜色；上方的"模型"、"混合器"和"调色板"是 3 种调色方式，单击可以切换。

单击"加到调色板"按钮，即可将选定或创建的颜色添加到调色板中。

单击"选项"按钮，在其弹出的列选框中选择不同的命令设置颜色数值、对换颜色、色谱报警及颜色查看器等选项。

(4) 单击"确定"按钮，即可完成均匀填充。

图 5.2

图 5.3

3. 通过"颜色"泊坞窗做均匀填充

(1) 选中需填充颜色的对象。
(2) 单击工具箱中的填充工具，选择 颜色(C)。
(3) 此时会弹出"颜色"泊坞窗，如图 5.4 所示。
(4) 拖动每一种颜色的滑块，或者在每一种颜色后输值，单击"填充"按钮，即可完成均匀填充。

4. 通过属性栏做均匀填充

(1) 选中需填充颜色的对象。
(2) 选择工具箱中的交互式填充工具。
(3) 从属性栏上的"填充类型"列表框中选择"均匀填充"选项。
(4) 在属性栏上指定所需的设置，然后按 Enter 键。

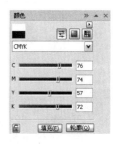

图 5.4

☐ 温馨提示：

通过选择一个已填充的对象，按住 Ctrl 键，同时单击调色板上的另一种颜色，可以混合均匀填充中的颜色。

5.2.2 渐变填充

渐变填充是可以使色彩以线性、射线、圆锥、方角等形式实现一种色彩到另一种色彩的过渡效果，是一种非常重要的表现技巧，它能使对象产生凹凸的表面、变化的光影及立体的效果。

可以在对象中应用双色、自定义和预设 3 种方式实现渐变填充。具体操作如下。

(1) 选中需填充渐变颜色的对象。

(2) 单击填充工具 级联菜单中的"渐变填充" 按钮，即可弹出"渐变填充"对话框，如图 5.5 所示。

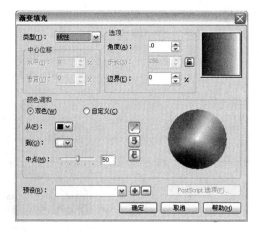

图 5.5

(3) 在对话框中的下列选项中进行设置。

① 类型：选择线性、放射状、圆锥和方角 4 种中的一种 ，如图 5.6 所示。

中心位移：设置渐变中心点水平及垂直偏移的位置(直线性的渐变除外)。

图 5.6

② 选项：设置光源角度、渐变级数和边缘锐度值。

③ 颜色调和：选择双色或自定义，设置颜色的混合方式。

双色：选择双色，可以在起始和终止列选框中选择作为渐变填充的起始颜色(系统默认为黑色)和终止颜色(系统默认为白色)；调节中央点滑块可以改变起始颜色与终止颜色在渐变中所在的成分比例。在对话框右上角的预览框中可以看到调节后的效果。

第 5 章　色彩填充和轮廓编辑

在圆形颜色循环图的左边，有 3 个纵向排列的按钮。

单击按钮，可以在圆形颜色循环图中按直线方向混合起始(洋红)及终止(白)颜色。

单击按钮，可以在圆形颜色循环图中按逆时针的弧线方向混合起始及终止颜色。

单击按钮，可以在圆形颜色循环图中按顺时针的弧线方向混合起始及终止颜色。

图 5.7 所示为从红到白的直线混合、逆时针混合、顺时针混合的渐变色。

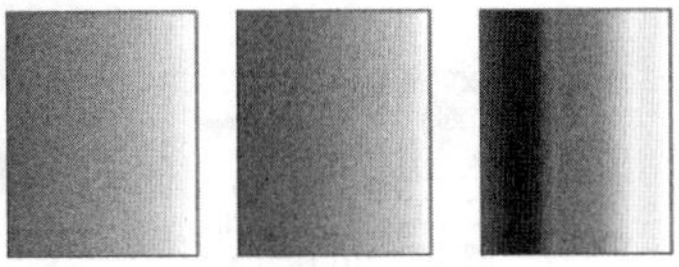

图 5.7

自定义：选择自定义，颜色混合选项框会发生相应的变化，如图 5.8 所示。在渐变色带上方的滑轨上双击鼠标，可以添加颜色，黑色三角表示当前色滑块；可以拖动滑块或在位置增量框中输值来设置当前色的位置；可以在当前的颜色显示框右边的色盘中选择当前色。各种颜色之间自动生成渐变过渡。

④ 预设：设置好自定义渐变填充颜色后，可在"预设"列表框中为新的填充命名，然后单击+按钮，即可将自定义的渐变填充存储起来。单击"预设"列表框右边的下三角按钮，就可以看到自定义的渐变填充与预设的渐变填充名称并列。如果单击预设渐变填充的名称，可以选择预设渐变颜色。

(4) 单击"确定"按钮，即可填充上渐变颜色。

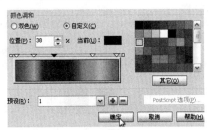

图 5.8

5.2.3　图样填充

图样填充是用预先生成的、对称的图样来填充对象的一种方式。包括 3 种实现方式：双色、全色和位图。

(1) 选中需进行图样填充的对象。

(2) 单击填充工具级联菜单中的"图案填充"按钮，弹出"图案填充"对话框，如图 5.9 所示。

(3) 选择"双色"。进行双色图样填充。

- 图样预览窗：单击会弹出图样列表框，如图 5.10 所示。
- 前部、后部：单击后面的色块，会弹出色块列表，从中选取适合的前景色、背景色。
- 创建：单击进入"双色图案编辑器"对话框进行图样编辑，如图 5.11 所示。

 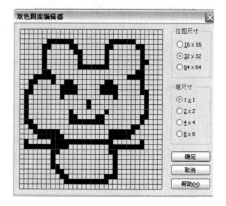

图 5.9　　　　　　　　图 5.10　　　　　　　　图 5.11

选择"全色"。进行全色图样填充，对话框会发生变化，如图 5.12 所示。
- 图样预览窗：单击会弹出图样列表框，如图 5.13 所示。

选择"位图"。进行位图图样填充，对话框会发生变化，如图 5.14 所示。

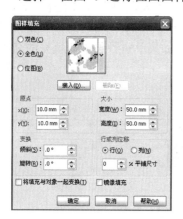 

图 5.12　　　　　　　　图 5.13　　　　　　　　图 5.14

- 图样预览窗：单击会弹出图样列表框，如图 5.15 所示。

图 5.15

- 装入：单击可以导入已有的图样。
- 原点：输入 X、Y 值。可以设定图样填充的中心。

- 大小：输入宽度和高度的值。可以设置平铺图案尺寸的大小。图 5.16 所示为宽和高均为 50mm 与宽和高均为 20mm 大小的图案填充效果。

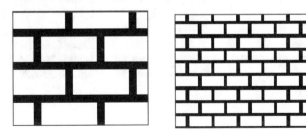

图 5.16

- 变换：输入倾斜和旋转角度值。可以使填充图案产生倾斜及旋转变化。
- 行或列位移：选择行或列项后，可以使填充图案的行、列产生位移。

图 5.17 所示为原图样、倾斜 30°的图样、旋转 90°的图样、位移(列)60 的图样。

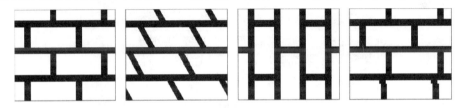

图 5.17

☑将填充与对象一起变换(T)：图样填充与对象相链接。即完成填充后，当对完成填充的对象进行变换操作时，填充的图案也会随之变换。

☑镜像填充：图样会进行镜像排列填充。

图 5.18 所示为原图、选中"将填充与对象一起变换"和"镜像填充"复选框后的图。

图 5.18

(4) 单击"确定"按钮，完成图样填充。图 5.19 所示分别为双色图样填充、全色图样填充和位图图样填充。

图 5.19

5.2.4 底纹填充

底纹填充可以为对象提供天然材质的外观，实现底纹填充的步骤如下。

(1) 选中需进行底纹填充的对象。

(2) 单击填充工具 级联菜单中的"底纹填充" 按钮，弹出"底纹填充"对话框，如图 5.20 所示。

图 5.20

(3) 选择下列选项。

- 底纹库：单击右边的下三角按钮在列表框中选择所需纹理的样本号。
- 底纹列表：选择所需纹理。
- 样式名称：设置样式外观。
- 选项：单击可以弹出如图 5.21 所示的"底纹选项"对话框，设置纹理分辨率和尺寸后，单击"确定"按钮。
- 平铺：单击可以弹出如图 5.22 所示的"平铺"对话框，设置纹理平铺的各项参数，单击"确定"按钮。

第 5 章 色彩填充和轮廓编辑

图 5.21

图 5.22

(4) 单击"预览"按钮，可以预览将要执行的效果；单击"确定"按钮，完成底纹填充。图 5.23 所示为各种底纹填充效果。

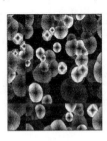

图 5.23

5.2.5 PostScript 填充

PostScript 填充是一种用 PostScript 语言设计出的特殊的图案填充方式，它可以向对象中添加半色调挂网的效果。是建立在数字公式的基础上的填充纹理，可用于任何打印机。

(1) 选中需进行 PostScript 填充的对象。

(2) 单击填充工具 级联菜单中的"PostScript 填充" 按钮，即可弹出"PostScript 底纹"对话框，如图 5.24 所示。

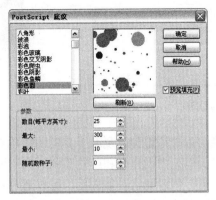

图 5.24

(3) 在底纹列表框中选择一种底纹，选中"预览填充"复选框。

113

(4) 单击"刷新"按钮，单击"确定"按钮，完成 PostScript 底纹填充。各种 PostScript 底纹填充效果，如图 5.25 所示。

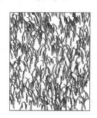  

图 5.25

5.2.6 交互式填充工具

为了更加灵活方便直观地进行填充，CorelDRAW X4 还提供了交互式填充工具 。使用该工具及其属性栏，可以完成在对象中添加各种类型的填充。具体操作步骤如下。

(1) 选中需进行填充的对象。

(2) 选择工具箱中的交互式填充工具 ，单击属性栏 均匀填充 列选框，选择无填充、均匀填充、线性、射线、圆锥、方角、双色图样、全色图样、位图图样、底纹填充和 PostScript 填充中的一种，并设置相应的属性，如图 5.26 所示。

图 5.26

(3) 建立填充后，通过拖移中心点控制、单向控制、等比例控制来改变对象的外观效果，如图 5.27、图 5.28 所示。

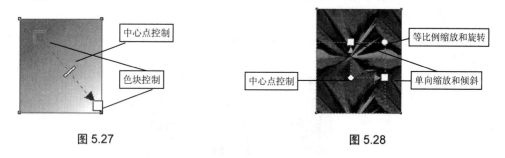

图 5.27　　　　　　　　　　　图 5.28

5.2.7 交互式网格填充工具

交互式网状填充工具 可以轻松地创建复杂多变的网状填充效果。例如，可以创建任何方向的颜色平滑过渡效果，而无需创建调和或轮廓图。应用网状填充时，可以指定网格的列数、行数和网格的交叉点。创建网状对象之后，可以通过添加和移除节点或交点来编辑网状填充网格，也可以移除网状。网状填充只能应用于封闭对象或单条路径上。具体使用方法如下。

(1) 选中需要网状填充的对象。

第 5 章 色彩填充和轮廓编辑

(2) 单击工具箱中的交互式填充工具 的级联菜单交互式网状填充工具 。

(3) 在属性栏中设置网格数目，如图 5.29 所示，效果如图 5.30 所示。

(4) 选中需要填充的节点，单击调色板中的颜色，如图 5.31 所示，即可为节点填充颜色(颜色自节点为中点后四周逐渐变淡)。

(5) 拖动选中的节点，即可扭曲颜色的填充方向，效果如图 5.32 所示。

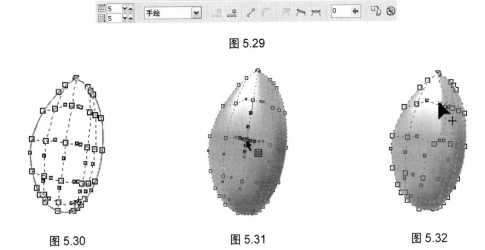

图 5.29

图 5.30　　　　　　图 5.31　　　　　　图 5.32

(6) 要添加交叉点，可以在网格里面单击一次，然后单击属性栏上的"添加交叉点"按钮或直接在网格里双击。

(7) 要添加节点，可以按住 Shift 键，同时在要添加节点之处双击。

(8) 要移除节点或交叉点，可以单击一个节点，然后单击属性栏上的"删除节点"按钮或直接双击要删除的节点或交叉点。

(9) 要调整网状填充的形状，可以将节点拖到新位置。

(10) 要移除网状填充，可以单击属性栏上的"清除网状"按钮。

温馨提示：

① 还可以将颜色从调色板拖到交叉节点、节点和对象中的一块上。
② 也可以圈选或手绘圈选节点，来调整整个网状区域的形状。
③ 要圈选节点，先从"选取范围模式"列表框选择"矩形"，然后拖动希望选择的节点。
④ 要手绘选择节点，先从"选取模式范围"列表框选择"手绘"，然后拖动希望选择的节点。
⑤ 拖动时按 Alt 键可以在"矩形"和"手绘"选取范围模式之间切换。
⑥ 在空白处双击可以添加交点，双击线条可以添加一个线条。

5.2.8 现场练兵——绘制卡通猪

(1) 新建文件。执行【文件】|【新建】命令，或按 Ctrl+N 键新建一个文件，从属性栏中设置纸张大小为 A4，摆放方式为纵向。

(2) 选择工具箱中的矩形工具 绘制一矩形，如图 5.33 所示。

(3) 执行【排列】|【转换为曲线】命令，曲线化矩形。再选择工具箱中的形状工具，根据小猪的身体结构添加节点，并调整拖出小猪的耳朵和脚，如图5.34所示。

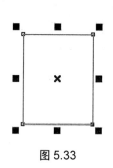

图 5.33

图 5.34

(4) 选择工具箱中的形状工具，选中所有节点；单击属性栏的"转换直线为曲线"按钮，调节小猪的外形，如图5.35和图5.36所示。

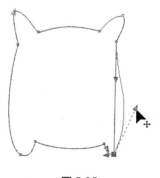

图 5.35

图 5.36

(5) 选择工具箱中的椭圆工具绘制一个扁长椭圆作为小猪的鼻子。使用椭圆工具绘制一个竖长椭圆作为小猪左鼻孔，水平复制左鼻孔为右鼻孔。选中小猪的两只鼻孔，并填充黑色。再选择工具箱中的椭圆工具绘制一个小的正圆作为小猪的左眼睛，选择工具箱中的交互式填充工具，填充从黑到白的"射线"渐变。水平镜像并复制小猪左眼为右眼，如图5.37所示。

(6) 选中小猪的外轮廓，使用交互式填充工具，为小猪填充从白色到粉红(C:4、M:40、Y:9、K:0)的射线渐变，如图5.38所示。

图 5.37

图 5.38

第 5 章　色彩填充和轮廓编辑

(7) 为了凸显小猪的可爱，给小猪画上腮红。使用椭圆工具绘制一个正圆，使用交互式填充工具，填充从红色(C:2、M:76、Y:34、K:0)到白色的射线渐变。将左腮红水平复制一个为右腮红，效果如图 5.39 所示。

图 5.39

(8) 保存绘图。执行【文件】|【另存为】命令，在"保存绘图"对话框中 文件名(N): 栏输入"卡通猪"，单击 保存 按钮即可。

5.3　轮　廓　编　辑

对封闭图形的轮廓和开放路径的线条的处理，是使用"轮廓笔"对话框中的控件、属性栏以及"对象属性"泊坞窗中的"轮廓"页来更改轮廓和线条的外观的。例如，可以指定线条和轮廓的颜色、宽度和样式。

5.3.1　设置轮廓宽度、色彩和样式

1. 设置轮廓色彩

方法一：使用调色板设置轮廓色。

(1) 选择对象的轮廓(如果对象是线条，选择线条)。

(2) 拖动调色板上一种颜色到对象的轮廓上，鼠标的状态显示为，即可为轮廓填充上颜色。

方法二：使用"轮廓笔"对话框设置轮廓色。

(1) 选择对象的轮廓(如果对象是线条，选择线条)。

(2) 单击工具箱中的轮廓工具，选择轮廓笔，在弹出的"轮廓笔"对话框中，选择"颜色"列表中的一种颜色，如图 5.40 所示，单击"确定"按钮即可。

方法三：使用"对象属性"泊坞窗设置轮廓色。

(1) 选择对象的轮廓(如果对象是线条，选择线条)。

(2) 右击属性，在弹出的"对象属性"泊坞窗中选择"颜色"列表中的一种颜色，如图 5.41 所示，单击"应用"按钮即可。

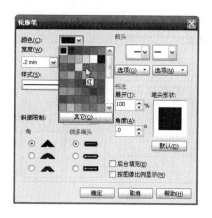
图 5.40

图 5.41

方法四：使用"轮廓颜色"对话框设置轮廓色。

(1) 选择对象的轮廓(如果对象是线条，选择线条)。

(2) 单击工具箱中的轮廓工具，选择轮廓颜色，在弹出的"轮廓颜色"对话框中，拖动中间色条上的滑块，确定颜色的大致范围，然后在左边的"调色板"上选择一种颜色块，如图 5.42 所示，单击"确定"按钮即可。

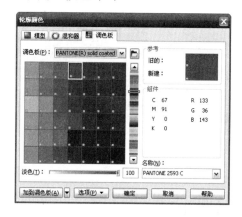
图 5.42

2. 设置轮廓宽度

方法一：在属性栏中设置。

(1) 选择对象的轮廓(如果对象是线条，选择线条)。

(2) 单击属性栏中的"轮廓宽度"下拉列表，如图 5.43 所示，选择所需的宽度即可。

方法二：在工具级联菜单上设置。

(1) 选择对象的轮廓(如果对象是线条，选择线条)。

(2) 单击工具箱中的轮廓工具，在弹出的级联菜单中选择所需的轮廓宽度，如图 5.44 所示。

第 5 章 色彩填充和轮廓编辑

图 5.43

图 5.44

方法三：在"轮廓笔"对话框中设置。

(1) 选择对象的轮廓(如果对象是线条，选择线条)。

(2) 单击工具箱中的轮廓工具，选择"轮廓笔"，在弹出的"轮廓笔"对话框中，选择"宽度"单位列表框中的一种单位，然后选择"宽度"列表中的一种宽度，如图 5.45 所示，单击"确定"按钮即可。

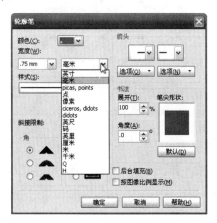

图 5.45

3. 设置线条端头或箭头样式

开放路径的线条有 3 种，如图 5.46 所示，并在端点添加箭头，具体操作步骤如下。

(1) 选中线条。

(2) 单击工具箱中的轮廓工具，选择"轮廓笔"，会弹出的"轮廓笔"对话框。

(3) 在"线条端头"区域中，启用一种线条端头样式。图 5.47 所示为 3 种线条端头效果。

图 5.46

图 5.47

单击如图 5.48 所示的左右"箭头"下拉列表框，分别选择合适的箭头样式即可(或在属性栏上设置)。图 5.49 所示为几种箭头样式。

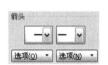

图 5.48

图 5.49

如果想自己创建箭头样式，单击"选项"按钮，选择"新建"命令，会弹出"编辑箭头尖"对话框，如图 5.50 所示。在对话框中，进行新增箭头的编辑。单击"确定"按钮即可。

(4) 单击"确定"按钮，即可添加线条端头或箭头样式。

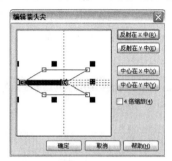

图 5.50

4．设置转角和线形样式

封闭路径有 3 种转角样式，如图 5.51 所示。有 28 种线形样式。设置转角和线形样式具体步骤如下。

(1) 选中对象。

(2) 单击工具箱中的轮廓工具，选择"轮廓笔"，会弹出的"轮廓笔"对话框。

(3) 在"角"区域中，启用一种角样式，图 5.52 所示为 3 种转角效果。

图 5.51

图 5.52

单击如图 5.53 所示的线形样式下拉列表框，选择合适的线形即可。图 5.54 所示为几种线形样式。

如果想自己创建线形样式，单击"编辑样式"按钮，在弹出的"编辑线条样式"对话框中，如图 5.55 所示，拖动滑块即可进行编辑，单击"添加"按钮即可，此时编辑的线条样式将被保存在线形列表中。

第 5 章 色彩填充和轮廓编辑

图 5.53

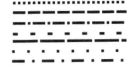

图 5.54

图 5.55

(4) 单击"确定"按钮，即可添加转角或线形样式。

5.3.2 创建书法轮廓

具体步骤如下。

(1) 选择对象。

(2) 单击工具箱中的轮廓工具 ，选择"轮廓笔"，弹出"轮廓笔"对话框。

(3) 在"角"区域中，启用一种角样式。

(4) 在如图 5.56 所示的"书法"区域的"展开"文本框中输入值，以更改笔尖的宽度。值范围从 1～100，100 为默认设置。减小值可以使方形笔尖变成矩形，圆形笔尖变成椭圆形，以创建更明显的书法效果。

(5) 在"角度"文本框中输入值，以便基于绘图画面更改画笔的方向。

① 若要将"展开"和"角度"值重置为其原始值，单击"默认"按钮。

② 通过在"笔尖形状"预览框中进行拖动，还可以调整"展开"和"角度"的值，效果如图 5.57 所示。

(6) 单击"确定"按钮，完成书法轮廓的创建，如图 5.58 所示。

  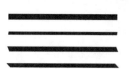

图 5.56　　　　　　　　图 5.57　　　　　　　　图 5.58

5.3.3 后台填充和按比例显示轮廓

默认情况下，轮廓是在对象的填充顶部应用的。"后台填充"是指对象的轮廓在对象内部的，被对象填充覆盖的轮廓填充方式。后台填充与普通填充的区别，在图5.59中可以很直观地看出：两个图形的其他参数完全一致，左边的心形采用了后台填充的方式，而右边的心形则没有。因而，左边的心形轮廓，有一半的宽度被对象内部的填充所覆盖。

图 5.59

"按图像比例显示"就是将轮廓粗细链接至对象尺寸，以使轮廓在增大对象尺寸时随之增大，在减小对象尺寸时随之减小。

实现后台填充和按图像比例显示的步骤如下。

(1) 选择对象。
(2) 单击工具箱中的轮廓工具，选择"轮廓笔"，弹出"轮廓笔"对话框。
(3) 启用"后台填充"、"按图像比例显示"复选框，完成对轮廓的"后台填充"和"按图像比例显示"。

5.3.4 现场练兵——绘制六角星

(1) 新建文件。执行【文件】|【新建】命令，或按 Ctrl+N 键新建一个文件，从属性栏中设置纸张大小为 A4，摆放方式为横向；
(2) 选择工具箱中的星形工具，在属性栏中将星形的边数设为 6，按住 Ctrl 键，绘制一个正六角星形。
(3) 选择工具箱中的填充工具下的"渐变填充"命令，在弹出的"渐变填充"对话框中对六角星形进行自定义渐变设置，如图 5.60 所示。填充橘红、紫、白、洋红、白、蓝、白、紫、橘红的圆锥渐变，如图 5.61 所示。

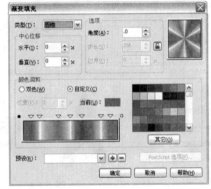

图 5.60

图 5.61

第 5 章 色彩填充和轮廓编辑

(4) 选择工具箱中的轮廓工具 ，选择"轮廓笔"，在弹出的"轮廓笔"对话框中设置各项参数，如图 5.62 所示，效果如图 5.63 所示。

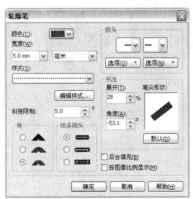
图 5.62

图 5.63

(5) 保存绘图。执行【文件】|【另存为】命令，在"保存绘图"对话框中 文件名(N): 栏输入"六角星"，单击 保存 按钮即可。

5.4 使用吸管和油漆桶工具

使用吸管工具不但可以在绘图页面的任何图形对象上取得所需的颜色和属性，而且还可以从程序之外任意位置拾取颜色。使用油漆桶工具可以将取得的颜色或属性任意次的填充在其他图形对象上。

(1) 选择工具箱中的滴管工具 。
(2) 在属性栏上，从列表框中选择"对象属性"选项。
(3) 单击属性栏上的"属性"、"变换"、"效果"展开工具栏，如图 5.64～图 5.66 所示，然后启用其中的选项。

图 5.64

图 5.65

图 5.66

(4) 单击要复制其变换的对象的边缘，如图 5.67 所示。
(5) 选择工具箱中的颜料桶工具 。

(6) 单击要对其应用复制变换的对象的边缘即可，如图 5.68 所示。

图 5.67　　　　　　　　　　　　图 5.68

5.5　实例演习

5.5.1　绘制鲜花

(1) 新建文件。执行【文件】|【新建】命令，或按 Ctrl+N 键新建一个文件，从属性栏中设置纸张大小为 A4，摆放方式为横向。

(2) 绘制花瓣。选择工具箱中的椭圆工具 ，绘制一个椭圆图形，如图 5.69 所示，并单击属性栏中的 按钮将其转换为曲线，如图 5.70 所示。

(3) 选择工具箱中的形状工具 ，选中椭圆形节点，单击属性栏上的 按钮，将该节点转换为"尖突节点"，调节使花瓣上部形状尖突，如图 5.71 所示。

(4) 选择工具箱中的交互式填充工具 ，属性栏选择"线性"，为花瓣填充从热粉色到粉色到粉白色到白色到粉白色到粉色的线性渐变色。右击调色板中的洋红色为花瓣填充轮廓色，如图 5.72 所示。

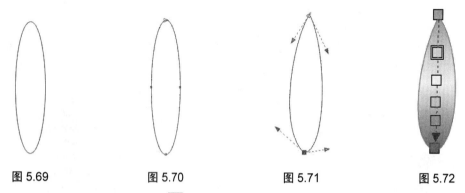

图 5.69　　　　　图 5.70　　　　　图 5.71　　　　　图 5.72

(5) 选择工具箱中的挑选工具 ，选中花瓣，执行【排列】|【变换】|【旋转】命令，在弹出的"变换"泊坞窗中，设置"旋转角度"为 30°，如图 5.73 所示。单击 应用到再制 按钮，效果如图 5.74 所示。

(6) 绘制花蕊。选择工具箱中的椭圆工具 ，在花瓣的中心画一个正圆作为花蕊，并填充黄色。再选择工具箱中的交互式透明工具 ，属性栏上选择"透明度类型"为"射线透明"。在将调色板中的白色与黑色拖拉至透明方向线上，调整透明后的效果如图 5.75 所示。

第 5 章 色彩填充和轮廓编辑

(7) 双击挑选工具，将花朵群组，如图 5.76 所示。选中群组的花朵，复制一个，然后等比例缩小后再复制一个。

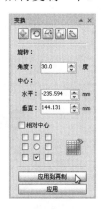

图 5.73

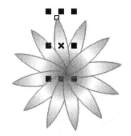

图 5.74

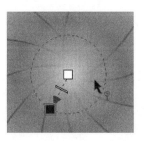

图 5.75

图 5.76

(8) 绘制绿叶。选择工具箱中的贝塞尔工具，绘制花叶形状，如图 5.77 所示。然后选择工具箱中的形状工具双击叶尖处，添加一个节点，并进行调整，使叶尖处弧形凹进。

(9) 选中叶子，选择工具箱中的交互式填充工具，填充从森林绿到马丁绿的线性渐变，如图 5.78 所示。用同样的方法画叶子的另一半，然后将其与上片叶子重叠，如图 5.79 所示。选中上下两片叶子，先进行群组，然后再水平镜像一个。

图 5.77　　　　　　　　图 5.78　　　　　　　　图 5.79

(10) 绘制花茎。选择工具箱中的手绘工具，绘制花茎，并向左水平复制一个，选中复制的花茎，右键单击调色板上的月光绿色，属性栏设置 3.0 mm，如图 5.80 所示。

(11) 选择工具箱中的交互式调和工具，在两花茎上从左向右拖动，添加调和效果，如图 5.81 所示。同理，绘制另两条花茎。

(12) 将 8 个对象调整位置，组合成如图 5.82 所示的鲜花图形。

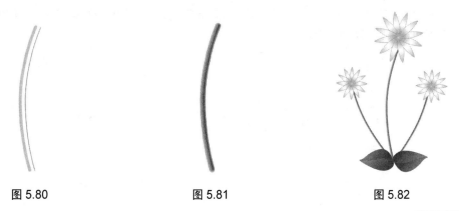

图 5.80　　　　　　　　　图 5.81　　　　　　　　　图 5.82

(13) 保存绘图。执行【文件】|【另存为】命令，在"保存绘图"对话框中 文件名(N): 栏输入"绘制鲜花"，单击 保存 按钮即可。

5.5.2　绘制相框

(1) 新建文件。执行【文件】|【新建】命令，或按 Ctrl+N 键新建一个文件，从属性栏中设置纸张大小为 A4，摆放方式为横向。

(2) 制作背景。选择工具箱中的矩形工具 ，在页面上绘制一个矩形，在属性栏中设定矩形大小为 120mm×90mm，在工具箱中选择 PostScript 填充对话框工具 ，类型选择"彩泡"。在打开的对话框中设置参数如图 5.83 所示。设置完毕后单击"确定"按钮，效果如图 5.84 所示。

　　　　　　　　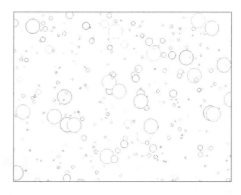

图 5.83　　　　　　　　　　　　　　　图 5.84

(3) 绘制相框。选择工具箱中的矩形工具 绘制矩形，在属性栏中设置矩形大小为 45mm×65mm，4 个圆角值都为 32，如图 5.85 所示。

(4) 选择工具箱中的底纹填充工具 ，在打开的对话框中，在"底纹库"下拉列表框中选择"样式"、在"底纹列表"框中选择"混合水平底纹"，"底纹"为"13，211"，"亮度"为 0。"背景"为 R：204、G：237、B：207，"前景"为 R：28、G：79、B：163，如图 5.86 所示。在"底纹填充"对话框中单击 平铺(I)... 按钮，打开"平铺"对话框，其中的参数值设置如图 5.87 所示。单击"确定"按钮，效果如图 5.88 所示。

(5) 选中填充了底纹的圆角矩形，向右上角拖曳填充对象到适当位置后，单击鼠标右键复制一个对象。选择工具箱中的纹理填充工具，在打开的对话框中，数值除"亮度"为 15 外，其余都与被复制的矩形数值相同，单击"确定"按钮，效果如图 5.89 所示。

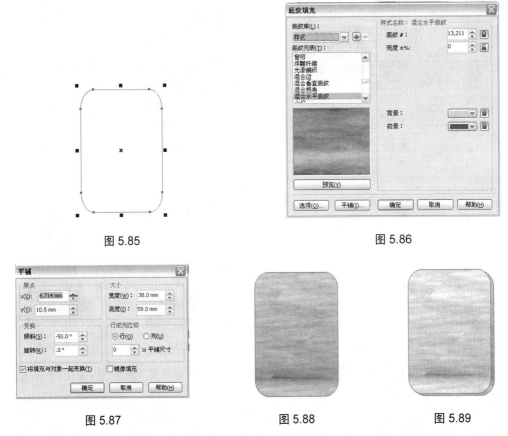

图 5.85　　　　　　　　　　　　　　　图 5.86

图 5.87　　　　　　　图 5.88　　　　　　图 5.89

(6) 选中复制的圆角矩形，按 Ctrl+C 键复制，再按 Ctrl+V 键粘贴，再复制一个矩形。拖曳角控制柄将对象等比缩小。选择工具箱中的渐变填充工具，在打开的"渐变填充"对话框里，"角度"设置为 60°，"边界"为 14，颜色设置为 70%黑、20%黑、30%黑、20%黑、70%黑的线性渐变，如图 5.90 所示。单击"确定"按钮，效果如图 5.91 所示。

(7) 选中小矩形向右下角拖曳对象到适当位置后，单击鼠标右键复制一个对象，选择工具箱中的渐变填充工具，在打开的"渐变填充"对话框中，颜色设置为 40%黑、10%黑、20%黑、10%黑、40%黑的线性渐变。单击"确定"按钮，效果如图 5.92 所示。

(8) 双击工具箱中的挑选工具，全选页面上的相框，再单击工具箱中的"无轮廓"按钮，去除所有轮廓。拖曳角点将对象倾斜，如图 5.93 所示。

(9) 绘制支架。选择工具箱中的贝塞尔工具，在页面上绘制三角形，填充调色板中的 30%黑色，如图 5.94 所示。向左拖曳填充对象到适当位置后，单击鼠标右键复制一个对象，填充调色板中的蓝色。使用挑选工具选择两个三角形，单击工具箱中的"无轮廓"按钮，按 Ctrl+G 键将对象群组，如图 5.95 所示。

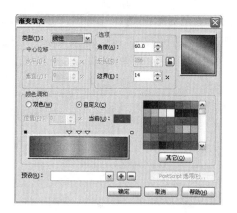
图 5.90

图 5.91

图 5.92

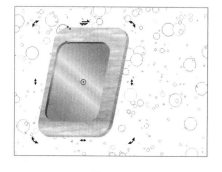
图 5.93

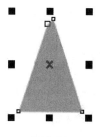
图 5.94

图 5.95

(10) 按 4 次 Ctrl+PgDn 键将对象移动到相框下方,并拖曳到相应位置,如图 5.96 所示。选取相框和支架,按 Ctrl+G 键进行群组。

(11) 添加投影。选择工具箱中的交互式阴影工具 ,在相框的底部位置向左上角拖曳,在属性栏中设置阴影角度为 30、不透明度为 50、羽化为 15、阴影淡出为 0、阴影延展为 50、阴影颜色为"黑色",效果如图 5.97 所示。

(12) 保存绘图。执行【文件】|【另存为】命令,在"保存绘图"对话框中 文件名(N): 栏输入"相框",单击 保存 按钮即可。

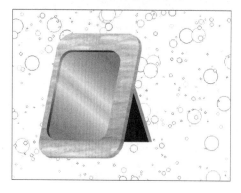
图 5.96

图 5.97

5.6 本章小结

本章先介绍了几种常见的色彩模式的概念，然后详细讲解了CorelDRAW X4中不同的填充类型及填充的方法步骤、如何编辑对象的轮廓，最后介绍了吸管和油漆桶工具的使用。其中使用交互式网状填充工具为对象填充满意的颜色需要在实践中多加练习。用户要配合实例牢固掌握本章内容。

5.7 上机实战

绘制如图5.98所示的月季花。

图 5.98

操作提示：

(1) 使用"钢笔工具"勾出每片花瓣的轮廓，注意节点尽量要少而精。

(2) 使用"形状工具"对轮廓进行修改，使线条平滑。

(3) 使用"交互式网状填充工具"为每片花瓣填充颜色，并进行调整，注意高光部位的颜色。

(4) 使用"钢笔工具"勾出花茎的轮廓。

(5) 使用"交互式填充工具"为花茎填充线性渐变颜色。

(6) 如有兴趣，按照上述方法绘制花叶。

第6章 处理文本

教学目标

- 熟练添加文本和选择文本
- 会设置文本的属性
- 会处理段落文本对象
- 学会创建文本的特殊效果

教学重点

- 添加文本和选择文本
- 设置文本的属性
- 处理段落文本对象

教学难点

- 文本分栏和链接
- 创建文本的特殊效果

建议学时

- 总学时：6课时
- 理论学时：2课时
- 实践学时：4课时

CorelDRAW X4 具有强大的处理文本的功能，允许对文本应用各种特殊的效果。具有复杂的文本处理特性，可以创建美术文本和段落文本两种类型的文本。

6.1 添加文本

在 CorelDRAW X4 中使用文本工具，在绘图窗口中单击并输入文字，创建的是"美术文本"。如果按住鼠标左键并拖动一个虚线框(即段落文本框)，在其中输入文字，则创建的是"段落文本"。如果打算在报纸、小册子、小广告中添加大型的文本，最好使用段落文本，段落文本中包含的格式编排比较多。但是如果打算在文档中添加几条说明或标题最好使用美术文本。

6.1.1 添加美术文本

美术文本，在 CorelDRAW 中是作为一个单独的图形对象存在的，因此可以使用各种处理图形的方法对添加的美术文本进行编辑处理，可以对其使用立体化、调和、封套、透镜、阴影等交互式效果。

1. 添加美术文本

美术文本的输入方法很简单，具体操作步骤如下。
(1) 在工具箱中，选中(文本工具)或按 F8 快捷键。
(2) 在绘图页面适当的位置单击，就会出现闪动的光标。
(3) 在任务栏选择合适的输入法，输入相应的文字。
(4) 要输入换行文本，按 Enter 键即可输入。
(5) 单击工具箱中除文字工具以外的任一工具，即可结束文字的输入状态，如图 6.1 所示。

图 6.1

2. 沿路径添加文本

还可以沿特定路径添加文本，具体操作步骤如下。
(1) 选中路径(可以是开放或闭合的路径)。
(2) 选择工具箱中的文本工具，将文本工具放在路径上，当光标变为 时，如图 6.2 所示，在路径上单击输入文字，如图 6.3 所示。

图 6.2　　　　　　　　　　图 6.3

6.1.2 添加段落文本

需要添加大型文本时，使用段落文本。还可以在图形内添加段落文本。

1. 添加段落文本

(1) 选择工具箱中的文本工具，在任务栏选择合适的输入法。

(2) 将鼠标移到页面，按住鼠标左键的同时拖动鼠标，拖出一个大小合适的段落文本框，如图6.4所示。

(3) 设置文本工具的属性栏，在段落文本框中输入文本，如图6.5所示。

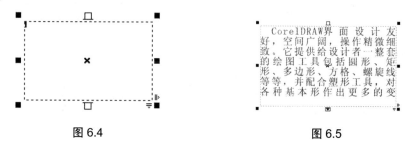

图6.4　　　　　　　　　　　　　图6.5

(4) 在默认情况下，无论输入多少文字，文本框的大小都会保持不变，而超出文本框范围的文字都将被自动隐藏，此时文本框下方居中的控制点变为形状。要想将隐藏的文本全部显示出来，将鼠标放在图标上，按住鼠标左键的同时往下拖动即可将隐藏的文本显示出来，如图6.6所示。

(5) 也可以执行【文本】|【段落文本框】|【使文本适合框架】命令，即可将所有文本显示出来，不过，这时文字将会变小，而文本框的大小不变，如图6.7所示。

(6) 也可将鼠标放到文本左下角的或图标上按住鼠标左键的同时进行向右或向下拖动，即可改变文字的字间距和行间距，如图6.8所示。

图6.6　　　　　　　图6.7　　　　　　　图6.8

💡 温馨提示：

① 还可以执行【工具】|【选项】命令，找到"选项"对话框中"工作区"下的"文本"里的"段落"选项，选中"按文本缩放段落文本框"复选框来显示所有文本。

② 可以使用"挑选工具"来调整段落文本框的大小：单击文本框，然后拖动任何选择手柄。

第6章 处理文本

2. 在对象内添加段落文本

(1) 选择工具箱中的椭圆工具 ◯，在页面上绘制一个椭圆形，如图 6.9 所示。

(2) 选择工具箱中的文本工具 字，将鼠标移动到星形的边缘上，当鼠标变成 I 形状时，单击即可输入文字，如图 6.10 所示。输入文字之后的效果如图 6.11 所示。

(3) 如果要将段落文本框与对象分离：执行【排列】|【打散路径里的段落文本】命令即可，如图 6.12 所示。

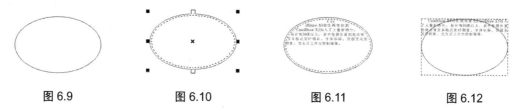

图 6.9　　　　　　图 6.10　　　　　　图 6.11　　　　　　图 6.12

6.1.3 文本转换

1. 将横排文本转换为竖排文本

在 CorelDRAW X4 中，默认情况下，输入的文本为横排文本，但是，在很多的设计中都要用到竖排文本。可以通过以下两种方式将横排文本改为竖排文本。

方法一

(1) 选中需要改变的横排文本。

(2) 在属性栏中单击 按钮，即可将横排文本改为竖直文本，如图 6.13 所示。

方法二

(1) 选中需要改变的横排文本。

(2) 执行【文本】|【段落格式化】命令，弹出"段落格式化"泊坞窗，在"文本方向"中选择"垂直"，也可将横排文本改为竖排文本，如图 6.14 所示。

图 6.13　　　　　　　　　　图 6.14

> **温馨提示：**
> ① 将"文本方向"由"水平"改为"垂直"时，下划线将变成左边线，而上划线将变为右边线。
> ② 文本方向设置应用于整个文本对象。不能在同一个文本对象中混合使用多个文本方向。

2. 美术文本与段落文本之间相互转换

(1) 选中美术文本或段落文本。

(2) 执行【文本】|【转换为段落文本】命令或【转换为美术字文本】命令。

> 温馨提示：
>
> 如果段落文本链接到另一个文本框、应用了特殊效果或溢出文本框，都不能将其转换为美术文本。

6.1.4 粘贴与导入外部文本

在 CorelDRAW X4 中，允许加入其他文字处理软件或程序中的文字(如 Word、写字板、记事本等)，加入其他文字处理软件或程序的文字有两种方式，即粘贴和导入。具体操作方法如下。

1. 粘贴文字

(1) 在其他文字处理软件中选择需要的文字后，按 Ctrl+C 键，将文字复制，如图 6.15 所示。

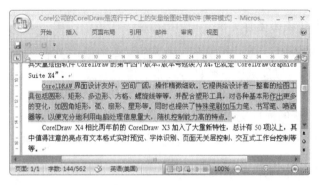

图 6.15

(2) 切换到 CorelDRAW X4 中，选择工具箱中的文本工具 字 。

(3) 将鼠标移到页面中，按住鼠标左键的同时进行拖动，创建一个段落文本框，再按 Ctrl+V 键，弹出"导入/粘贴文本"设置对话框，根据实际情况进行设置，如图 6.16 所示。设置完后单击 确定(O) 按钮即可，如图 6.17 所示。

 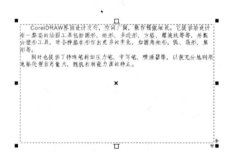

图 6.16　　　　　　　　　　　　　　图 6.17

- 保持字体和格式：选中该项后导入或粘贴的文字将保留原来的字体类型、项目符号、栏、粗体与斜体等格式信息。
- 仅保持格式：选中该项后导入或粘贴的文字只保留项目符号、栏、粗体与斜体等格式信息。
- 摒弃字体和格式：选中该项后导入或粘贴的文字将采用选定的文本对象的属性，如果未选中对象，则采用默认的字体与格式属性。
- 不再显示该警告：如果选中，在进行导入/粘贴文本时，不再出现此对话框，软件将以默认设置对文本进行导入或粘贴。

2．导入文本

（1）选择工具箱中的文本工具 字 ,将鼠标移到页面中，按住鼠标左键的同时进行拖动，创建一个段落文本框。

（2）执行【文件】|【导入】命令，弹出"导入"设置对话框，根据实际情况需要进行设置，如图 6.18 所示。单击 导入 命令，弹出"导入/粘贴文本"对话框，即可将文本导入到指定的文本框中，如图 6.19 所示。

图 6.18

图 6.19

6.2 选 择 文 本

在 CorelDRAW X4 中，文本对象的操作与图形的编辑处理一样，在操作之前必须首先进行选择。可以对整个文本进行操作，也可以对部分文本或字符进行操作。

6.2.1 使用挑选工具选择

使用挑选工具选择的是整个文本对象，具体步骤如下。
（1）选择工具箱中的挑选工具 。
（2）将鼠标移到文本对象上单击即可选中文本。

(3) 如果还需要继续选择其他文本,在按住 Shift 键的同时单击其他文本即可。

(4) 若要取消其中一个被选中的文本对象,则在按住 Shift 键的同时,再单击该文本即可取消选择。

温馨提示:

选择整个文本对象后,可以对它进行诸如其他对象一样的基本操作,包括各种色彩填充、复制、克隆、再制、镜像、添加轮廓、转换为曲线等。

6.2.2 使用文字工具选择

使用文字工具选择的是部分文本,具体步骤如下。
(1) 选择工具箱中的文字工具 字,如图 6.20 所示。
(2) 在需要选择的文本前或后单击,当出现闪烁的插入光标时,按住鼠标左键的同时向需要选择的文本拖动刷灰,即表示选中,如图 6.21 所示。
(3) 若要选择一行字符,在需选择的行上双击。

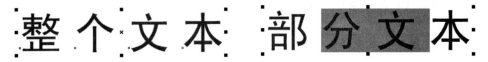

图 6.20　　　　　　　　　　图 6.21

6.2.3 使用形状工具选择

使用形状工具选择的是文本字符,具体步骤如下。
(1) 选择工具箱中的形状工具 。
(2) 单击字符左边的节点选定该字符,如图 6.22 所示。
(3) 如果按住 Shift 键,然后单击字符节点,可以选择多个字符。

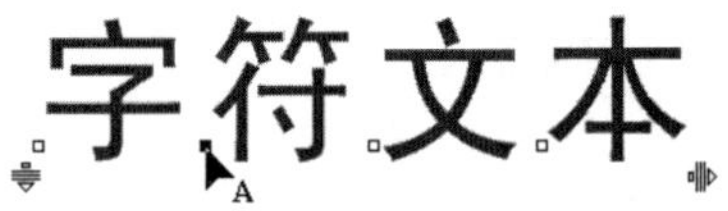

图 6.22

温馨提示:

① 选择文本字符后,可以移动字符的位置、进行各种色彩填充和进行属性栏的各种设置。
② 向上或下拖动 符号,可以缩小或扩大行距;向左或右拖动 符号,可以缩小或扩大字距。

6.3　设置文本的属性

6.3.1　设置文本的字体、字形、大小和对齐方式

在输入文本时,可以很方便地设置文本的基本属性,选择文本,属性栏如图 6.23 所示。

第 6 章 处理文本

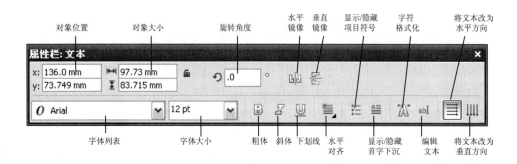

图 6.23

○ Arial ▼：表示"字体列表"，可以从弹出的如图 6.24 所示的下拉列表中选择字体。 
24 pt ▼：表示"字体大小"，可以从下拉列表中选择字体大小，也可以直接输入大小数值，如图 6.25 所示。图 6.26 所示为不同的字体和字号。

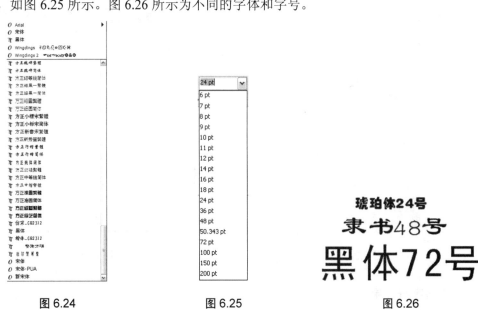

图 6.24　　　　　图 6.25　　　　　图 6.26

还可以使用挑选工具，选择文本，用键盘来改变文本大小。
- 每次增加 1 个字号单位文本大小：按 Ctrl + 8 键。
- 每次减少 1 个字号单位文本大小：按 Ctrl + 2 键。
- 按照字体每次增加一级文本大小：按 Ctrl + 6 键。
- 按照字体每次减小一级文本大小：按 Ctrl + 4 键。

B I U：分别表示字形："粗体"、"斜体"、"下划线"，如图 6.27 所示。

CorelDRAW　　CorelDRAW　　CorelDRAW　　CorelDRAW
正常字体　　　　加粗　　　　　斜体　　　　　加下划线

图 6.27

：表示对齐方式，单击黑色三角，弹出如图 6.28 所示的下拉列表。

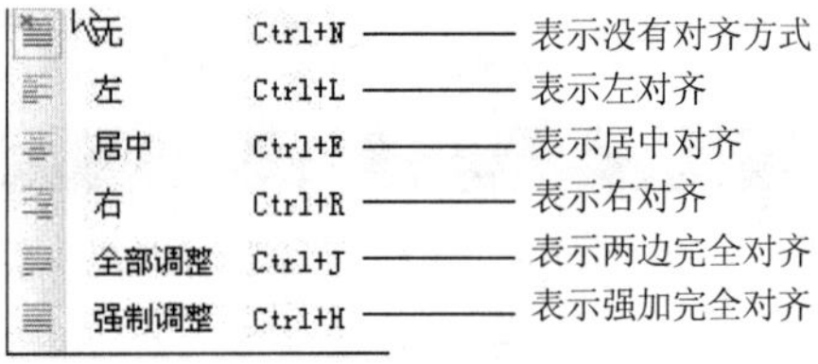

图 6.28

![字符格式化图标]：可以打开"字符格式化"泊坞窗，设置字体、字号、下划线、对齐方式、字符效果、字符位移和脚本，如图 6.29 所示。

![编辑文本图标]：可以打开"编辑文本"对话框，也可以设置字体、字号、粗体、斜体、下划线和对齐方式，如图 6.30 所示。

![方向图标]：可以设置文字的水平和垂直方向。

图 6.29

图 6.30

6.3.2 设置字符效果

单击属性栏中的![图标]按钮或执行【文本】|【字符格式化】命令，会弹出如图 6.29 所示的"字符格式化"泊坞窗。选中文字，添加"字符效果"，如图 6.31 所示。

图 6.31

6.3.3 设置字符位移

选中要位移的字符，在如图 6.29 所示的"字符格式化"泊坞窗中设置"位移"参数即可，如图 6.32 所示。

第 6 章 处理文本

图 6.32

6.4 处理段落文本对象

在 CorelDRAW X4 中，对段落文本的编排主要包括首字下沉、项目符号、段落缩进、对齐方式、文本分栏以及链接文本等操作。下面分别详细介绍具体的设置方法。

6.4.1 设置首字下沉

(1) 选择工具箱中的文本工具 字，在需要设置首字下沉的文本段落的任意位置处单击，如图 6.33 所示。

(2) 执行【文本】|【首字下沉】命令，弹出"首字下沉"对话框，具体设置如图 6.34 所示。单击 确定(O) 按钮，效果如图 6.35 所示。

(3) 如果选中 首字下沉使用悬挂式缩进(E) 复选框，文字效果将采用悬挂式缩进，效果如图 6.36 所示。

图 6.33

图 6.34

图 6.35

温馨提示：

如果对文本对象中所有段落都要设置首字下沉，只要利用挑选工具 ，选择整个段落文本，执行【文本】|【首字下沉】命令，弹出"首字下沉"设置对话框，具体设置如图 6.37 所示，效果如图 6.38 所示。

图 6.36

图 6.37

图 6.38

6.4.2 设置项目符号

在CorelDRAW X4中,系统提供了丰富的项目符号样式。可以根据需要选择所需要的项目符号,具体操作方法如下。

(1) 选择需要添加项目符号的文本,如图6.39所示。

(2) 执行【文本】|【项目符号】命令,弹出"项目符号"对话框,具体设置如图6.40所示,单击按钮,效果如图6.41所示。

图6.39

图6.40

图6.41

6.4.3 设置段落缩进

文本的段落缩进,可以改变段落文本框与框内文本的距离,可以缩进整个段落文本或从文本框的右侧或左侧缩进,还可以移除缩进格式,而不需要删除文本或重新输入文本,具体操作方法如下。

(1) 选中文本,如图6.42所示。

(2) 执行【文本】|【段落格式化】命令,弹出"段落格式化"泊坞窗,分别设置首行、左侧和右侧的"缩进量",如图6.43所示,单击按钮,效果如图6.44所示。

图6.42

图6.43

图6.44

6.4.4 设置对齐方式

文本的对齐方式主要有两种,水平和垂直方向的对齐,具体操作方法如下。

(1) 选择文本,如图6.45所示。

(2) 执行【文本】|【段落格式化】命令,弹出"段落格式化"泊坞窗,分别设置"水平"和"垂直"方向的"对齐",如图6.46所示,单击 确定(O) 按钮,效果如图6.47所示。

图 6.45　　　　　　　　图 6.46　　　　　　　　图 6.47

6.4.5　设置分栏

文本分栏是指将选中的文本分为两个或两个以上的文本栏，具体操作方法如下。

(1) 选择文本，如图 6.48 所示。

(2) 执行【文本】|【栏】命令，弹出"栏设置"对话框，具体设置如图 6.49 所示，单击 确定(O) 按钮，效果如图 6.50 所示。

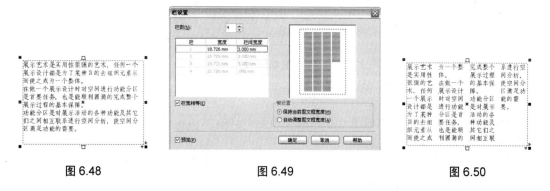

图 6.48　　　　　　　　图 6.49　　　　　　　　图 6.50

6.4.6　设置文本的链接

在 CorelDRAW X4 中，可以通过链接文本的方式，将一个文本分离成多个文本，文本的链接可以在一个页面中链接也可以在不同的页面中链接，但它们之间始终存在相互关联。

1. 多个对象之间的链接

(1) 选择文本，如图 6.51 所示。

(2) 将鼠标移到被选中文本下面的 ▼ 图标上单击，此时鼠标将变成 ▤ 样式。

(3) 在页面中单击，按住鼠标左键的同时进行拖动，拖出一个需要的文本框，没有显示完的文字将被显示到另一个文本框中，如图 6.52 所示。

图 6.51　　　　　　　　　　　　图 6.52

2. 文本与图形之间的链接

继续上面的步骤来学习文本与图形之间的链接。

(1) 分别使用椭圆工具 和星形工具 在页面中绘制两个图形。再选择工具箱中的挑选工具 ，选中需要链接的文本，如图 6.53 所示。

(2) 选择工具箱中的文本工具 ，将鼠标移到被选中文本下面的 图标上单击，此时鼠标将变成 样式。

(3) 将鼠标移到图形上面，此时鼠标变成 样式，单击即可将文本链接到图形当中，如图 6.54 所示。

(4) 方法同上，继续链接到另外一个图形文件中，效果如图 6.55 所示。

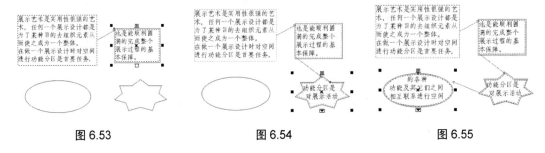

图 6.53　　　　　　　　图 6.54　　　　　　　　图 6.55

3. 解除文本链接

解除文本链接的方法很简单，只要选中需要解除的链接文本，再按 Delete 键即可将链接删除。

另外，可以将所链接的文本断开，使其成为独立的文本，具体操作如下。

(1) 选中需要断开的文本，如图 6.56 所示。

(2) 执行【文本】|【段落文本框】|【断开链接】命令，即可断开文本的链接，如图 6.57 所示。

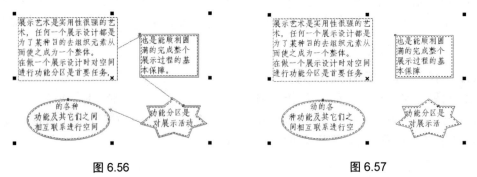

图 6.56　　　　　　　　　　　　图 6.57

温馨提示：

解除文本链接后，链接文本框中的文字会自动转移到剩下的链接段落文本框中，可以调整文本框大小来显示文本，也可以将解除链接的文本再重新进行链接。方法是选中需要重新链接的文本，执行【文本】|【段落文本框】|【链接】命令，即可将解除了链接的文本重新链接好。

6.4.7 现场练兵——编辑段落文本

(1) 新建文件。执行【文件】|【新建】命令，或按 Ctrl+N 键新建一个文件，从属性栏中设置纸张大小为 A4，摆放方式为横向。

(2) 输入文字。选择工具箱中的文本工具字，拖出一个文本框，并输入 4 段文字，如图 6.58 所示。

(3) 设置首字下沉。使用文本工具字在文本段落第一段中的任意位置处单击，执行【文本】|【首字下沉】命令，弹出"首字下沉"对话框，设置下沉行数为 2 行，如图 6.59 所示。

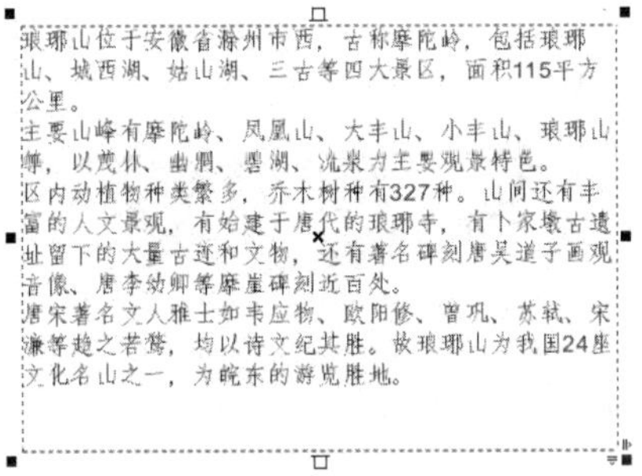

图 6.58 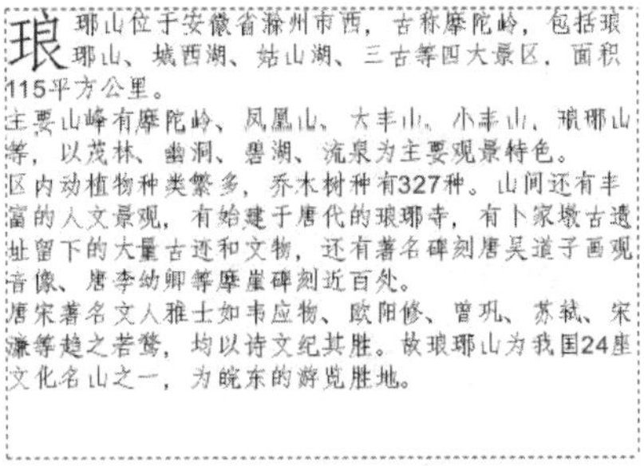　　　　　　　　　　图 6.59

(4) 添加项目符号。使用文本工具字在文本段落第二段中的任意位置处单击，执行【文本】|【项目符号】命令，弹出"项目符号"对话框，"字体列表"中选择 Wingdings，在"符号"列表中选择一个花纹作为项目符号，"大小"是 25，"文本图文框到项目符号"的距离为 5，其他保持默认状态，如图 6.60 所示，效果如图 6.61 所示。

图 6.60 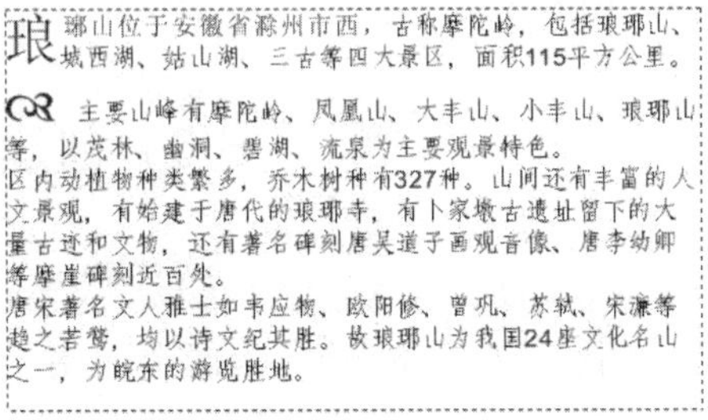　　　　　　　　　　图 6.61

(5) 字符格式化。使用文本工具字选中第一段文字的第一句话，执行【文本】|【字符格式化】命令，弹出 "字符格式化"泊坞窗，在"字体"列表中选择华文隶书，"大小"设为 18。选中第三段文字，在"字符位移"的选项中将"角度"设为 20。选择第四段的第一句话，在"字符效果"的"下划线"选项中选择"双细"下划线。效果如图 6.62 所示。

(6) 段落格式化。使用工具箱中的挑选工具选中段落文本，执行【文本】|【段落格式化】命令，弹出"段落格式化"泊坞窗，设置"段落前"间距为 150%，首行缩进为 10，右缩进为 12，如图 6.63 所示，效果如图 6.64 所示。

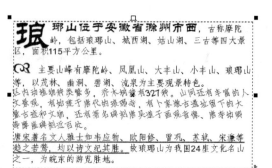

图 6.62

图 6.63

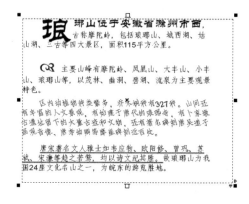

图 6.64

（7）保存绘图。执行【文件】|【另存为】命令，在"保存绘图"对话框中 文件名(N): 栏输入"编辑段落文本"，单击 保存 按钮即可。

6.5 创建文本的特殊效果

在 CorelDRAW X4 中，可以对文本创建多种特殊效果，对于"段落文本"的处理包括封套、阴影、在文本中嵌入图形等，对于"美术文本"的处理包括立体化、调和轮廓线等。

6.5.1 使文本适合路径

在 CorelDRAW X4 中，可以使现有文本适合路径。美术文本可以适合开放路径或闭合路径，段落文本只能适合开放路径。当改变路径时，沿路径排列的文本也会随之改变。

1. 使文本适合路径

（1）选择工具箱中的贝塞尔工具 绘制一条曲线，如图 6.65 所示。

（2）选择工具箱中的挑选工具 选择文本。

（3）执行【文本】|【使文本适合路径】命令，此时光标会变为 ，如图 6.66 所示。

(4) 通过在路径上移动指针，可以预览将适合文本的位置，如图 6.67 所示；如果指针离开路径，会显示文本和路径的距离，如图 6.68 所示。

(5) 单击路径，即可将文字沿路径排列，如图 6.69 所示。

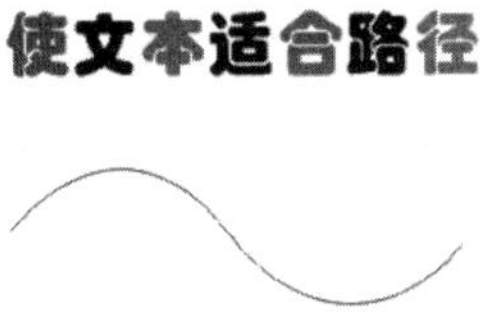

图 6.65 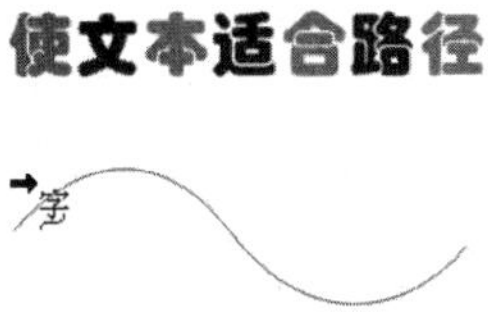　　　　　　　　图 6.66 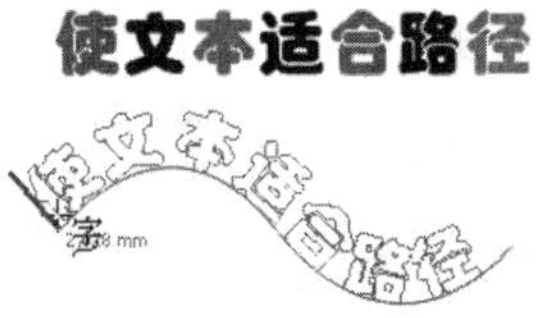　　　　　　　　图 6.67

图 6.68 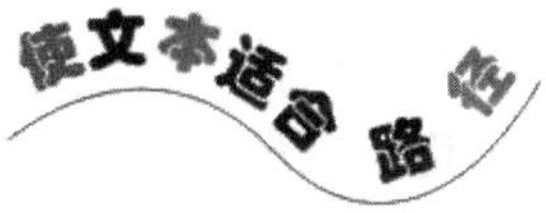　　　　　　　　图 6.69

如果文本适合闭合路径，文本将沿着路径居中；如果文本适合开放路径，则文本会从插入点开始流动。

2．使文本与路径分离

(1) 选择路径和适合的文本。

(2) 执行【排列】|【打散在一路径上的文本】命令。

(3) 如果要移开或删除路径，选择路径，移动或删除即可。

(4) 如果要矫正文本，选择文本，执行【文本】|【矫正文本】命令。

3．调整适合路径的文本的位置

方法一

(1) 选中适合路径的文本。

(2) 在如图 6.70 所示的属性栏上的任意列表框中选择一种设置。

图 6.70

文字方向 ：文本在路径上放置的角度。

与路径距离 ：文本与路径上之间的距离。

水平偏移 ：文本沿着路径的水平位置。

方法二

(1) 选中适合路径的文本。

(2) 在属性栏上，单击 贴齐标记 ，选中"打开贴齐记号"单选按钮，如图 6.71 所示。

图 6.71

(3) 在"记号间距"文本框中输入一个值。

(4) 在路径上移动文本。文本将按在"记号间距"文本框中指定的增量移动。移动文本时，文本与路径间的距离显示在原始文本的下方。

温馨提示：

① 通过使用"形状工具"，选择要适合的文本，然后拖动要重新定位的字符节点，也可以更改适合文本的水平位置。

② 使用"挑选工具"，可以通过拖动文本旁边显示的红色轮廓沟槽来沿着路径移动文本或将文本移出路径。沿着路径拖动轮廓沟槽时，将显示文本的预览。如果将轮廓沟槽拖离路径，将显示文本预览和路径之间的距离。

4. 镜像适合路径的文本

(1) 选中适合路径的文本。

(2) 在属性栏上的 镜像文本:区域中，单击以下按钮之一。

水平镜像 ：从左到右翻转文本字符。

垂直镜像 ：从上到下翻转文本字符。

6.5.2 应用封套

对段落文本应用封套效果，可以通过改变文本框的形状而改变段落文本的外观，还可以直接使用 CorelDRAW X4 提供的预设封套，具体操作方法如下。

方法一

(1) 选中段落文本，如图 6.72 所示。

(2) 选择工具箱中的交互式封套工具 ，拖动对象的节点进行调整，改变文本框的形状，段落文本也发生了相应的变化了，如图 6.73 所示。

图 6.72

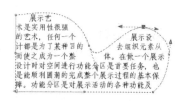

图 6.73

方法二

(1) 保持图 6.73 的选中状态。

(2) 执行【窗口】|【泊坞窗】|【封套】命令，弹出如图 6.74 所示的"封套"泊坞窗。在泊坞窗中单击 添加预设 按钮，在预设封套中选择一个封套，新封套以蓝色虚线显示在原图形上，如图 6.75 所示，单击 应用 按钮，效果如图 6.76 所示。

第6章 处理文本

图 6.74

图 6.75

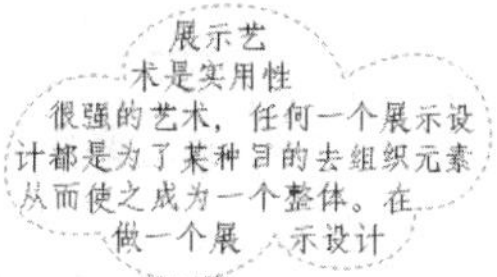

图 6.76

6.5.3 创建三维文本

在 CorelDRAW X4 中可以对文本进行三维效果的制作。创建三维文本的方法如下。

(1) 选择文本。

(2) 选择工具箱中的交互式调和工具组中的交互式立体化工具 。

(3) 单击文本并朝一个方向拖拉,如图 6.77 所示。

图 6.77

(4) 在属性栏上单击"颜色"按钮 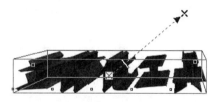,选择使用"纯色" ,如图 6.78 所示。立体化的部分以另一种颜色显示,如图 6.79 所示。

图 6.78

图 6.79

(5) "递减"的颜色 :立体化的部分是一种颜色到另一种颜色的渐变,设置如图 6.80 所示。设置的结果如图 6.81 所示。

(6) 文字的立体化方向并不是固定的,可以在属性栏的"预设"列表中选择一种样式,如图 6.82 所示。也可以拖动×柄任意改变,如图 6.83 所示。

图 6.80

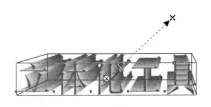
图 6.81

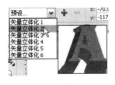
图 6.82

图 6.83

(7) 单击属性栏上的"立体方向"按钮，进行旋转调整，如图 6.84 所示。直接在 上拖动鼠标即可。还可以单击右下角的 图标，来改变"旋转值"，如图 6.85 所示。如果对于设置结果不满意，想把文字还原，可以单击 进行还原。

(8) 单击属性栏上的"照明"按钮，为文字添加光源，如图 6.86 所示。

图 6.84

图 6.85

图 6.86

6.5.4 嵌入图形与添加特殊字符

CorelDRAW X4 允许在文本中嵌入图形对象或位图。图形对象或位图被视为文本字符。因此，可以根据嵌入图形对象的文本类型来应用格式化选项。还可以将特殊字符作为文本对象或图形对象添加到文本中。添加作为文本的特殊字符时，可以像格式化文本那样来格式化字符。添加作为图形对象的特殊字符时，字符都是曲线。因此，可以像编辑其他图形对象那样来编辑特殊字符。具体操作方法如下。

1. 在文本中嵌入图形对象

(1) 选择图形对象。

(2) 执行【编辑】|【剪切】或【复制】命令。

(3) 选择工具箱中的文本工具，单击文本中要嵌入图形对象之处。

(4) 执行【编辑】|【粘贴】命令，效果如图6.87所示。

图 6.87

2．添加作为文本对象的特殊字符

(1) 选择工具箱中的文本工具，单击文本中要添加特殊字符之处。
(2) 执行【文本】|【插入符号字符】命令。
(3) 在"插入字符"泊坞窗中，如图6.88所示，从"字体"列表框中选择字体。
(4) 双击列表中的字符即可("字符大小"由文本的字体大小决定)，如图6.89所示。

图 6.88　　　　　　　　　　　　　图 6.89

3．添加作为图形对象的特殊字符

(1) 执行【文本】|【插入符号字符】命令。
(2) 在"插入字符"泊坞窗中，从"字体"列表框中选择字体。
(3) 在"字符大小"文本框中输入值。
(4) 将一个特殊字符从列表中拖放到绘图页面或在列表中选择特殊字符，单击"插入"按钮即可，如图6.90所示。

图 6.90

6.5.5 段落文本绕图排列

段落文本绕图排列是指文本围绕图形的外框排列，文本的形状被更改了。可以使用轮廓图或方形环绕样式来环绕文本。轮廓图环绕样式沿循对象的曲线。方形环绕样式沿循对象的装订框。还可以调整段落文本和对象之间的间距大小，并且可以移除应用的任何环绕样式。

(1) 选择要在其周围环绕文本的对象。

(2) 执行【窗口】|【泊坞窗】|【属性】命令，在弹出的"对象属性"泊坞窗中打开"常规"选项卡；

(3) 从"段落文本换行"列表框中选择一种环绕样式，如图 6.91 所示，单击"应用"按钮。如果要更改环绕的文本和对象或文本之间的间距大小，更改"文本换行偏移"文本框中的值，如图 6.92 所示。

图 6.91

图 6.92

(4) 选择工具箱中的文本工具，然后拖动光标在对象上创建段落文本框。

(5) 在段落文本框中输入文本即可。图 6.93 所示为轮廓图的 3 种样式，图 6.94 所示为正方形的 4 种样式。

图 6.93

图 6.94

第 6 章　处理文本

💡 温馨提示：

如果要将现有的段落文本环绕在选定的对象周围，那么应先将环绕样式应用于对象，然后将段落文本框拖动到对象上。

6.5.6　现场练兵——文本的排版

(1) 新建文件。执行【文件】|【新建】命令，或按 Ctrl+N 键新建一个文件，从属性栏中设置纸张大小为 A4，摆放方式为横向。

(2) 绘制适合路径的文本。选择工具箱中的椭圆工具 ⬭，绘制一个椭圆，选择工具箱中的文本工具 字，在绘图页面上输入美术字文本"琅琊山醉翁亭"，如图 6.95 所示。

(3) 保持文本的选中状态，执行【文本】|【使文本适合路径】命令，鼠标变为 ➡字，单击椭圆上半部分的路径线，效果如图 6.96 所示。使用挑选工具 ▶ 选择椭圆和文字，执行【排列】|【打散在一路径上的文本】命令，选择椭圆，按 Delete 键删除。如图 6.97 所示。

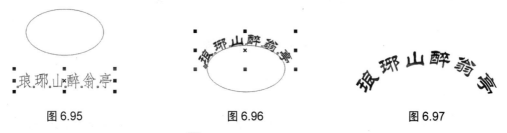

图 6.95　　　　　　　图 6.96　　　　　　　图 6.97

(4) 选择工具箱中的椭圆工具 ⬭，在"琅琊山醉翁亭"下方绘制一段圆弧，设置为 180.0°，效果如图 6.98 所示。

(5) 选择工具箱中的文本工具 字 输入"散文家欧阳修"，并执行【文件】|【使文本适合路径】命令将文字环绕在圆弧上，如图 6.99 所示。

(6) 单击属性栏上的"垂直镜像" 和 "水平镜像" 按钮，效果如图 6.100 所示，全选圆弧和文字，执行【排列】|【打散在一路径上的文本】命令，选择圆弧，按 Delete 键删除。

图 6.98　　　　　　　图 6.99　　　　　　　图 6.100

(7) 绘制星形。选择工具箱中的星形工具 ✦，绘制 6 颗星星，5 颗包围在"散文家欧阳修"外侧，一颗在内侧。对字体和星星进行颜色填充。双击挑选工具 ▶ 选择全部对象，执行【文件】|【导出】命令，将文件以位图格式导出。

(8) 导入文件。新建一个绘图页面，执行【文件】|【导入】命令将刚导出的文件导入，放在绘图页面的右侧，如图 6.101 所示。

(9) 制作文本绕图效果。选中图片，在属性栏中的段落文本换行 下拉菜单中选择"跨式文本"，文本换行偏移设置为 10。选择工具箱中的文本工具 字，在页面中拖动鼠标，在段落文本框中输入文字,文本会自动环绕导入的图形及文章的标题排列,如图6.102所示。

图 6.101

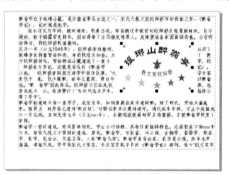

图 6.102

(10) 保存绘图。执行【文件】|【另存为】命令,在"保存绘图"对话框中 文件名(N): 栏输入"文本的排版",单击 保存 按钮即可。

6.6 实例演习

6.6.1 艺术字

(1) 新建文件。执行【文件】|【新建】命令,或按 Ctrl+N 键新建一个文件,从属性栏中设置纸张大小为 A4,摆放方式为横向。

(2) 绘制路径文字。选择工具箱中的文本工具 字,并在其属性栏中将字体设为"华文行楷",然后在页面输入美术字"星梦奇缘",如图 6.103 所示。选择工具箱中的贝塞尔工具 ,绘制路径,如图 6.104 所示。

图 6.103

图 6.104

(3) 选中文字,执行【文本】|【使文本适合路径】命令,当鼠标变为 时,单击绘制好的路径,如图 6.105 所示。

(4) 选择路径文字,执行【排列】|【打散在一路径上的文字】命令,将文字和路径打散,选中路径并删除。

(5) 执行【排列】|【打散美术字】命令,将文字打散为一个个独立的文字。效果如图 6.106 所示。

图 6.105

图 6.106

(6) 制作"星"字。执行【排列】|【转换为曲线】命令,将文字填充为白色,轮廓色

设为洋红色。使用形状工具，将"星"字上面的日字部分删除，在其上使用星形工具绘制星形，并将其旋转一定的角度，将属性栏上"星形和复杂星形的锐化"值设置为35，使星形的角度圆滑。保持星形的选中状态，单击＋键原位复制一个星形，按住Shift键向内拖动角控制柄，将复制的星形等比缩小，效果如图6.107所示。

(7) 制作"梦"字和"奇"字。选择工具箱中的螺纹工具绘制螺纹，在属性栏上将"螺纹回圈"数值设置为1；挑选工具选中螺纹，属性栏上将"螺纹轮廓宽度"设置为5mm，执行【排列】|【转换轮廓为对象】命令，将螺纹填充为白色，轮廓色改为洋红色。再使用形状工具调整螺纹曲线，效果如图6.108所示。将调整好的曲线放在"梦"字的最后一笔处，再复制一个星形放在尾端。"奇"字与"星"字的绘制方法相同。

(8) 制作曲线。使用贝塞尔工具绘制最下面的一条曲线，并使用形状工具调整。选中曲线，执行【排列】|【转换轮廓为对象】命令，将曲线转换为对象，将其填充白色，轮廓色为洋红，最终效果如图6.109所示。

图6.107　　　　　　　　图6.108　　　　　　　　图6.109

(9) 保存绘图。执行【文件】|【另存为】命令，在"保存绘图"对话框中：栏输入"艺术字"，单击按钮即可。

6.6.2 制作光盘

(1) 新建文件。执行【文件】|【新建】命令，或按Ctrl+N键新建一个文件，从属性栏中设置纸张大小为A4，摆放方式为横向。

(2) 绘制光盘幅面。选择工具箱中的椭圆工具，按住Ctrl键在页面上绘制一个正圆，如图6.110所示。

(3) 选择工具箱中的交互式填充工具，从正圆的左上角向右下角拖动，为正圆填充四色线性渐变，四色值分别为："R：152、G：185、B：204"；白色；"R：208、G：223、B：232"；浅蓝绿色；再右键单击工具箱中的按钮，去除轮廓。效果如图6.111所示。

(4) 选择正圆，按住Shift键，向内拖动正圆的角控制柄进行等比缩小，右键单击复制一个正圆，左键单击调色板中的去除填充色，并右键单击调色板中的白色。效果如图6.112所示。

图6.110　　　　　　　　图6.111　　　　　　　　图6.112

(5) 选择工具箱中的挑选工具，选择白色正圆轮廓，等比缩小并复制多个同心正圆，

选中所有白色轮廓的同心正圆,执行【排列】|【群组】命令,如图6.113所示。

(6) 同理再复制两个无轮廓的一大一小的同心正圆,大圆填充浅蓝绿色,小圆填充白色,群组这两个同心正圆,如图6.114所示,把它放在光盘中心处。

(7) 选择工具箱中的挑选工具 ,选择群组对象和最大的正圆,执行【排列】|【对齐和分布】|【对齐和分布】|【垂直居中对齐】和【水平居中对齐】命令,如图6.115所示。

图 6.113　　　　　　　　图 6.114　　　　　　　　图 6.115

(8) 添加图形字符。执行【文字】|【插入符号字符】命令,弹出"插入字符"泊坞窗。在"字体"列表中选择 O Wingdings ,双击"花朵"符号,如图6.116所示。将"花朵"符号填充朦胧绿色,轮廓色设为深绿,如图6.117所示。将"花朵"符号放在光盘右上方,如图6.118所示。

  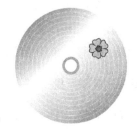

图 6.116　　　　　　　　图 6.117　　　　　　　　图 6.118

(9) 制作图形内的段落文本。选中最大的正圆,按+键原位复制一个;单击属性栏中的 按钮,设置起始角度为180,结束角度为0。左键单击调色板中的☒去除填充色,右键单击调色板中的苔绿填充轮廓色,轮廓宽度为2.5mm。效果如图6.119所示的半圆。

(10) 选中半圆,按住Shift键等比复制一个小半圆,选择两个半圆,执行【排列】|【对齐和分布】|【顶端对齐】命令,如图6.120所示。单击属性栏上的"修剪"按钮 ,选择小的半圆,按Delete键删除。效果如图6.121所示。

 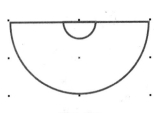 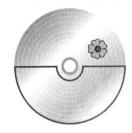

图 6.119　　　　　　　　图 6.120　　　　　　　　图 6.121

(11) 选择工具箱中的文本工具，将鼠标移动到修剪的半圆的边缘上，当鼠标变成形状时，单击即可输入文字，执行【文字】|【段落格式化】命令，弹出"段落格式化"泊坞窗，将"缩进量"的左缩进设置为 5mm，效果如图 6.122 所示。

(12) 选择工具箱中的文本工具，输入 Lorem 字样，在"字体"列表中选择 Haettenschweiler，字号为 148。选择文字，填充白色，轮廓设置为浅蓝绿，轮廓宽度为 1.2mm，使用挑选工具将文字拉长，放置在光盘正上方，如图 6.123 所示。

图 6.122　　　　　　　　　　　　　图 6.123

(13) 添加文字。选择工具箱中的文本工具，输入 IPSUM 字样，在"字体"列表中选择 Franklin Gothic Demi，字号为 38，填充色为黑色。放置于光盘右上方，最终效果如图 6.124 所示。

(14) 保存绘图。执行【文件】|【另存为】命令，在"保存绘图"对话框中 文件名(N)：栏输入"光盘"，单击 保存 按钮即可。

图 6.124

6.7 本章小结

本章讲述了两种文本：美术文本和段落文本的创建和编辑，包括添加文本、选择文本、设置文本的属性和处理段落文本，最后详述了文本的一些特殊效果的制作。结合实例熟练掌握并运用 CorelDRAW X4 强大的处理文本的功能，设计出满意的文本效果。

6.8 上机实战

绘制如图 6.125 所示的"金属字"。

图 6.125

操作提示：

(1) 使用"文字工具"输入文字，并添加轮廓。
(2) 将轮廓转换为对象，使轮廓与填充分离。
(3) 分别对两个对象填充类似金属光泽的线性渐变色。

第二篇 提高训练篇

第 7 章 编辑曲线

教学目标

- 掌握使用形状工具编辑曲线
- 掌握使用涂抹笔刷工具、粗糙笔刷工具、自由变换工具修饰图形
- 掌握使用裁剪工具、刻刀工具、橡皮擦工具、虚拟段删除工具编辑和修改图形

教学重点

- 熟练掌握通过形状工具编辑曲线的节点、端点和轮廓等修改图形的技巧和方法
- 能独立操作完成现场练兵和实例演习中的实例

教学难点

在实践过程中,根据不同的情况和需要,选择不同的工具编辑曲线和图形

建议学时

- 总学时:8 课时
- 理论学时:2 课时
- 实践学时:6 课时

7.1 使用形状工具

在实际设计工作当中，用户常常需要对所绘制的图形对象进行反复修改，以期达到完美的造型和效果，这时，可以使用形状工具，通过对曲线的编辑，来对对象进行变形操作。

7.1.1 编辑曲线的节点

在使用形状工具来改变图形对象的形状时，可以使用"形状工具"属性栏中的一系列的编辑工具选项来对节点进行各种编辑，如图7.1所示。

图7.1

1. 添加节点

其操作步骤如下。
(1) 在工具箱中选择形状工具。
(2) 在曲线上需要添加节点的位置单击。
(3) 单击"形状工具"属性栏上的"添加节点"按钮，即可完成节点的添加，如图7.2所示。

图7.2

温馨提示：

用"形状工具"在图形曲线上双击，或者单击鼠标右键，选择"添加节点"选项，也可在相应位置上添加新的节点。

2. 删除节点

其操作步骤如下。
(1) 在工具箱中选择形状工具。
(2) 选中要删除的节点，如图7.3所示。
(3) 单击"形状工具"属性栏上的"删除节点"按钮，即可完成节点的删除，如图7.4所示。
(4) 用"形状工具"在节点上双击，也可以删除该节点。

温馨提示：

按住Shift键，用"形状工具"单击节点，或者框选节点，均可将多个节点选择。

第 7 章　编辑曲线

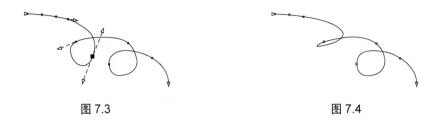

图 7.3　　　　　　　　　　　　　　图 7.4

3．尖突节点

"形状工具"属性栏上的"使节点成为尖突"按钮，可以使节点的两个控制点单独控制，即移动其中一个控制点时，另外一个控制点不受影响。图 7.5 所示，是将图形最右侧的节点转为尖突；图 7.6 所示，通过移动该节点上面的控制点，调整上面的曲线；图 7.7 所示，通过移动该节点下面的控制点，调整下面的曲线。

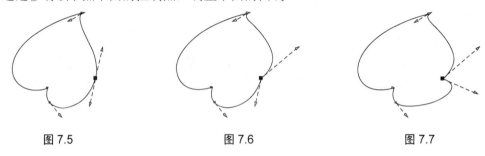

图 7.5　　　　　　　　图 7.6　　　　　　　　图 7.7

4．平滑节点

"形状工具"属性栏上的"平滑节点"按钮，可以生成平滑的曲线，它的两个控制点是相互关联的，即移动其中一个控制点时，另外一个控制点也会随之移动。"平滑节点"连接的曲线将产生平滑的效果。图 7.8 所示为选择图形最顶端的节点，图 7.9 所示为将该节点转化为平滑之后的效果。

图 7.8　　　　　　　　　　　　　　图 7.9

5．对称节点

"对称节点"类似于"平滑节点"，都是在线段之间创建平滑的过渡，"平滑节点"的两个控制手柄相互之间完全相反，而它们离节点的距离可能不同。"对称节点"的两个控制手柄相互之间也是完全相反的，但与节点间的距离相等。图 7.10 所示为图形顶端节点为"平滑节点"，图 7.11 所示为图形顶端节点为"对称节点"。

图 7.10 　　　　　　　　　　　　图 7.11

7.1.2 编辑曲线的端点和轮廓

利用"形状工具"属性栏中的各个按钮，可以对曲线进行连接、断开与直线互换等操作，从而改变曲线的形状。

1．连接曲线

其操作步骤如下。

(1) 在工具箱中选择形状工具。

(2) 用鼠标将要连接的节点拖动到另一个节点上即可自动合并节点，连接曲线。

(3) 或者同时选中要进行合并的两个节点，如图 7.12 所示，单击属性栏上的"连接两个节点"按钮，即可完成节点的连接，如图 7.13 所示。

图 7.12 　　　　　　　　　　　　图 7.13

2．断开曲线

其操作步骤如下。

(1) 在工具箱中选择形状工具。

(2) 用鼠标单击曲线上要断开处的节点，如图 7.14 所示。

(3) 单击属性栏上的"断开节点"按钮，即可断开节点，完成曲线的分割，如图 7.15 所示。

图 7.14 　　　　　　　　　　　　图 7.15

第7章 编辑曲线

3. 直线与曲线的相互转换

其操作步骤如下。

(1) 在工具箱中选择形状工具 。

(2) 用鼠标单击或框选要转换的直线。

(3) 单击属性栏上的"转换直线为曲线" 按钮，即可将直线转换为曲线，如图 7.16 所示。

(4) 用形状工具 拖动曲线，即可编辑各种形状，如图 7.17 所示。

图 7.16　　　　　　　　　　　　图 7.17

(5) 反之，单击属性栏上的"转换曲线为直线" 按钮，即可将曲线转换为直线。

温馨提示：

属性栏上还有其他按钮，如"翻转曲线方向" 、"延长曲线使之闭合" 、"自动闭合曲线" ，操作大都较简单，在此不一一讲述，用户可逐个试试，看看对曲线的变形效果。

7.1.3 现场练兵——绘制蝴蝶图案

(1) 在工具箱中选择矩形工具 ，绘制一个矩形，并单击鼠标右键，将之转换为曲线，如图 7.18 所示。

(2) 在工具箱中选择形状工具 ，框选矩形，在属性栏上单击"转换直线为曲线" 按钮，将直线转换为曲线。

(3) 在矩形左侧中间位置上单击属性栏上的"添加节点" 按钮，即添加了一个节点，如图 7.19 所示。

(4) 用形状工具 拖动节点或节点上的控制柄，修改曲线形状，如图 7.20 所示。

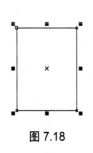　　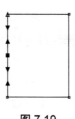　　

图 7.18　　　　　　　图 7.19　　　　　　　图 7.20

(5) 用工具箱中的手绘工具 ，勾勒出蝴蝶翅膀上五彩斑斓的花纹，并结合"形状工具"属性栏上的各个按钮,调整为如图 7.21 所示。

(6) 复制并水平镜像对象,得到如图 7.22 所示的一对翅膀。

图 7.21

图 7.22

(7) 用工具箱中的椭圆工具 绘制出蝴蝶的身体和眼睛,用手绘工具 绘制蝴蝶的触须,如图 7.23 所示。

(8) 最后,用工具箱中的颜料桶工具 ,填充蝴蝶各个部分的颜色,一只美丽的蝴蝶就此大功告成,如图 7.24 所示。

图 7.23

图 7.24

7.2 修饰图形

7.2.1 使用涂抹笔刷工具

使用涂抹笔刷工具 ,可以在矢量对象的内部及轮廓上进行任意的涂抹,产生如在一幅未干的油画上用手指划过一样的效果,例如可以用该工具表现人物头发的丝质质感及衣服的褶皱之感等。

其操作步骤如下。

(1) 使用选择工具 ,选择需要处理的矢量图形对象,如图 7.25 所示。

(2) 从工具箱的形状工具 组中选择涂抹笔刷工具 。

(3) 此时鼠标光标变成了椭圆形,拖动鼠标即可在图形上进行涂抹,如图 7.26 所示。

(4) 可以在属性栏的"笔尖大小" 文本框中设置涂抹笔刷的宽度。

(5) 按下"使用笔压设置" 按钮,可转换为使用已经连接好的压感笔模式。

(6) 在"在效果中添加水份浓度" 文本框中可设置将涂抹加宽或变窄。

第 7 章　编辑曲线

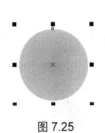
图 7.25

图 7.26

7.2.2　使用粗糙笔刷工具

"粗糙笔刷工具"是一种多变的扭曲变形工具，使用它可以改变矢量图形对象中曲线的平滑度，使曲线产生粗糙的变形效果，例如让对象产生锯齿或尖突的边缘等。

其操作步骤如下。

(1) 使用选择工具 ，选择需要处理的矢量图形对象，如图 7.27 所示。

(2) 从工具箱的形状工具 组中选择粗糙笔刷工具 。

(3) 此时鼠标光标变成了圆形，在矢量图形的轮廓线上拖动鼠标，即可将其曲线粗糙化，如图 7.28 所示。

图 7.27

图 7.28

(4) 可在"粗糙笔刷工具"属性栏上设置相关属性，如图 7.29 所示，由于与"涂抹笔刷工具"类似，在此不一一赘述。

图 7.29

温馨提示：

"涂抹笔刷工具"与"粗糙笔刷工具"这两个笔刷工具还支持压感功能，可感知压感笔的倾斜姿态和方向，将压感笔与手写板配合使用时，可增加逼真的手绘效果。

7.2.3　使用自由变换工具

使用自由变换工具 ，可以十分方便直观地对图形对象进行旋转、镜像、比例缩放、倾斜等变换操作。

其操作步骤如下。

(1) 使用选择工具 ，选择需要处理的图形对象。

(2) 从工具箱的形状工具组中选择自由变换工具。

(3) 单击属性栏的"自由旋转工具"按钮，用鼠标按住对象并拖动鼠标，便可对图形进行旋转操作，如图 7.30 所示。

(4) 单击属性栏的"自由镜像工具"按钮，用鼠标按住对象并拖动鼠标，便可对图形进行镜像操作，如图 7.31 所示。

图 7.30　　　　　　　　　　　　　　图 7.31

(5) 单击属性栏的"自由调节工具"按钮，用鼠标按住对象并拖动鼠标，便可对图形进行调节操作，如图 7.32 所示。

(6) 单击属性栏的"自由扭曲工具"按钮，用鼠标按住对象并拖动鼠标，便可对图形进行扭曲操作，如图 7.33 所示。

图 7.32　　　　　　　　　　　　　　图 7.33

7.2.4　现场练兵——绘制夏日风景

本例主要练习"粗糙笔刷"工具和"涂抹笔刷"工具的综合运用。

(1) 在工具箱中选择多边形工具，将边数设为 3，绘制一个三角形，并单击鼠标右键，将之转换为曲线，如图 7.34 所示。

(2) 在工具箱中选择粗糙笔刷工具，属性栏上的设置如图 7.35 所示，拖动鼠标在三角形上进行涂抹，效果如图 7.36 所示。

图 7.34　　　　　　　　　图 7.35　　　　　　　　　图 7.36

(3) 将三角形复制叠加成树形，如图 7.37 所示。
(4) 在工具箱中选择矩形工具 ▢，绘制并填充矩形，如图 7.38 所示。
(5) 在工具箱中选择艺术笔工具 ✎，属性栏上选择预设 ⋈，设置如图 7.39 所示，绘制树纹，效果如图 7.40 所示。

图 7.37　　　　图 7.38　　　　　　　图 7.39　　　　　　　图 7.40

(6) 将树冠与树干组合，并绘制草地图形，如图 7.41 所示。

图 7.41

(7) 在工具箱中选择涂抹笔刷工具 ✐，属性栏上设置如图 7.42 所示，拖动鼠标在草地上进行涂抹，效果如图 7.43 所示。

图 7.42

(8) 在工具箱中选择矩形工具 ▢，绘制并填充矩形，作为天空背景，如图 7.44 所示。

图 7.43　　　　　　　　　　　　图 7.44

(9) 在工具箱中选择艺术笔工具 ✎，属性栏上选择喷罐 🗋，设置如图 7.45 所示，绘制云彩，填充为白色，效果如图 7.46 所示。

(10) 在工具箱中选择椭圆工具，绘制并填充太阳图形，如图 7.47 所示。

图 7.45

图 7.46

图 7.47

(11) 在工具箱中选择涂抹笔刷工具，属性栏上设置如图 7.48 所示，拖动鼠标在太阳上进行涂抹，夏日风景绘制完成，效果如图 7.49 所示。

图 7.48

图 7.49

7.3 编辑和修改几何图形

7.3.1 使用裁剪工具

通过"裁剪工具"，可以移除对象和导入的图形中不需要的区域，而且无需取消对象分组、断开链接的群组部分或将对象转换为曲线。可以裁剪矢量对象和位图，裁剪后的对象将自动转换为曲线。

其操作步骤如下。

(1) 选择要裁剪的对象，如图 7.50 所示。

(2) 选择工具箱中的裁剪工具 。

(3) 这时鼠标光标将变为裁剪工具形状，拖动以定义裁剪区域。拖动周围的手柄，可以调整裁剪区域的大小，如图 7.51 所示；在区域内部单击，然后拖动旋转手柄，可以旋转裁剪区域，如图 7.52 所示。

图 7.50　　　　　　　　　　图 7.51　　　　　　　　　　图 7.52

(4) 在属性栏上的"位置"文本框中输入值，然后按 Enter 键，指定裁剪区域的确切位置；在属性栏上的"大小"文本框中输入值，然后按 Enter 键，指定裁剪区域的确切大小；在"旋转角度"文本框中输入值，旋转裁剪区域，如图 7.53 所示。

图 7.53

(5) 调整完成后，在裁剪区域内部双击，即可完成对象的裁剪，效果如图 7.54 和图 7.55 所示。

图 7.54　　　　　　　　　　　　　　　图 7.55

温馨提示：

① 要移除裁剪区域，可以单击属性栏上的"清除裁剪选取框"按钮，或者按 Esc 键移除裁剪区域。

② 注意不能裁剪位于锁定图层、隐藏图层、网格图层或辅助图层上的对象。

③ 在裁剪期间，受影响的链接群组，例如轮廓图、调和图和立体化图等，将自动分解。

7.3.2　使用刻刀工具

"刻刀工具"的功能类似于一把小刀，起到分割的作用，它可以沿直线或曲线拆分闭合对象，将对象分割成多个部分，但不会使对象的任何部分消失。

其操作步骤如下。

(1) 选择要切割的对象，如图 7.56 所示。

(2) 在工具箱中，选择刻刀工具 。

(3) 将"刻刀工具"定位在要开始切割的对象轮廓上，这时，"刻刀工具"会竖直对齐，单击对象轮廓以开始切割。

(4) 将"刻刀工具"定位到对象轮廓上要停止切割的位置，然后再次单击，即可完成对象切割。

(5) 如果拖放"刻刀工具"至要结束切割的位置，则可沿手绘线条切割对象。默认情况下，对象会被拆分为两个对象，路径也会自动闭合。

(6) 在工具箱中，选择挑选工具 ，即可将切割开的对象进行移动，效果如图 7.57 和图 7.58 所示。

图 7.56　　　　　　　　　图 7.57　　　　　　　　　图 7.58

7.3.3　使用橡皮擦工具

使用"橡皮擦工具"，可以擦除不需要的位图部分和矢量对象，从而对对象进行编辑和修改。擦除将自动闭合所有受影响的路径，并将对象转换为曲线。

其操作步骤如下。

(1) 选择要进行擦除的对象，如图 7.59 所示。

(2) 在工具箱中，选择橡皮擦工具 。

(3) 在属性栏上的"橡皮擦厚度"文本框中输入一个值，然后按 Enter 键，从而设置橡皮擦笔尖的大小；单击"圆形" 或"方形" 按钮可进行切换，用以改变橡皮擦笔尖的形状。

(4) 设置完成后，在对象上拖动光标，即可进行对象的擦除，如图 7.60 所示。

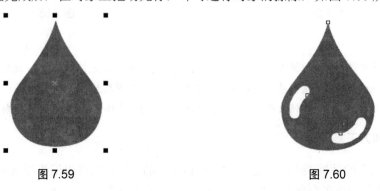

图 7.59　　　　　　　　　图 7.60

(5) 被"橡皮擦工具"擦除分割的对象仍然是一个整体，如图 7.61 所示，如果要使它们成为各自独立的对象，则右键单击对象，在弹出菜单中选择"打散曲线"选项或按 Ctrl+K 键，即可实现拆分对象，将拆分后的对象进行移动，如图 7.62 所示。

图 7.61

图 7.62

温馨提示：

① 通过单击要开始擦除的位置，再单击要结束擦除的位置，可以以直线方式擦除。如果要约束线条的角度，则按 Ctrl 键。

② 通过用"擦除工具"双击选定对象的一个区域，也可以擦除该区域。

7.3.4 使用虚拟段删除工具

使用"虚拟段删除工具"，可以删除虚拟线段，也就是两个交叉点之间的部分对象，从而生成新的图形，例如，可以删除线条自身的结，或线段中两个或更多对象重叠的结。

其操作步骤如下。

(1) 选择要进行修改的对象，如图 7.63 所示。

(2) 在工具箱中，选择虚拟段删除工具。

(3) 将光标移到要删除的直线线段上，单击该直线线段，即可删除，如图 7.64 和图 7.65 所示。

(4) 如果要同时删除多个直线线段，则在要删除的所有直线线段周围拖出一个选取框，即可删除所框选线段。

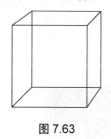
图 7.63

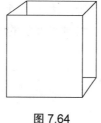
图 7.64

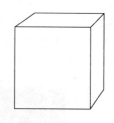
图 7.65

温馨提示：

"虚拟段删除工具"对链接的群组，如阴影、文本或图像等是无效的。

7.4 实例演习

7.4.1 绘制水洗店会员卡

本例将综合应用本章学到的工具，制作一张水洗店会员卡。

(1) 使用工具箱中的手绘工具 ，绘制图形如图 7.66 所示。

(2) 将所绘图形复制并水平镜像，焊接得到图形如图 7.67 所示。

(3) 使用工具箱中的"形状工具" ，修改直线为曲线，如图 7.68 所示。

图 7.66 　　　　　　　图 7.67 　　　　　　　图 7.68

(4) 用同样的方法，绘制出如图 7.69 所示的图形。并分别填充颜色为群青色和桔黄色，如图 7.70 和图 7.71 所示。

图 7.69 　　　　　　　图 7.70 　　　　　　　图 7.71

(5) 使用工具箱中的矩形工具 ，绘制矩形，并填充颜色为天蓝色，再使用工具箱中的形状工具 ，拉动矩形 4 个角上的节点，将其 4 个角改为弧形，如图 7.72 所示。

(6) 使用工具箱中的手绘工具 ，绘制水波状的图形，再使用工具箱中的形状工具 ，将其修饰平滑，复制为 3 条，如图 7.73 所示。

 　　　　　　　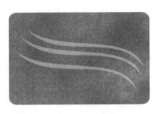

图 7.72 　　　　　　　　　　　　　图 7.73

(7) 使用工具箱中的螺纹工具，绘制螺纹，并绘制光芒状图形，作为装饰，如图 7.74 所示。

(8) 使用工具箱中的椭圆工具，绘制圆形的水泡，并结合工具箱中的艺术笔工具，绘制水泡上的高光，将水泡复制若干个，并将之前绘制好的衣服图形移过来，效果如图 7.75 所示。

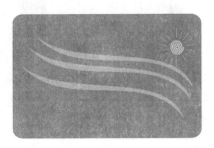

图 7.74　　　　　　　　　　　　　图 7.75

(9) 使用工具箱中的文字工具，为卡片增加文字，如图 7.76 所示。

(10) 最后，复制卡片背景层置于画面最底端，并稍向右下部位移动，填充为灰色，制造卡片有一定厚度的立体效果，如图 7.77 所示，"水洗店会员卡"最终制作完成。

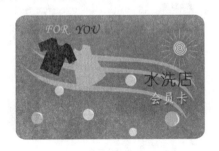 

图 7.76　　　　　　　　　　　　　图 7.77

7.4.2　绘制 Windows 欢迎界面

本例将综合应用本章学到的工具，制作一个自定义的 Windows 欢迎界面。

(1) 使用工具箱中的矩形工具，绘制一个矩形，并使用工具箱中的填充工具下的"渐变填充"，类型选为"射线"，颜色为从蓝到白渐变，填充效果如图 7.78 所示。

(2) 使用工具箱中的矩形工具，绘制一个小矩形，并将其向右拉动，效果如图 7.79 所示。

图 7.78　　　　　　　　　　　　　图 7.79

(3) 使用工具箱中的形状工具 ，修改直线为曲线，如图 7.80 所示。

(4) 使用工具箱中的自由变换工具 ，按住图形，向右旋转到合适位置，单击鼠标右键，即得到如图 7.81 所示的图形。

图 7.80　　　　　　　　　　　　　　图 7.81

(5) 将以上图形复制一份，置于合适位置，如图 7.82 所示。

(6) 使用工具箱中的填充工具 下的"渐变填充"，类型选为"线性"，填充 4 个图形，分别为从桔红到黄渐变、从绿到黄渐变、从天蓝到浅蓝渐变、从桔黄到黄渐变，效果如图 7.83 所示。

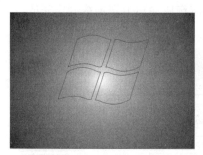 

图 7.82　　　　　　　　　　　　　　图 7.83

(7) 去除所有图形的边框，如图 7.84 所示。

(8) 使用工具箱中的文字工具 ，打上一行文字"Windows XP 欢迎你"，如图 7.85 所示。

图 7.84　　　　　　　　　　　　　　图 7.85

(9) 使用工具箱中的手绘工具 ，绘制一条直线，然后再使用工具箱中的形状工具 ，修改直线为曲线，如图 7.86 所示。

(10) 使用【文本】菜单下的【使文本适合路径】命令，使文字适合曲线路径，如图 7.87 所示。

图 7.86　　　　　　　　　　　　图 7.87

(11) 删掉作为路径的曲线，如图 7.88 所示。

(12) 选择 Windows 图标和文字，再使用工具箱中的交互式阴影工具 ，制作阴影，至此一个自定义的"Windows 欢迎界面"绘制完成，效果如图 7.89 所示。

图 7.88　　　　　　　　　　　　图 7.89

7.5　本 章 小 结

本章对形状工具、涂抹笔刷工具、粗糙笔刷工具、自由变换工具、裁剪工具、刻刀工具、橡皮擦工具、虚拟段删除工具，结合实例进行了深入浅出的讲解，用户通过学习这些工具的基本使用方法，以及现场练兵和实例演习，掌握编辑曲线及修改图形的技巧和方法，从而得到理想的图形及形状。

7.6　上机实战

利用"钢笔工具"、"形状工具"、"填充工具"、"手绘工具"、"艺术笔工具"等绘制一幅卡通人物图形，如图 7.90 所示。

图 7.90

☞ 操作提示：

(1) 使用"钢笔工具"勾出大致的轮廓，节点尽量要少而精。再利用"形状工具"对轮廓进行修改，使线条平滑。

(2) 使用"填充工具"、"吸管工具"、"轮廓工具"对图形进行初步的颜色填充。

(3) 在填充的同时，结合"钢笔工具"、"形状工具"对细部进行修改。

(4) 最后用"手绘工具"、"艺术笔工具"绘制出背景。

第8章 图形特效

教学目标

- 熟练掌握各种交互式工具的使用方法
- 掌握图形的特殊效果：斜角效果、透视效果、透镜效果、图框精确剪裁效果
- 能独立操作完成现场练兵和实例演习中的实例

教学重点

- 学会使用工具属性栏创建不同的交互式特效图形
- 能通过实例灵活掌握交互式工具及图形特效工具的使用技巧

教学难点

掌握各种交互式工具和图形特效的综合运用，以及相关参数的设置，制作出丰富的图像效果

建议学时

- 总学时：8课时
- 理论学时：2课时
- 实践学时：6课时

8.1 交互式工具

为了最大限度地满足用户的创作需求，CorelDRAW 提供了许多用于为对象添加特殊效果的交互式工具，并将它们归纳在一个工具组中。灵活地运用调和、轮廓、封套、变形、立体化、阴影、透明等交互式特效工具，可以使自己创作的图形对象异彩纷呈、魅力无穷。

8.1.1 交互式调和工具

调和是矢量图中的一个非常重要的功能，CorelDRAW X4 允许创建调和，如直线调和、沿路径调和以及复合调和。使用调和功能，可以在矢量图形对象之间产生形状、颜色、轮廓及尺寸上的平滑变化。交互式调和工具经常用于在对象中创建真实阴影和高光。

1. 建立调和

(1) 先绘制两个用于制作调和效果的对象，如图 8.1 所示。

(2) 在工具箱中选择交互式调和工具，在红色圆上按住鼠标左键，拖动至黄色多边形上，释放鼠标即可创建调和效果，如图 8.2 所示。

图 8.1　　　　　　　　　　图 8.2

(3) 通过"交互式调和工具"属性栏上的设置，可以创建不同的调和效果。在"样式列表"中，可选择系统预设的调和样式，在"对象位置"和"对象尺寸"文本框中，可设置对象的坐标值及尺寸大小。

(4) 在属性栏上的"步长或调和形状之间的偏移量"文本框中输入一个值，可以为调和中的中间对象设置数目，如图 8.3 所示；在"调和方向"文本框中输入一个值，可以为调和中的中间对象设置旋转角度，如图 8.4 所示。

图 8.3　　　　　　　　　　图 8.4

(5) 单击"环绕调和"按钮，可以将调和中产生旋转的中间对象拉直的同时，以两个对象的中间位置作为旋转中心进行环绕分布，如图 8.5 所示；"直接调和"、"顺时针调和"（如图 8.6 所示）、"逆时针调和"按钮用来设置调和对象中间颜色过渡的方向。

图 8.5　　　　　　　　　　　　图 8.6

(6) 单击"对象和颜色加速"按钮，然后移动相应的滑块，可以设置调和时过渡对象和颜色的加速速率，如图 8.7、图 8.8 所示。

图 8.7　　　　　　　　　　　　图 8.8

2. 沿路径进行调和

(1) 绘制一条路径，然后选中已应用了调和效果的对象，如图 8.9 所示。

(2) 单击属性栏上的"路径属性"按钮，选择"新路径"。使用曲线箭头，单击要适合调和的路径即可，如图 8.10 所示。

图 8.9　　　　　　　　　　　　图 8.10

(3) 如果要使调和对象填满整个路径，则选择已适合路径上的调和，单击属性栏上的"杂项调和选项"按钮，然后选中"沿全路径调和"复选框，即可在整个路径上延展调和，如图 8.11 所示；选中"旋转全部对象"复选框，则可使过渡对象沿路径旋转，如图 8.12 所示。

图 8.11　　　　　　　　　　　　图 8.12

3. 调和组合

(1) 单击属性栏中的"杂项调和选项"按钮，然后在列表中选择"映射节点"，可以指定起始对象的某一节点与终止对象的某一节点对应，从而产生特殊的调和效果，如图 8.13、图 8.14 所示。

图 8.13　　　　　　　　　　　　　　图 8.14

(2) 在列表中选择"拆分",可以将过渡对象分割成独立的对象,并可以与其他对象进行再次调和,如图 8.15 和图 8.16 所示。

图 8.15　　　　　　　　　　　　　　图 8.16

(3) 属性栏中的"复制调和属性"按钮,可以在对象间复制调和效果。选取要进行复制调和属性的对象,如图 8.17 所示,单击"复制调和属性"按钮,这时鼠标变为向右的粗黑箭头,单击要复制的调和效果即可,如图 8.18 所示。

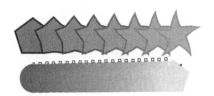

图 8.17　　　　　　　　　　　　　　图 8.18

温馨提示:

如何移除调和?

选择一种调和,执行【效果】|【清除调和】命令,或者通过单击属性栏上的"清除调和"按钮,也可以移除选定的调和。

8.1.2　现场练兵——绘制动感标志

(1) 首先,绘制蓝色正方形,无边框色。
(2) 复制另外一个,按 Shift 键,居中等比例缩小,如图 8.19 所示。
(3) 在工具箱中选择交互式调和工具,在大正方形上按住鼠标左键,拖动至小正方形上,释放鼠标创建调和效果,如图 8.20 所示。

图 8.19　　　　　　　　　　　　　　图 8.20

(4) 通过属性栏上的设置，调整步数及间距，如图 8.21 所示，调整满意后，复制 3 排，如图 8.22 所示。

图 8.21

图 8.22

(5) 再复制叠加 2 排，如图 8.23 所示。

(6) 选择全部对象，执行【排列】|【群组】命令，将对象群组。然后执行【效果】|【增加透视点】，调整图形透视角度方向，如图 8.24 所示。

图 8.23

图 8.24

(7) 调整完成后，利用工具箱中的"钢笔工具"绘制图形，并结合"形状工具"修改图形，调整如图 8.25 所示，继续绘制及修改标志阴影部分，填充黑色，最终一个动感十足的标志完成效果如图 8.26 所示。

图 8.25　　　　　　　　　　　　　　图 8.26

8.1.3 交互式轮廓图工具

轮廓图效果是指由一系列对称的同心轮廓线圈组合在一起，所形成的具有深度感或三维感的效果，如图 8.27 所示。轮廓图效果与调和效果相似，也是通过过渡对象来创建轮廓渐变的效果，但轮廓图效果只能作用于单个的对象，而不能应用于两个或多个对象。

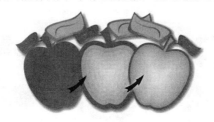

图 8.27

1. 制作轮廓图效果

(1) 选中欲添加效果的对象。

(2) 在工具箱中选择交互式轮廓图工具 。

(3) 用鼠标向内(或向外)拖动对象的轮廓线，在拖动的过程中可以看到提示的虚线框。

(4) 当虚线框达到满意的大小时，释放鼠标即可完成轮廓效果的制作。图 8.28 为向内拖动效果，图 8.29 为向外拖动效果。

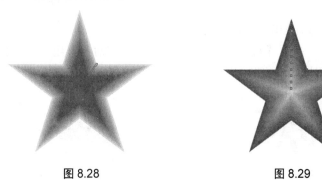

图 8.28　　　　　　　　图 8.29

2. 编辑轮廓图效果

设置"交互式轮廓图工具"属性栏中的相关选项，如图 8.30 所示，可以为对象添加更多、更丰富的轮廓图效果。

图 8.30

(1) 在 "样式列表"中，可选择许多预置的轮廓样式，并可自定义样式于列表中。

(2) 单击"到中心"、"向内"、"向外" 按钮，可以向选定对象的中心、轮廓内侧或轮廓外侧添加轮廓线。

(3) 在"轮廓图步长" 、"轮廓图偏移" 微调框中，可以设置要创建的同心轮廓线圈的级数及各个同心轮廓线圈之间的距离。

(4) 单击"线性轮廓图颜色" 、"顺时针轮廓图颜色" 或"逆时针轮廓图颜色" 按钮，可以在颜色色谱中，用直线、顺时针曲线或逆时针曲线所通过的颜色来填充原始对象和最后一个轮廓形状，并据此创建颜色的级数。图 8.31 分别为使用线性、顺时针和逆时针轮廓填充的不同效果。

图 8.31

(5) 单击"轮廓颜色" 按钮，可在弹出的"调色板"对话框中选择最后一个同心轮廓线的颜色；单击"填充色" 按钮，可在弹出的"调色板"对话框中选择最后一个同心轮廓的填充颜色；当原始对象中使用了渐变填充效果时，单击"渐变填充结束色" 按钮，可以从弹出的"调色板"对话框中选择轮廓渐变填充最后的终止颜色。

(6) 单击"对象和颜色加速" 按钮，可在弹出的对话框中调节轮廓对象与轮廓颜色的加速度，方法同调和中的"对象和颜色加速"相似。

8.1.4 交互式变形工具

变形效果是指不规则地改变对象的外观，使对象发生变形，从而产生令人耳目一新的效果。CorelDRAW X4 提供的交互式变形工具 中，通过"推拉变形" 、"拉链变形" 和"扭曲变形" 3 种变形方式的相互配合，可以得到变化无穷的变形效果。

1. 推拉变形

(1) 选择工具箱中的交互式变形工具 ，在属性栏单击"推拉变形" 按钮。

(2) 通过鼠标拖动图形，或者在"推拉失真振幅" 文本框中，设定变形的幅度，正值用于推动变形，如图 8.32 所示，负值用于拉动变形，如图 8.33 所示。

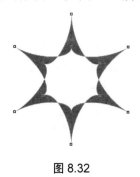
图 8.32

图 8.33

(3) 单击属性栏上的"中心变形" 按钮，可以将变形中心点设置在对象的中心。

2. 拉链变形

(1) 选择工具箱中的交互式变形工具 ，在属性栏单击"推拉变形" 按钮。

(2) 通过鼠标拖动图形，或者在"拉链失真振幅" 文本框中，设定变形的幅度，如图 8.34 所示；在"拉链失真频率" 文本框中，设定变形的数量，如图 8.35 所示。

图 8.34

图 8.35

(3) 属性栏上的"随机"、"平滑"、"局部" 按钮,可以让对象产生随机、平滑和局部的拉链变形。

3. 扭曲变形

(1) 单击属性栏上的"顺时针旋转" 和"逆时针旋转" 按钮,可以给对象添加顺时针或逆时针方向的缠绕变形效果,如图 8.36 所示为"顺时针旋转"效果。

(2) "完全旋转" 文本框,用来设置对象完全旋转的圈数,如图 8.37 所示;"附加角度" 文本框,用来设置应用旋转圈数的同时添加的旋转角度,如图 8.38 所示。

图 8.36　　　　　　　图 8.37　　　　　　　图 8.38

8.1.5　现场练兵——绘制凤凰图案

(1) 用"多边形工具",结合 Ctrl 键,建立一个正八边形,如图 8.39 所示。
(2) 用"形状工具",结合 Ctrl 键,拖动节点,将正八边形调为星形,如图 8.40 所示。

图 8.39　　　　　　　　　　　　　图 8.40

(3) 选择工具箱中的交互式变形工具 中的扭曲变形 ,在属性栏设置"完全旋转"为 1 周,"附加角度"为 30°,如图 8.41 所示。

(4) 单击属性栏上的"中心变形" 按钮,将鼠标移到已变形的八边形中心,按住鼠标左键,向左下角拖动,出现凤凰雏形即松开鼠标,如图 8.42 所示。

图 8.41　　　　　　　　　　　　　图 8.42

(5) 把凤凰雏形调整好位置，再在头部位置画一个椭圆，将所有对象转换成曲线后，用"变形工具"将椭圆调整为头冠形状，将凤凰雏形进行局部微调，达到完美，如图 8.43 所示。

(6) 将所有对象焊接为一个整体，并填充颜色为橙色，凤凰图案就此大功告成，如图 8.44 所示。

图 8.43　　　　　　　　　　　　　　　图 8.44

(7) 还可在此基础上，结合翻转、旋转等工具变化出更多丰富有趣的图案，如图 8.45 所示。

图 8.45

8.1.6　交互式阴影工具

使用交互式阴影工具 ，可以快速地为对象添加阴影效果，使之产生立体感。阴影效果是与对象链接在一起的，对象外观改变的同时，阴影效果也会随之产生变化。

1．制作阴影效果

(1) 选取工具箱中的交互式阴影工具 ，并选中要添加阴影效果的对象。

(2) 在对象上按住鼠标左键并拖动到合适的位置后，释放鼠标即可为对象添加阴影效果，如图 8.46 所示。

(3) 通过拖动阴影控制线中间的调节按钮，可调节阴影的不透明度，靠近白色方块不透明度就小，阴影变淡，反之，不透明度则大，阴影变浓，如图 8.47 所示。

图 8.46　　　　　　　　　　　　　　　图 8.47

2. 编辑阴影效果

可以通过"交互式阴影工具"属性栏上的设置，如图 8.48 所示，精确地调节添加阴影的效果。

图 8.48

(1) 在"阴影偏移量" 文本框中，可以设置阴影效果相对于对象的坐标值。

(2) 在"阴影不透明度" 滑轨框中输入数值或拖动滑块，可以设置阴影的不透明度。

(3) 在"阴影羽化效果" 滑轨框中输入数值或拖动滑块，可以设置阴影的羽化效果，值越大羽化效果越明显。

(4) 单击"阴影羽化方向" 按钮，可以在弹出的对话框中选择阴影的羽化方向为"在内"、"中间"、"在外"或"平均"，如图 8.49 所示分别为这 4 种效果。

图 8.49

(5) 单击"阴影颜色" 按钮，可以在弹出的列选栏中设置阴影的颜色，一般默认状态下为黑色，如图 8.50、图 8.51 所示为添加不同颜色的阴影效果。

图 8.50　　　　　　　　　　图 8.51

温馨提示：

还有一种更快捷的方式改变阴影颜色：建立阴影后，在"调色板"中选择一种颜色，然后将该颜色色块拖动到阴影控制线的黑色方块中，方块颜色会变成选定的颜色，阴影的颜色也会随之改变。

8.1.7 交互式透明工具

透明效果是通过改变对象填充颜色的透明程度来创建独特的视觉效果。使用交互式透明工具，可以方便地为对象添加"标准"、"渐变"、"图案"及"材质"等透明效果。

(1) 选中要添加透明效果的对象，(本例中为太阳图形，红色方块为背景，不选)，选取工具箱中的交互式透明工具。

(2) 在属性栏中的"透明类型" [标准] 下拉列表中选择一种透明类型,除"无"、"标准"外,有4种渐变透明:"线性"、"射线"、"圆锥"、"方角",和4种图案透明"双色"、"全色"、"位图"、"底纹"。图 8.52 所示的 4 种透明类型分别为"无"、"标准"、"线性"、"射线"。图 8.53 所示的 4 种透明类型分别为"双色"、"全色"、"位图"、"底纹"。

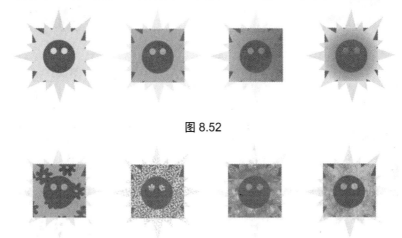

图 8.52

图 8.53

(3) 在属性栏中通过拖动"开始透明" [滑块] 中的滑块,设置对象的起始透明。
(4) 在属性栏的"透明度目标" [全部] 下拉列表框中可以选择透明效果的应用范围,应用于填充色、轮廓线或者所有。

8.1.8 现场练兵——绘制水滴

本例主要练习"交互式阴影工具"和"交互式透明工具"的综合运用。
(1) 首先,用工具箱中的椭圆工具 绘制一个椭圆,如图 8.54 所示。
(2) 将椭圆转为曲线,然后用工具箱中的形状工具 将它修改为水滴形状,填充为冰蓝色,并去除轮廓颜色,如图 8.55 所示。

图 8.54   图 8.55

(3) 选择工具箱中的交互式阴影工具 ,为图形添加阴影,阴影颜色为黑色,效果如图 8.56 所示。
(4) 将图形复制一份,适当缩小,并将阴影改为白色。把属性栏的"透明度操作栏"改为"正常"。再单击鼠标右键,选择"打散阴影群组"选项,将图形与阴影拆分开来,删除图形,留下白色阴影,效果如图 8.57 所示。

图 8.56　　　　　　　　　　　　　图 8.57

(5) 选择工具箱中的手绘工具 绘制高光形状,并结合形状工具 调节,如图 8.58 所示。

(6) 将高光部分填充为白色,并去除轮廓。选择工具箱中的交互式透明工具 ,将高光部分透明效果调节,如图 8.59 所示。

图 8.58　　　　　　　　　　　　　图 8.59

8.1.9　交互式封套工具

封套是通过操纵边界框,来改变对象的形状,其效果有点类似于印在橡皮上的图案,扯动橡皮则图案会随之变形。使用工具箱中的交互式封套工具 可以方便快捷地创建对象的封套效果。

制作及编辑封套效果的操作步骤如下。

(1) 选择工具箱中的交互式封套工具 。

(2) 单击需要制作封套效果的对象,此时对象四周出现一个矩形封套虚线控制框,如图 8.60 所示。

(3) 拖动封套控制框上的 8 个节点,即可改变对象的外观,如图 8.61 所示。

图 8.60　　　　　　　　　　　　　图 8.61

(4) 通过属性栏上的设置,可以建立不同的封套效果。在"封套样式" 下拉列表框中,可以选择系统预设的样式。

第 8 章 图形特效

(5) 通过选择封套的 4 种模式:"直线模式"、"单弧线模式"、"双弧线模式"、"非强制模式"，可以产生不同的封套效果，如图 8.62 所示。

图 8.62

(6) 属性栏上的"添加节点"、"删除节点"、"转换曲线为直线"、"转换直线为曲线"、"使节点成为尖突"、"平滑节点"、"生成对称节点"，这些按钮都是通过改变节点来控制封套形状，用法和"形状工具"节点控制十分相似，在此不再详述。

8.1.10 交互式立体化工具

立体化效果是利用三维空间的立体旋转和光源照射的功能，为对象添加上产生明暗变化的阴影，从而制作出逼真的三维立体效果。使用工具箱中的交互式立体化工具，可以轻松地为对象添加上具有专业水准的矢量图立体化效果或位图立体化效果。

1. 制作立体效果

(1) 在工具箱中选择交互式立体化工具，并选定需要添加立体化效果的对象。

(2) 在对象中心按住鼠标左键向添加立体化效果的方向拖动，此时对象上会出现立体化效果的控制虚线，拖动到适当位置后释放鼠标，即可完成立体化效果的添加，如图 8.63 所示。

(3) 拖动控制线中的调节钮可以改变对象立体化的深度，拖动控制线箭头所指一端的控制点，可以改变对象立体化灭点的位置，如图 8.64 所示。

图 8.63　　　　　　　　　　　　　图 8.64

2. 编辑立体效果

在立体化效果的属性栏中，如图 8.65 所示，可以精确地设置对象的立体化效果。

图 8.65

(1) 单击"立体化类型"按钮，可以在弹出的下拉列表中选择立体化延伸的方式，如图 8.66 所示为 6 种不同的立体化延伸方式。

图 8.66

(2) 在"深度" 文本框中，可以设置立体化效果向灭点延伸的深度值。

(3) 在"灭点坐标" 文本框中，可以设置立体化效果灭点的位置坐标值。

(4) 在"灭点属性" 下拉列表中，可以选择立体化效果灭点的属性："锁到对象上的灭点"、"锁到页上的灭点"、"复制灭点自"、"共享灭点"。图 8.67 所示为 3 个对象共享一个灭点。

图 8.67

(5) 单击"立体化旋转" 按钮，可以在弹出的对话框中输入数值或用鼠标在预览窗口中拖动，对选定对象的立体化效果进行旋转控制。也可单击立体化对象，在随后出现的圆形虚线框内，拖动鼠标即可对选定对象的立体化效果进行旋转控制。

(6) 单击"立体化颜色" 按钮，可以在弹出的对话框中设置"使用对象填充"、"使用纯色"、"使用递减的颜色"，并可选用颜色，图 8.68 所示为这 3 种立体化颜色的效果。

图 8.68

(7) 单击"斜角修饰边" 按钮，在弹出的对话框中拖动节点(或在下面的文本框中输入斜面尺寸)，可以为立体化对象添加或调整斜面形状及大小，设置及效果如图 8.69 所示。

第 8 章 图形特效

图 8.69

(8) 单击"照明" 按钮,在弹出的对话框中设置照明光源的数量、位置、强度及是否使用全色范围等选项,设置及效果如图 8.70 所示。

图 8.70

8.1.11 现场练兵——绘制齿轮

在页面上建立垂直、水平两条辅助线。在工具箱中选择椭圆工具 ,按住 Ctrl+Shift 键,以辅助线的交点为中心绘制一个正圆,如图 8.71 所示。

(1) 选中圆,按住 Shift 键,向内拖动鼠标到合适位置单击鼠标右键,即复制一个同心圆。再选中两个圆,单击属性栏中的"结合" 按钮,得到一个圆环,如图 8.72 所示。

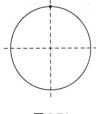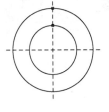

图 8.71　　　　　　　　　　　　图 8.72

(2) 在工具箱中选择基本形状工具 ,单击属性栏中的"完美形状"按钮,在弹出的图形中选择梯形,如图 8.73 所示绘制一个梯形。

(3) 单击选中的梯形,出现旋转图示,将梯形中心点移到辅助线交点,如图 8.74 所示。

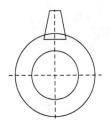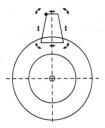

图 8.73　　　　　　　　　　　　图 8.74

(4) 执行【排列】|【变换】|【旋转】命令，打开"变换"泊坞窗，在"角度"框中输入45，如图8.75所示，单击"应用到再制"按钮，直到得到如图8.76所示的图形。

(5) 选中所有图形，单击属性栏中的"焊接"按钮，得到如图8.77所示的效果。

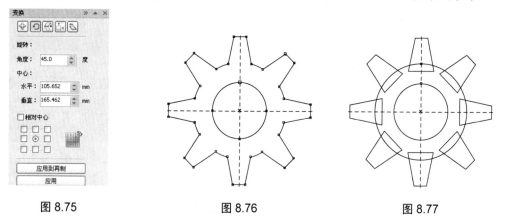

图 8.75　　　　　　图 8.76　　　　　　图 8.77

(6) 为图形填充颜色，如图8.78、图8.79所示。

(7) 适当调整图形大小与角度，如图8.80所示。

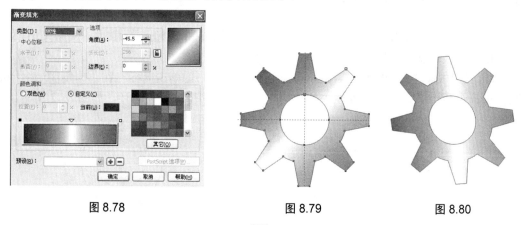

图 8.78　　　　　　图 8.79　　　　　　图 8.80

(8) 选择工具箱中的交互式立体化工具，在图形上拖动鼠标，建立立体效果，如图8.81所示。

(9) 将齿轮再复制几个，填充不同颜色，适当调整大小，即形成如图8.82所示的效果。

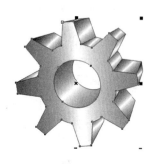　　

图 8.81　　　　　　　　　　　　图 8.82

8.2 图形的特殊效果

除了交互式工具组外，CorelDRAW X4 还提供了许多用于为对象添加特殊效果的工具，下面集中讲解斜角效果、透视效果、透镜效果、以及图框精确剪裁效果。

8.2.1 斜角效果

斜角效果通过使对象的边缘倾斜(切除一角)，将三维深度效果添加到图形或文本对象中。添加及设置斜角效果的基本步骤如下。

(1) 选择一个图形，执行【效果】|【斜角】命令，打开"斜角"泊坞窗，如图 8.83 所示，进行设置。

(2) 在"样式"列选栏中提供了两种样式："柔和边缘"在表面建立斜角的效果并具有阴影，"浮雕"呈现浮雕样的外观效果。

(3) 选择"柔和边缘"样式，"斜角偏移"下选中"到中心"单选按钮，即倒角方向从最外向中心，单击"应用"按钮，效果如图 8.84 所示；"斜角偏移"下选中"距离"单选按钮，即指定斜角曲面的宽度为 6.0mm，单击"应用"按钮，效果如图 8.85 所示。

图 8.83　　　　　　　　图 8.84　　　　　　　　图 8.85

(4) 其他相关设置："阴影颜色"指定斜角阴影的颜色，"光源颜色"指定光源的颜色，"强度"指定光源的强度，从 0～100 逐渐增强，"方向"指定光源的范围，从 0～360°，可以认为是环绕对象的一个圆周，"高度"指定光源的高度，从 0～90°。

"浮雕"样式下，除"到中心"选项不能用外，其他参数与"柔和边缘"样式基本相同，在此不再详述。

8.2.2 透视效果

透视效果不仅可以应用在单个对象上，而且可以应用于群组对象，但不能应用于已经添加了其他效果的对象上。

添加透视效果的基本步骤如下。

(1) 选择图形对象，执行【效果】|【添加透视】命令，这时对象上会产生网状的控制框，如图 8.86 所示。

(2) 拖动网状控制框上的节点，即可获得需要的透视效果。

(3) 完成后，按空格键确定，效果如图 8.87、图 8.88 所示。

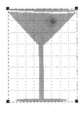
图 8.86

图 8.87

图 8.88

温馨提示：

调节透视效果时的小技巧：

按住 Ctrl 键可以强制节点沿水平或垂直轴移动，从而产生单点透视效果。拖动时按住 Ctrl + Shift 键可以将相对的节点沿相反的方向移动相同的距离。

8.2.3 透镜效果

CorelDRAW X4 提供了 12 种功能不同的透镜，应用透镜，可更改透镜下方的对象区域的外观，而不更改对象的实际特性和属性，产生各种奇特的效果。

1. 添加透镜效果

(1) 绘制或导入需要添加透镜效果的图形对象。

(2) 执行【效果】|【透镜】命令，打开"透镜"泊坞窗，如图 8.89 所示，在"透镜类型"下拉列表中，选择想要应用的透镜效果。

(3) 设置在下拉列表中出现的选定透镜类型的参数选项，单击"应用"按钮，即可将选定的透镜效果应用于对象中，如图 8.90 所示。

图 8.89

图 8.90

不同类型的透镜，参数选项不同，但"冻结"、"视点"和"移除表面"却是所有类型都必须设置的公共参数。

"冻结"：选中该参数的复选框，可以将应用透镜效果对象下面的其他对象所产生的效果添加成透镜效果的一部分，不会因为透镜或者对象的移动而改变该透镜效果。

"视点"：该参数的作用是在不移动透镜的情况下，只弹出透镜下面的对象的一部分。当选中该选项的复选框时，其右边会出现一个"编辑"按钮，单击此按钮，则在对象的中心会出现一个×标记，此标记代表透镜所观察到对象的中心，拖动该标记到新的位置或在"透镜"泊坞窗中输入该标记的坐标位置值，单击"应用"按钮，则可观察到以新视点为中心的对象的一部分透镜效果。

"移除表面"：选中此复选框，则透镜效果只显示该对象与其他对象重合的区域，而被透镜覆盖的其他区域则不可见。

2．12 种透镜效果

在"透镜"泊坞窗中的透镜类型列选栏中，提供了 12 种类型的透镜，选择不同的透镜，可以产生各种不同的效果，下面分别介绍。

(1)"无透镜效果"：顾名思义，该透镜的作用是消除已应用的透镜效果，恢复对象的原始外观。

(2)"使明亮"：该透镜可以控制对象在透镜范围内的亮度，"比率"文本框中的正值使对象增亮，负值使对象变暗。

(3)"颜色添加"：该透镜可以为对象添加指定颜色，类似于在对象的上面加上一层有色滤镜，"比率"文本框中比值越大，透镜颜色越深，反之则浅，如图 8.91 所示。

(4)"颜色限度"：使用该透镜，将把对象上的颜色转换为指定的透镜颜色弹出显示。"比率"可设置转换为透镜颜色的比例，如图 8.92 所示。

图 8.91

图 8.92

(5)"自定义彩色图"：该透镜可以将对象的填充色转换为双色调，转换颜色是以亮度为基准，用设定的"起始颜色"和"终止颜色"与对象的填充色对比，再反转而成弹出显示的颜色，如图 8.93 所示。

(6)"鱼眼"：该透镜可以使透镜下的对象产生扭曲的效果。通过改变"比率"文本框中的值来设置扭曲的程度，如图 8.94 所示。

图 8.93　　　　　　　　　　　　　　图 8.94

　　(7)"热图"：该透镜用以模拟为对象添加红外线成像的效果。弹出显示的颜色由对象的颜色和"调色板旋转"文本框中的参数决定，如图 8.95 所示。
　　(8)"反显"：该透镜是通过 CMYK 模式将透镜下对象的颜色转换为互补色，从而产生类似像片底片的特殊效果，如图 8.96 所示。

图 8.95　　　　　　　　　　　　　　图 8.96

　　(9)"放大"：应用该透镜可以产生放大镜一样的效果，如图 8.97 所示。
　　(10)"灰度浓淡"：应用该透镜可以将透镜下的对象颜色转换成透镜色的灰度等效色，如图 8.98 所示。

图 8.97　　　　　　　　　　　　　　图 8.98

　　(11)"透明度"：应用该透镜，类似于透过有色玻璃看物体的效果，在"比率"文本框中可以调节有色透镜的透明度，在"颜色"下拉列表中可以选择透镜颜色，如图 8.99 所示。

(12)"框架模式":应用该透镜可以显示对象的轮廓,并可为轮廓指定填充色,如图 8.100 所示。

图 8.99

图 8.100

8.2.4 现场练兵——绘制足球

(1) 选择工具箱中的多边形工具,并在其属性栏中将边数设为 6,然后按 Ctrl 键,在页面中绘制一个正六边形,接着将它复制出多个并排列起来,如图 8.101 所示。

(2) 选中所有六边形,然后选择工具箱中的填充工具,选择"渐变填充",在弹出的对话框中设置"填充类型"为"线性","颜色调和"栏中选择"双色",设置渐变颜色从 40%黑到纯白色,并单击"确定"按钮,如图 8.102 所示。

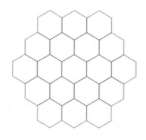

图 8.101

图 8.102

(3) 按 Shift 键,选择其中 5 个六边形进行黑色填充,如图 8.103 所示。

(4) 选择工具箱中的椭圆工具,按住 Ctrl 键,在多边形对象上绘制一个正圆,如图 8.104 所示。

图 8.103

图 8.104

(5) 执行【效果】|【透镜】命令，打开"透镜"泊坞窗，在透镜下拉列表中选择鱼眼透镜，设置比率为100%，并选中"冻结"复选框，然后单击"应用"按钮，就会创建出一个足球对象，如图8.105所示，并将原来的多边形对象删除掉，得到如图8.106所示的足球图形。

图 8.105

图 8.106

8.2.5 图框精确剪裁效果

CorelDRAW X4 允许在其他对象或容器内放置矢量对象和位图。容器可以是具有封闭路径的任何对象，如美术字或图形。将对象放到该容器中时，对象(也称为内容)就会被剪裁为适合容器的形状，这样就创建了图框精确剪裁效果。

图框精确剪裁效果的基本操作步骤如下。

(1) 选择一个对象(本例中为位图)，如图8.107所示，执行【效果】|【图框精确剪裁】|【放置在容器中】命令。

(2) 这时，鼠标光标会变成向右的粗黑箭头，单击要用作容器的对象(本例中为文字)，即可完成"图框精确剪裁"，效果如图8.108所示。

图 8.107

图 8.108

(3) 如果要编辑图框精确剪裁对象的内容，则选择图框精确裁剪对象，执行【效果】|【图框精确剪裁】|【编辑内容】命令，完成编辑后，执行【效果】|【图框精确剪裁】|【结束编辑】命令。

(4) 如果要提取图框精确剪裁对象的内容，则选择图框精确裁剪对象，执行【效果】|【图框精确剪裁】|【提取内容】命令，即可将容器内的内容提取出来。

8.3 实例演习

8.3.1 绘制透明突起特效字牌

本例将综合应用本章学到的工具，制作一个具有透明突起效果的特效文字牌。

(1) 导入一张风景图片到页面，并使用工具箱中的椭圆工具 ，绘制一个椭圆，如图 8.109 所示。

(2) 选择图片，执行【效果】|【图框精确剪裁】|【放置在容器中】命令，鼠标光标变成向右的粗黑箭头，单击椭圆，即可完成"图框精确剪裁"，效果如图 8.110 所示。

图 8.109

图 8.110

(3) 使用工具箱中的文字工具 ，输入文字，如图 8.111 所示。

(4) 将文字边框改为白色，并去除内部填充，如图 8.112 所示。

图 8.111

图 8.112

(5) 选择文字，打开"透镜"泊坞窗，设置如图 8.113 所示，效果为"透明度"，"颜色"为天蓝色。产生如图 8.114 所示的透镜效果。

图 8.113

图 8.114

(6) 选择文字，再使用工具箱中的交互式阴影工具 ，制作阴影，效果如图 8.115 所示。

(7) 使用工具箱中的椭圆工具 ，绘制一个椭圆，并填充线性渐变，如图 8.116 所示。

图 8.115

图 8.116

(8) 选择椭圆，再使用工具箱中的交互式立体化工具，制作立体化效果，如图 8.117 所示。

(9) 使用工具箱中的交互式阴影工具，制作阴影，效果如图 8.118 所示。

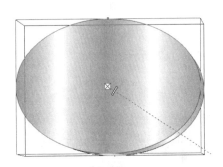
图 8.117

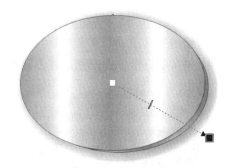
图 8.118

(10) 最后，将带有立体与阴影效果的椭圆图形置于风景图形之后，至此，一个具有透明突起效果的特效文字牌制作完成，效果如图 8.119 所示。

图 8.119

8.3.2 绘制花卉图案

本例将综合应用本章学到的工具，制作一幅美丽的花卉图案。

(1) 使用工具箱中的椭圆工具，绘制一个椭圆，如图 8.120 所示。

(2) 选择椭圆，单击鼠标右键，在弹出的快捷菜单中选择"转换为曲线"，再使用工具箱中的形状工具，将椭圆一端修改为尖角状树叶，如图 8.121 所示。

(3) 填充树叶为翠绿色，并去除边框，如图 8.122 所示。

(4) 复制树叶并垂直翻转，如图 8.123 所示。

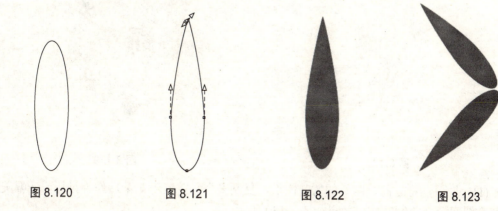

图 8.120　　　　　图 8.121　　　　　图 8.122　　　　　图 8.123

(5) 使用工具箱中的手绘工具，绘制一条曲线，并复制两片树叶，填充为浅绿色，如图 8.124 所示。

(6) 使用工具箱中的交互式调和工具，按住右端叶片拉动至左端叶片，建立调和，再选择属性栏上的"路径属性"按钮下的"新路径"，这时鼠标光标变为曲线箭头，单击曲线路径，效果如图 8.125 所示。

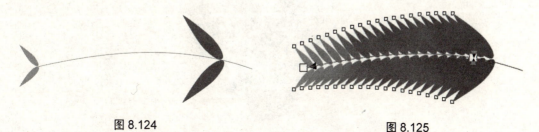

图 8.124　　　　　　　　　　　图 8.125

(7) 使用工具箱中的星形工具，点数设为 8，绘制八角星形，如图 8.126 所示。

(8) 选择星形，使用工具箱中的交互式变形工具，再单击属性栏上的"推拉变形"按钮，推拉失真振幅设为-40，得到如图 8.127 所示的花朵图形。

图 8.126　　　　　　　　　　　图 8.127

(9) 将花朵填充为桔黄色，再复制一个，制作成花蕊，如图 8.128 所示。

(10) 将花朵复制多个，并布置好，如图 8.129 所示。

图 8.128

图 8.129

(11) 最后，将之前绘制好的树叶图形，复制多个，并置于花朵后作为衬托，一幅美丽的花卉图案至此绘制完成，效果如图 8.130 所示。

图 8.130

8.4 本章小结

本章主要介绍了交互式工具组：交互式调和工具、交互式轮廓工具、交互式变形工具、交互式封套工具、交互式立体化工具、交互式阴影工具、交互式透明工具的使用，以及几种图形的特殊效果：斜角效果、透视效果、透镜效果、图框精确剪裁效果的制作，掌握各种交互式工具和图形特效的综合运用，以及相关参数的设置，即能够制作出丰富的图像效果。

8.5 上机实战

利用"交互式立体化工具"、"交互式阴影工具"、"图框精确剪裁"等绘制一把水墨折扇,如图 8.131 所示。

图 8.131

操作提示:

(1) "矩形工具"绘制一叶扇柄,并填充渐变色模拟木质效果,再用"交互式立体化工具"制作出立体效果。

(2) 利用"旋转"泊坞窗复制出所有扇柄。

(3) 结合"贝塞尔工具"和"形状工具",绘制出一叶扇面,同样利用"旋转"泊坞窗复制出所有扇面。

(4) "图框精确剪裁"将水墨画填入扇面中。

(5) "交互式阴影工具"制作投影效果。

第 9 章　处理位图

教学目标

- 掌握使用位图的方法和技巧
- 掌握位图的颜色管理
- 学会制作位图的各种滤镜效果

教学重点

- 在实践过程中,灵活运用位图的各种滤镜效果,产生各种丰富多彩的图像效果
- 能独立操作完成现场练兵中的实例

教学难点

- 熟练掌握使用位图的各种方法和技巧
- 掌握位图的颜色管理方法,学会不同色彩模式的转换,调整、变换和校正图像颜色等技巧

建议学时

- 总学时:8课时
- 理论学时:2课时
- 实践学时:6课时

第 9 章 处理位图

CorelDRAW X4 不仅可以直接绘制和编辑处理矢量图形，还可以对位图进行编辑和特殊效果的处理。下面介绍 CorelDRAW X4 对位图的处理。

9.1 使用位图

9.1.1 将矢量对象转换为位图

通过 CorelDRAW X4 将矢量图形或对象转换为位图，可以将特殊效果应用到对象。将矢量图形转换为位图的过程也称为"光栅化"。转换矢量图形时，可以选择位图的颜色模式，颜色模式决定构成位图的颜色数量和种类，因此文件大小也受到影响。还可以为递色、光滑处理、叠印黑色、背景透明度和颜色预置文件等控件指定设置。

将文件导出为位图文件格式(如 TIFF、JPEG、CPT 或 PSD)时，可以使用相同的位图转换选项。

将矢量图转换为位图的操作步骤如下。

(1) 用工具箱中的挑选工具选择需要转换的对象，如图 9.1 所示。

(2) 执行【位图】|【转换为位图】命令，打开"转换为位图"对话框，如图 9.2 所示，从"分辨率"列表框中选择一种分辨率；从"颜色模式"列表框中选择一种颜色模式。启用下列任一复选框："递色处理的"——模拟数目比可用颜色更多的颜色，此选项可用于使用 256 色或更少颜色的图像；"应用 ICC 预置文件"——应用国际颜色委员会预置文件，使设备与色彩空间的颜色标准化；"始终叠印黑色"——当黑色为顶部颜色时叠印黑色，打印位图时，启用该选项可以防止黑色对象与下面的对象之间出现间距；"光滑处理"——平滑位图的边缘；"透明背景"——使位图的背景透明。

(3) 设置完成后，单击"确定"按钮，即可将所选的矢量图形转换为位图，效果如图 9.3 所示。

图 9.1 　　　　　　　　　图 9.2 　　　　　　　　　图 9.3

9.1.2 导入位图

可以直接将位图导入绘图，也可以通过将其链接至一个外部文件来导入。采用外部链接位图时，位图被保留在外部文件中，而不是在绘图页面中，这样即使导入再多再大的文件，也不会影响工作效率。链接到外部文件时，对原始文件所做的编辑会自动在导入的文件中更新。需要注意的是：当使用了该功能后，如果绘图完毕要把文件复制到其他磁盘中，务必要把原始文件一起复制。否则自动链接将会找不到导入的位图文件，因此就不能成功显示导入的文件。

导入位图的操作步骤如下。

(1) 执行【文件】|【导入】命令。

(2) 选择要导入的位图文件，如果要将图像链接到绘图中，则选中"外部链接位图"复选框，如图 9.4 所示。

图 9.4

(3) 单击"导入"按钮。

(4) 在页面相应位置上单击鼠标左键，即可将位图导入，要使图像处于绘图页面的中心，则按 Enter 键，如图 9.5 所示。

图 9.5

9.1.3 裁切位图

将位图添加到绘图后，可以对位图进行适当的裁切，用以移除不需要的部分，达到所需的效果。

裁切位图的操作步骤如下。

(1) 选择工具箱中的形状工具 。

(2) 选择需要裁切的位图，如图 9.6 所示，拖动角节点，即可对位图进行重新造型，效果如图 9.7 所示。

图 9.6

图 9.7

(3) 如果要添加节点，则在相应位置使用"形状工具"双击即可添加，效果如图 9.8 所示；如果要将直线转换为曲线，则在"形状工具"属性栏中单击"转换直线为曲线" 按钮，效果如图 9.9 所示。

图 9.8

图 9.9

(4) 裁切完成后，用工具箱中的挑选工具，在位图旁边的空白处单击一下即可。

温馨提示：

还可以使用工具箱中的裁剪工具，快速地将位图裁剪成矩形。具体参见第 7 章 7.3.1 使用裁剪工具。

9.1.4 重新取样位图

使用"重新取样"命令，可以重新改变图像的属性，其操作方法如下。
(1) 使用工具箱中的挑选工具，选择需要重新取样的对象。
(2) 执行【位图】|【重新取样位图】命令，打开如图 9.10 所示的"重新取样"对话框。

图 9.10

(3) 在"图像大小"选项组，设置图像的"宽度"和"高度"尺寸参数及使用单位。
(4) 在"分辨率"选项组，设置图像的"水平"和"垂直"方向的分辨率。
(5) "光滑处理"复选框，可以消除图像中的锯齿，使图像边缘更为平滑。
(6) "保持纵横比"复选框，可以在变换的过程中保持原图的大小比例。
(7) "保持原始大小"复选框，可以使变换后的图像仍旧保持原来的尺寸大小。
(8) 设置好参数后，单击"确定"按钮即可显示重新取样的结果。

9.1.5 矫正位图

使用"矫正图像"对话框可以快速矫正位图图像。矫正以某个角度获取或扫描的相片时，该功能非常有用。其操作方法如下。
(1) 使用工具箱中的挑选工具，选择需要矫正的图像。
(2) 执行【位图】|【矫正图像】命令，打开如图 9.11 所示的"矫正图像"对话框。
(3) 移动"旋转图像"滑块，或在"旋转图像"文本框中输入一个-15°～15°的值，如图 9.12 所示。
(4) 可以使用预览窗口动态预览所做调整。使用"平移工具"拖动图像；单击"逆时针旋转"按钮或"顺时针旋转"按钮，可以任意方向将图像旋转 90°；使用"放大工具"或"缩小工具"，在预览窗口中单击，用以预览放大或缩小的图像。
(5) 调整完成后，单击"确定"按钮即可。

图 9.11

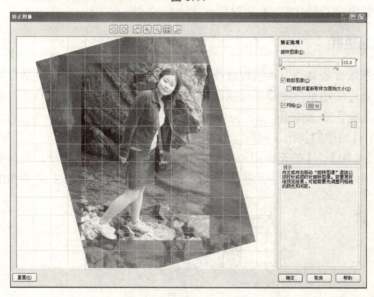

图 9.12

9.1.6 编辑位图

执行【位图】|【编辑位图】命令,启用 CorelDRAW 中的完善图像编辑程序 Corel PHOTO-PAINT。其操作方法如下。

(1) 使用工具箱中的挑选工具 ,选择要编辑的位图。

(2) 在属性栏上,单击"编辑位图"按钮,或者执行【位图】|【编辑位图】命令,启动 Corel PHOTO-PAINT 程序,选定的位图将显示在 Corel PHOTO-PAINT 的图像窗口中,如图 9.13 所示。

图 9.13

(3) 编辑该位图。

(4) 编辑完成后,在属性栏上,单击"结束编辑"按钮,退出 Corel PHOTO-PAINT。编辑的位图将显示在 CorelDRAW 的绘图页上。

9.1.7 扩充位图边框

用户对图像做特效处理时,有时在图像的边缘或角落上会出现没有进行特效处理的现象,通过"扩充位图边框"命令,可以将位图适度膨胀,以确保所有的特效都能够应用在整个图像上。其操作方法如下。

(1) 使用工具箱中的挑选工具 ,选择图像。

(2) 执行【位图】|【扩充位图边框】命令,会有两种方式供选择:自动扩充位图边框和手动扩充位图边框,选择"手动扩充位图边框"命令,打开如图 9.14 所示的"位图边框扩充"对话框。

图 9.14

(3) 选中"保持纵横比"复选框,按比例扩充位图。

(4) 在"宽度"和"高度"参数框中设置扩充的像素大小或百分比。

(5) 设置完成后,单击"确定"按钮。

9.1.8 描摹位图

在 CorelDRAW X4 的【位图】菜单中,可以有 3 种方式描摹位图:快速描摹、中心线描摹和轮廓描摹。

1. 快速描摹

其操作步骤如下。

(1) 使用工具箱中的挑选工具 ，选择位图。

(2) 执行【位图】|【快速描摹】命令，即可方便快速地描摹位图，效果如图 9.15 所示。

图 9.15

2. 中心线描摹

中心线描摹方式使用未填充的封闭和开放曲线(笔触)，适用于描摹技术图解、地图、线条画和拼版等。该方式又称为"笔触描摹"。其操作步骤如下。

(1) 使用工具箱中的挑选工具 ，选择位图。

(2) 执行【位图】|【中心线描摹】命令，选择预设样式，预设样式是适合于要描摹的位图特定类型(例如线条画或高质量相片图像)的设置的集合。每个描摹方式都有特定的预设样式。中心线描摹方式提供两种预设样式：一种用于技术图解，另一种用于线条画。技术图解——使用很细很淡的线条描摹黑白图解；线条画——使用较粗突出的线条描摹黑白草图。

(3) 打开 PowerTRACE 对话框，如图 9.16 所示。在对话框中对"细节"、"平滑"、"拐角平滑度"进行设置。

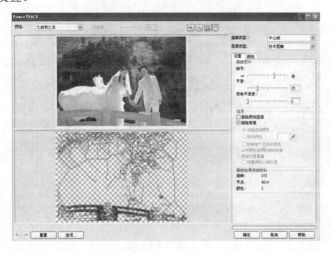

图 9.16

(4) 可在对话框的"预览"窗口中预览效果。完成后单击"确定"按钮。图 9.17 所示为选择"技术图解"预设样式描摹效果；图 9.18 所示为选择"线条画"预设样式描摹效果。

图 9.17

图 9.18

3. 轮廓描摹

轮廓描摹方式使用无轮廓的曲线对象，适用于描摹剪贴画、徽标和相片图像等。轮廓描摹方式又称为"填充"或"轮廓图描摹"。其操作步骤如下。

(1) 使用工具箱中的挑选工具，选择位图。

(2) 执行【位图】|【轮廓描摹】命令，然后选择预设样式，单击下列选项之一：线条画——描摹黑白草图和图解；徽标——描摹细节和颜色都较少的简单徽标；徽标细节——描摹包含精细细节和许多颜色的徽标；剪贴画——描摹根据细节量和颜色数而不同的现成的图形；低质量图像——描摹细节不足(或包括要忽略的精细细节)的相片；高质量图像——描摹高质量、超精细的相片。

(3) 打开 PowerTRACE 对话框，在对话框中对"细节"、"平滑"、"拐角平滑度"进行设置。

(4) 可在对话框的"预览"窗口中预览效果。完成后单击"确定"按钮。图 9.19 所示为选择"高质量图像"预设样式描摹效果。

图 9.19

9.2 位图的颜色管理

9.2.1 不同色彩模式的转换

在 CorelDRAW 中使用的图像颜色基于颜色模式。颜色模式定义图像的颜色特征，并由图像组件的颜色来描述。CMYK 颜色模式由青色、品红色、黄色和黑色值组成；RGB 颜色模式由红色、绿色和蓝色值组成。

尽管从屏幕上看不出 CMYK 颜色模式的图像与 RGB 颜色模式的图像之间的差别，但是这两种图像是截然不同的。在图像尺度相同的情况下，RGB 图像的文件大小比 CMYK 图像的小，但 RGB 颜色空间或色谱却可以显示更多的颜色。因此，凡是用于要求有精确色调逼真度的 Web 或桌面打印机的图像，一般都采用 RGB 模式。在商业印刷机等需要精确打印再现的场合，图像一般采用 CMYK 模式创建。调色板颜色图像在减小文件大小的同时力求保持色调逼真度，因而适合在屏幕上使用。

每次转换图像时都可能会丢失颜色信息。因此，应该先保存编辑好的图像，再将其更改为不同的颜色模式。

不同色彩模式的转换基本操作步骤如下。

(1) 使用工具箱中的挑选工具，选择位图。

(2) 执行【位图】|【模式】命令，打开如图 9.20 所示的子菜单，然后选择所要转换的色彩模式，CorelDRAW 支持以下颜色模式：黑白(1 位)、灰度(8 位)、双色(8 位)、调色板(8 位)、RGB 颜色(24 位)、Lab 颜色(24 位)、CMYK 颜色(32 位)。

(3) 弹出色彩模式对话框，如图 9.21 所示为"转换为 1 位"(黑白模式)对话框，设置好参数后，单击"确定"按钮即可实现色彩模式的转换。

图 9.20

图 9.21

9.2.2 现场练兵——山水画展海报设计

(1) 导入两张山水画图片到页面中，并排列成如图 9.22 所示。

(2) 使用工具箱中的挑选工具,选择上面一张位图,执行【位图】|【模式】命令,在打开的子菜单中,选择"双色(8位)"色彩模式。

(3) 在弹出的对话框中,选择"类型"为"三色调",依次调节曲线如图9.23~图9.25所示。

图 9.22

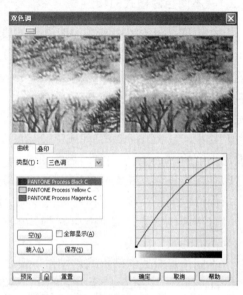

图 9.23

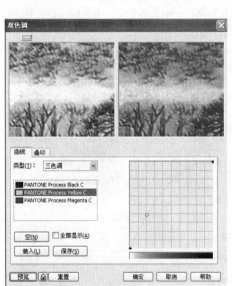

图 9.24

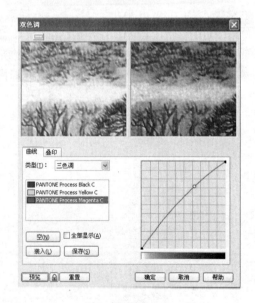

图 9.25

(4) 可单击"预览"按钮预览效果,调节完成后单击"确定"按钮,效果如图9.26所示。

(5) 再使用工具箱中的挑选工具,选择下面一张位图,执行【位图】|【模式】命令,在打开的子菜单中,选择"双色(8位)"色彩模式。

(6) 在弹出的对话框中，选择"类型"为"双色调"，依次调节曲线如图 9.27 和图 9.28 所示。

(7) 调节完成后单击"确定"按钮，效果如图 9.29 所示。

图 9.26

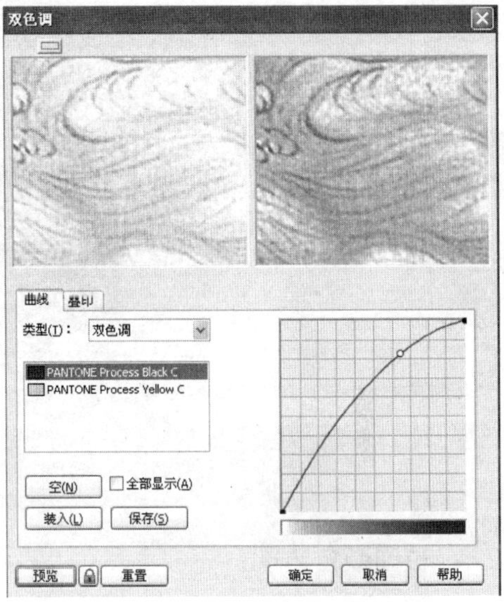

图 9.27

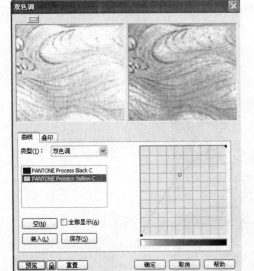

图 9.28

图 9.29

(8) 最后，用工具箱中的文字工具 和矩形工具 ，加上一些文字和矩形，最终完成海报效果如图 9.30 所示。

图 9.30

9.2.3 位图颜色遮罩

使用"位图颜色遮罩"命令，可以将图像中的某一部分的颜色隐藏起来或显示出来，其操作方法如下。

(1) 导入一张图片，并执行【位图】|【转化为位图】命令，将之转为位图，如图 9.31 所示。

图 9.31

(2) 执行【位图】|【位图颜色遮罩】命令，打开"位图颜色遮罩"对话框，选中"隐藏颜色"单选按钮，选中一个空的色条，用"滴管工具"在位图中选中花朵的红色，这个颜色就是要萃取的颜色，向右移动"容限"滑块可以放宽近似色彩的隐藏数量，如图 9.32 所示。

(3) 单击"应用"按钮，效果如图 9.33 所示，位图上选定的颜色即红色部分被隐藏了，成为透明区域。

图 9.32

图 9.33

(4) 如果在"位图颜色遮罩"对话框中，选中"显示颜色"单选按钮，选中一个空的色条，用"滴管工具"在位图中选中叶子的绿色，向右移动"容限"滑块可以放宽近似色彩的显示数量，如图 9.34 所示。

(5) 单击"应用"按钮，效果如图 9.35 所示，位图上选定的颜色即绿色部分显示出来，其余的位图部分都成为透明区域。

图 9.34

图 9.35

9.2.4 调整、变换和校正图像颜色

使用"图像调整实验室"，可以快速、轻松地校正不满意相片的颜色和色调。其操作方法如下。

(1) 导入一张位图，如图 9.36 所示。

(2) 执行【位图】|【图像调整实验室】命令，打开"图像调整实验室"对话框。单击

"自动调整"按钮,"自动调整"将通过设置图像中的白点和黑点来自动调整颜色和对比度。可在"预览"窗口预览效果,如图9.37所示。

图9.36　　　　　　　　　　　　　　图9.37

（3）想要更精确地控制白点和黑点设置,则单击"选择白点"按钮,并单击图像中最亮的区域,效果如图9.38所示。然后,单击"选择黑点"按钮,并单击图像中最暗的区域,效果如图9.39所示。

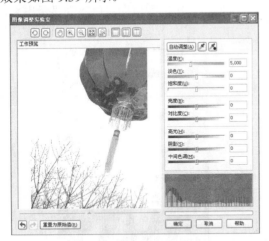

图9.38　　　　　　　　　　　　　　图9.39

（4）使用以下颜色校正控件,能精确地校正图像中的色偏。色偏通常是由拍摄相片时的照明条件导致的,而且会受到数码相机或扫描仪中的处理器的影响。

"温度"滑块——通过提高图像中颜色的暖色或冷色来校正颜色转换,从而补偿拍摄相片时的照明条件。例如,要校正因在室内昏暗的白炽灯照明条件下拍摄相片导致的黄色色偏,可以将滑块向蓝色的一端移动,以增大温度值。

"淡色"滑块——可以通过调整图像中的绿色或品红色来校正色偏。可通过将滑块向右侧移动来添加绿色;可通过将滑块向左侧移动来添加品红色。使用"温度"滑块后,可以移动"淡色"滑块对图像进行微调。

"饱和度"滑块——可以调整颜色的鲜明程度。例如，通过将该滑块向右侧移动，可以提高图像中蓝天的鲜明程度。通过将该滑块向左侧移动，可以降低颜色的鲜明程度。通过将该滑块不断向左侧移动，可以创建黑白相片效果，从而移除图像中的所有颜色。

图 9.40 所示为原始图像效果，通过色偏调节，可以将冷色调图像转为暖色调，创造夕阳西下效果，如图 9.41 所示。

图 9.40

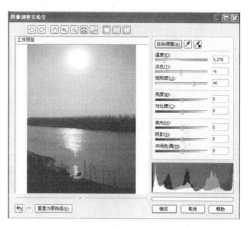
图 9.41

(5) 通过调节"亮度"和"对比度"，可以使整个图像变亮、变暗或提高对比度。

"亮度"滑块——可以使整个图像变亮或变暗。校正因拍摄相片时光线太强(曝光过度)或光线太弱(曝光不足)导致的曝光问题。

"对比度"滑块——可以增加或减少图像中暗色区域和明亮区域之间的色调差异。向右移动滑块可以使明亮区域更亮，暗色区域更暗。例如，如果图像呈现暗灰色调，则可以通过提高对比度使细节鲜明化。

图 9.42 所示为原始图像，效果较灰暗，通过调节"亮度"和"对比度"，得到如图 9.43 所示的效果。

图 9.42

图 9.43

(6) 在许多情况下，拍摄相片时光的位置或强度会导致某些区域太暗，其他区域太亮。通过调整"高光"、"阴影"和"中间色调"，可以使图像的特定区域变亮或变暗。

"高光"滑块——可以调整图像中最亮区域的亮度。例如，如果使用闪光灯拍摄相片，闪光灯使前景主体褪色，则可以向左侧移动"高光"滑块，使图像的褪色区域变暗。

"阴影"滑块——可以调整图像中最暗区域中的亮度。例如，拍摄相片时主体后面的亮光(逆光)可能会导致该主体显示在阴影中。可通过向右侧移动"阴影"滑块来使暗色区域更暗并显示更多细节，从而校正相片。

"中间色调"滑块——可以调整图像中的中间范围色调亮度。可以将"阴影"滑块与"高光"和"中间色调"滑块结合使用来平衡照明效果，调整"高光"和"阴影"后，使用"中间色调"滑块对图像进行微调。

图 9.44 所示为原始图像，图 9.45 所示为调节"高光"、"阴影"和"中间色调"后的效果。

图 9.44

图 9.45

9.3 位图的滤镜效果

CorelDRAW 在位图的特殊效果制作方面，有着强大的功能。在【位图】菜单中，有 10 类位图处理滤镜，而且每一类的级联菜单中都包含了多个滤镜效果命令。每种滤镜都有各自的特性，一部分可以用来校正图像，对图像进行修复；另一部分则可以用来破坏图像原有画面正常的位置或颜色，从而模仿自然界的各种状况或产生各种抽象的效果。灵活地运用能够产生各种丰富多彩的图像效果，如三维效果、艺术笔触、模糊效果、颜色转换、轮廓图、创造性效果、扭曲效果等。下面将一一介绍这些滤镜效果的使用方法和技巧。

9.3.1 三维效果

三维效果滤镜组，包含了三维旋转、柱面、浮雕、卷页、透视、挤远/挤近、球面共 7 种滤镜。可以创建各种具体纵深感的设计效果，下面对其中部分滤镜进行讲解。

1. 三维旋转

使用"三维旋转"命令，可以在水平或垂直方向上旋转位图图像。

(1) 用工具箱中的挑选工具 选中图像，如图 9.46 所示。

(2) 执行【位图】|【三维效果】|【三维旋转】命令，打开"三维旋转"对话框，如图 9.47 所示。

(3) 在对话框中通过鼠标拖动示图框中的立方体来设定旋转角度，也可以在"垂直"和"水平"文本框中输入角度值。

(4) 单击"确定"按钮，即可将"三维旋转"效果应用到图像中，如图 9.48 所示。

图 9.46　　　　　　　　　图 9.47　　　　　　　　　图 9.48

2. 浮雕

使用"浮雕"命令，可以产生类似浮雕的效果。

(1) 用工具箱中的挑选工具 选中图像，如图 9.49 所示。

(2) 执行【位图】|【三维效果】|【浮雕】命令，打开"浮雕"对话框，如图 9.50 所示。

(3) 在对话框中设置浮雕的"深度"、"层次"、"方向"及"浮雕色"。

(4) 单击"确定"按钮，即可将浮雕效果应用到图像中，如图 9.51 所示。

图 9.49　　　　　　　　　图 9.50　　　　　　　　　图 9.51

3. 卷页

使用"卷页"命令，可以产生类似页面卷角的效果。

(1) 用工具箱中的挑选工具 选中图像，如图 9.52 所示。

(2) 执行【位图】|【三维效果】|【卷页】命令，打开"卷页"对话框，如图 9.53 所示。

(3) 在对话框左上角选择卷角的类型及方向；在"纸张"选项选择卷曲的区域是否透明；在"颜色"选项设置纸张背面卷曲部分及背景的颜色；"宽度"和"高度"滑块用来调

整卷曲的范围。

（4）单击"确定"按钮，即可将卷页效果应用到图像中，如图 9.54 所示。

图 9.52

图 9.53

图 9.54

4. 挤远/挤近

使用"挤远/挤近"命令，可以使图像相对于选中的中心点弯曲，形成凹进或凸出的压力效果。

（1）用工具箱中的挑选工具选中图像。

（2）执行【位图】|【三维效果】|【挤远/挤近】命令，打开"挤远/挤近"对话框，如图 9.55 所示。

（3）在对话框中单击按钮，可在右侧的"预览"窗口中设定中心点，通过拖动"挤远/挤近"滑块来设置效果。正值为向内凹陷的挤近效果，负值为向外凸起的挤远效果。

（4）单击"确定"按钮，即可将挤远或挤近效果应用到图像中，图 9.56 所示为数值为 100 的向内凹陷的挤近效果，图 9.57 所示为数值为-100 的向外凸起的挤远效果。

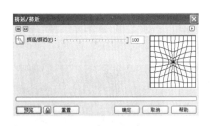
图 9.55

图 9.56

图 9.57

5. 球面

使用"球面"命令，可以形成类似于球面的弧面效果。

（1）用工具箱中的挑选工具选中图像。

（2）执行【位图】|【三维效果】|【球面】命令，打开"球面"对话框，如图 9.58 所示。

（3）在对话框中单击按钮，在右侧的"预览"窗口中设定中心点，通过拖动"百分比"滑块来设置变形的程度，数值与变形程度呈正比。

（4）单击"确定"按钮，即可将球面效果应用到图像中，效果如图 9.59 所示。

图 9.58　　　　　　　　　　　　　　图 9.59

9.3.2　艺术笔触

艺术笔触滤镜组，包含了炭笔画、单色蜡笔画、蜡笔画、立体派、印象派、油画、彩色蜡笔画、钢笔画、点彩派、木版画、素描、水彩画、水印画、波纹纸画共 14 种效果。可以模拟各种手工绘画的艺术笔触和技巧效果。

由于各种艺术笔触滤镜的操作都大致相同，下面举例说明。

1．炭笔画

使用"炭笔画"滤镜可以形成类似于炭笔绘制的画面效果。

(1) 用工具箱中的挑选工具选中图像，如图 9.60 所示。

(2) 执行【位图】|【艺术笔触】|【炭笔画】命令，打开"炭笔画"对话框，如图 9.61 所示。

(3) 在对话框中通过拖动"大小"及"边缘"滑块来设定画笔的尺寸大小及笔触的大小。

(4) 设置完成后，单击"确定"按钮即可，效果如图 9.62 所示。

图 9.60　　　　　　　　　图 9.61　　　　　　　　　图 9.62

2．立体派

使用"立体派"滤镜可以形成类似于立体派油画风格的画面效果。

(1) 用工具箱中的挑选工具 选中图像。

(2) 执行【位图】|【艺术笔触】|【立体派】命令,打开"立体派"对话框,如图 9.63 所示。

(3) 在对话框中通过拖动"大小"及"亮度"滑块来设定笔触的大小及色彩的亮度;在"纸张色"下拉列表中选择纸张的颜色。

(4) 设置完成后,单击"确定"按钮即可,效果如图 9.64 所示。

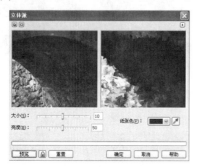

图 9.63

图 9.64

3. 水彩画

使用"水彩画"滤镜可以形成类似于水彩画的画面效果。

(1) 用工具箱中的挑选工具 选中图像。

(2) 执行【位图】|【艺术笔触】|【水彩画】命令,打开"水彩画"对话框,如图 9.65 所示。

(3) 在对话框中通过拖动"画刷大小"及"粒状"滑块来设定笔触的尺寸大小及纸张纹理的粗糙程度;拖动"水量"及"出血"滑块设定笔刷的含水量及画笔中颜料的份量;拖动"亮度"滑块设定画面的亮度。

(4) 设置完成后,单击"确定"按钮即可,效果如图 9.66 所示。

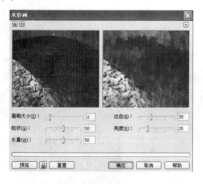

图 9.65

图 9.66

9.3.3 模糊效果

模糊滤镜组,包含了定向平滑、高斯式模糊、锯齿状模糊、低通滤波器、动态模糊、反射式模糊、平滑、柔和、缩放共 9 种效果。可以模拟移动、杂色或渐变等图像模糊效果。

由于各种模糊滤镜的操作都大致相同,下面举例说明。

1. 动态模糊

使用"动态模糊"滤镜可以产生动感模糊效果。

(1) 用工具箱中的挑选工具选中图像,如图9.67所示。

(2) 执行【位图】|【模糊】|【动态模糊】命令,打开"动态模糊"对话框,如图9.68所示。

(3) 在对话框中通过拖动"间隔"滑块来设定运动模糊的距离,数值越大,模糊的程度就越高;"方向"拨盘和文本框用来设定模糊的方向角度。

(4) 设置完成后,单击"确定"按钮即可,效果如图9.69所示。

图9.67

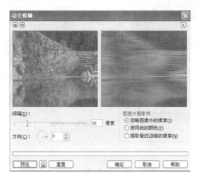
图9.68

图9.69

2. 缩放模糊

使用"缩放"滤镜可以产生类似于摄影中移动相机或变焦拍摄后,对象高速后退的画面效果。

(1) 用工具箱中的挑选工具选中图像。

(2) 执行【位图】|【模糊】|【缩放】命令,打开"缩放"对话框,如图9.70所示。

(3) 在对话框中单击按钮,在原始图像中或"预览"窗口中单击,以确定模糊的中心位置,拖动"数量"滑块用来设定模糊的程度。

(4) 设置完成后,单击"确定"按钮即可,效果如图9.71所示。

图9.70

图9.71

9.3.4 相机效果

"相机"滤镜可以模拟由扩散透镜产生的效果。其操作方法如下。

(1) 用工具箱中的挑选工具选中图像。

(2) 执行【位图】|【相机】|【扩散】命令,打开"扩散"对话框,如图 9.72 所示。

(3) 在对话框中通过拖动"层次"滑块来设定扩散的程度,数值越大,扩散的程度就越高。

(4) 设置完成后,单击"确定"按钮即可,效果如图 9.73 所示。

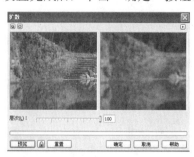

图 9.72

图 9.73

9.3.5 颜色转换

颜色转换滤镜组,包含了平面、半色调、梦幻色调和曝光共 4 种效果。可以通过减少或替换颜色来创建摄影幻觉效果。

1. 半色调

使用"半色调"滤镜可以产生类似印刷网点的画面效果。

(1) 用工具箱中的挑选工具选中图像,如图 9.74 所示。

(2) 执行【位图】|【颜色转换】|【半色调】命令,打开"半色调"对话框,如图 9.75 所示。

(3) 在对话框中通过拖动"青"、"品红"、"黄"、"黑" 4 种颜色的滑块来设定颜色通道的网角值,拖动"最大点半径"滑块设定网点最大点半径大小。

(4) 设置完成后,单击"确定"按钮即可,效果如图 9.76 所示。

图 9.74

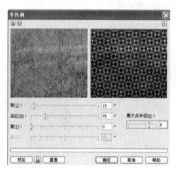

图 9.75

图 9.76

2. 曝光

使用"曝光"滤镜可以产生曝光不足或者曝光过度的画面效果。

(1) 用工具箱中的挑选工具选中图像。

(2) 执行【位图】|【颜色转换】|【曝光】命令,打开"曝光"对话框,如图 9.77 所示。

(3) 在对话框中通过拖动"层次"滑块来设定曝光的强度,数值大,则曝光过度,反之则不足。

(4) 设置完成后,单击"确定"按钮即可,效果如图 9.78 所示。

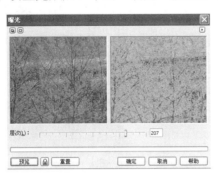
图 9.77

图 9.78

9.3.6 轮廓图

轮廓图滤镜组包括边缘检测、查找边缘、描摹轮廓 3 种效果。可以突出显示和增强图像的边缘,产生特殊的轮廓线条效果。

1. 边缘检测

使用"边缘检测"滤镜可以将图像中的对象边缘转换为线条,并使背景变为单色。

(1) 用工具箱中的挑选工具选中图像,如图 9.79 所示。

(2) 执行【位图】|【轮廓图】|【边缘检测】命令,打开"边缘检测"对话框,如图 9.80 所示。

(3) 在对话框中的"背景色"选项区设定图像的背景颜色为"白色"、"黑"或"其它";通过拖动"灵敏度"滑块来设定探测边缘的灵敏度。

(4) 设置完成后,单击"确定"按钮即可,效果如图 9.81 所示。

图 9.79

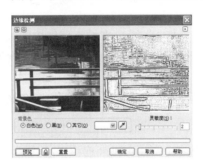
图 9.80

图 9.81

2. 描摹轮廓

使用"描摹轮廓"滤镜可以产生彩色的轮廓线条效果。

(1) 用工具箱中的挑选工具选中图像。

(2) 执行【位图】|【轮廓图】|【描摹轮廓】命令,打开"描摹轮廓"对话框,如图9.82所示。

(3) 在对话框中的"边缘类型"选项区设定描绘边缘的准确度类型为"下降"或"上面";通过拖动"层次"滑块来设定描绘边缘的范围值。

(4) 设置完成后,单击"确定"按钮即可,效果如图9.83所示。

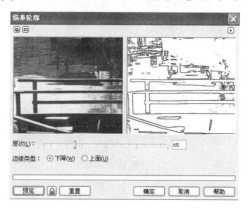

图 9.82

图 9.83

9.3.7 创造性效果

创造性滤镜组包括工艺、晶体化、织物、框架、玻璃砖、儿童游戏、马赛克、粒子、散开、茶色玻璃、彩色玻璃、虚光、漩涡和天气共 14 种效果。

由于各种创造性滤镜的操作都大致相同,下面举例说明。

1. 彩色玻璃

使用"彩色玻璃"滤镜可以形成类似于用彩色玻璃拼接的画面效果。

(1) 用工具箱中的挑选工具选中图像,如图 9.84 所示。

(2) 执行【位图】|【创造性】|【彩色玻璃】命令,打开"彩色玻璃"对话框,如图 9.85所示。

(3) 在对话框中通过拖动"大小"滑块来设定玻璃块的大小;"光源强度"滑块设定光线的照射度;"焊接宽度"文本框设定玻璃块之间的焊缝宽度值;"焊接颜色"下拉列表设定焊缝的颜色。

(4) 设置完成后,单击"确定"按钮即可,效果如图 9.86 所示。

2. 虚光

使用"虚光"滤镜可以为图像添加模糊的羽化框架。

(1) 用工具箱中的挑选工具选中图像。

  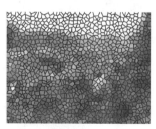

图 9.84　　　　　　　　图 9.85　　　　　　　　图 9.86

(2) 执行【位图】|【创造性】|【虚光】命令，打开"虚光"对话框，如图 9.87 所示。
(3) 在对话框中通过拖动"偏移"滑块来设定偏移的大小；"褪色"滑块设定光线的褪色。
(4) 设置完成后，单击"确定"按钮即可，效果如图 9.88 所示。

图 9.87　　　　　　　　　　　　　　图 9.88

9.3.8　扭曲效果

扭曲滤镜组包括块状、置换、偏移、像素、龟纹、旋涡、平铺、湿笔画、涡流、风吹共 10 种效果。

由于各种扭曲滤镜的操作都大致相同，下面举例说明。

1．块状

(1) 用工具箱中的挑选工具 选中图像，如图 9.89 所示。
(2) 执行【位图】|【扭曲】|【块状】命令，打开"块状"对话框，如图 9.90 所示。
(3) 在对话框中通过拖动"块宽度"和"块高度"滑块来设定块的大小；"最大偏移"滑块设定块离原图像位置的偏移值；"未定义区域"下拉列表中选择背景部分的颜色。
(4) 设置完成后，单击"确定"按钮即可，效果如图 9.91 所示。

图 9.89　　　　　　　　　图 9.90　　　　　　　　　图 9.91

2. 旋涡

(1) 用工具箱中的挑选工具选中图像。

(2) 执行【位图】|【扭曲】|【旋涡】命令，打开"旋涡"对话框，如图 9.92 所示。

(3) 在对话框中的"定向"选项区设定旋涡的旋转方向为"顺时针"或"逆时针"；"整体旋转"滑块可按倍数来设定旋涡的旋转角度；"附加度"滑块设定旋涡的旋转角度。

(4) 设置完成后，单击"确定"按钮即可，效果如图 9.93 所示。

图 9.92　　　　　　　　　　　　　　图 9.93

9.3.9　杂点效果

杂点滤镜组包括添加杂点、最大值、中间值、最小值、去除龟纹、去除杂点共 6 种效果。有为图像添加或去除颗粒及杂点的作用。

由于各种杂点滤镜的操作都大致相同，下面举例说明。

1. 添加杂点

(1) 用工具箱中的挑选工具选中图像，如图 9.94 所示。

(2) 执行【位图】|【杂点】|【添加杂点】命令，打开"添加杂点"对话框，如图 9.95 所示。

（3）在对话框中的"杂点类型"选项区选择要添加的杂点类型为"高斯式"、"尖突"或"均匀"；通过拖动"层次"和"密度"滑块来设定杂点对颜色及亮度的影响范围以及杂点的密度。

（4）设置完成后，单击"确定"按钮即可，效果如图 9.96 所示。

图 9.94　　　　　　　　　图 9.95　　　　　　　　　图 9.96

2．最大值

使用"最大值"滤镜可以消除图像的杂点，同时，图像的细节损失较大。

（1）用工具箱中的挑选工具选中图像。

（2）执行【位图】|【杂点】|【最大值】命令，打开"最大值"对话框，如图 9.97 所示。

（3）在对话框中通过拖动"百分比"滑块来设定滤镜效果的变化程度；"半径"滑块来设定应用效果的像素的数量。

（4）设置完成后，单击"确定"按钮即可，效果如图 9.98 所示。

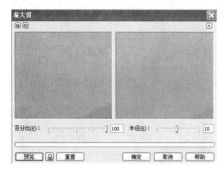 

图 9.97　　　　　　　　　　　　　图 9.98

9.3.10　鲜明化效果

鲜明化滤镜组包括适应非鲜明化、定向柔化、高通滤波器、鲜明化和非鲜明化遮罩 5 种效果。可以为图像添加鲜明化效果，以突出和强化边缘。下面举例说明。

1．高通滤波器

使用"高通滤波器"滤镜可以突出图像中对象的边缘，同时会损失图像的亮色。

(1) 用工具箱中的挑选工具选中图像，如图 9.99 所示。

(2) 执行【位图】|【鲜明化】|【高通滤波器】命令，打开"高通滤波器"对话框，如图 9.100 所示。

(3) 在对话框中通过拖动"百分比"滑块来设定滤镜效果的程度；"半径"滑块来设定应用效果的像素范围。

(4) 设置完成后，单击"确定"按钮即可，效果如图 9.101 所示。

图 9.99

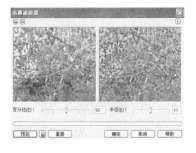
图 9.100

图 9.101

2. 非鲜明化遮罩

(1) 用工具箱中的挑选工具选中图像。

(2) 执行【位图】|【鲜明化】|【非鲜明化遮罩】命令，打开"非鲜明化遮罩"对话框，如图 9.102 所示。

(3) 在对话框中通过拖动"百分比"滑块来设定滤镜效果的程度；"半径"滑块来设定应用效果的像素范围；"阈值"滑块来设置锐化的强弱，数值越小，效果越明显。

(4) 设置完成后，单击"确定"按钮即可，效果如图 9.103 所示。

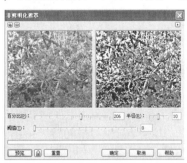
图 9.102

图 9.103

9.4 实例演习

9.4.1 设计企业宣传册封面

本例将综合应用本章学到的工具，制作设计企业宣传册封面。

(1) 导入 3 张企业产品的素材图片到页面，如图 9.104～图 9.106 所示。

(2) 使用工具箱中的矩形工具▫，绘制一个矩形，填充白色，作为背景。再执行【效果】|【图框精确剪裁】|【放置在容器中】命令，将3张图片放置到3个正圆中，效果如图9.107所示。

图9.104

图9.105

图9.106

图9.107

(3) 选择矩形背景，执行【位图】|【转换为位图】命令，将之转换为位图。再执行【位图】|【艺术笔触】|【波纹纸画】命令，设置如图9.108所示，得到如图9.109所示的效果。

图9.108

图9.109

(4) 选择3张圆形图片，执行【位图】|【转换为位图】命令，将3张图片转换为位图。再执行【位图】|【创造性】|【虚光】命令，设置如图9.110所示，得到如图9.111所示的效果。

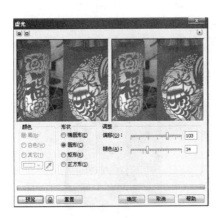

图 9.110

图 9.111

(5) 使用工具箱中的文字工具 字，输入文字，如图 9.112 所示。

(6) 选择文字，执行【位图】|【转换为位图】命令，将文字转换为位图。再执行【位图】|【艺术笔触】|【印象派】命令，设置如图 9.113 所示，得到如图 9.114 所示的效果。

(7) 选择文字，再使用工具箱中的交互式阴影工具 ，制作阴影，效果如图 9.115 所示。

图 9.112

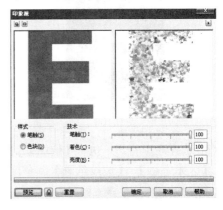

图 9.113

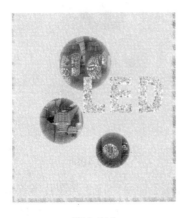

图 9.114

图 9.115

(8) 最后，使用工具箱中的文字工具 字，输入企业的地址、电话等文字信息，宣传册封面制作完成，效果如图 9.116 所示。

图 9.116

9.4.2 设计演唱会海报

本例将综合应用本章学到的工具，设计一张演唱会海报。

(1) 导入一张演唱会的素材图片到页面，如图 9.117 所示。

(2) 选择图片，执行【位图】|【转换为位图】命令，将之转换为位图。再执行【位图】|【图像调整实验室】命令，打开"图像调整实验室"对话框，设置如图 9.118 所示，得到如图 9.119 所示的效果。

(3) 使用工具箱中的矩形工具 ▭，绘制一个矩形，再使用工具箱中的星形工具 ☆，绘制一个五角星形，如图 9.120 所示。

图 9.117

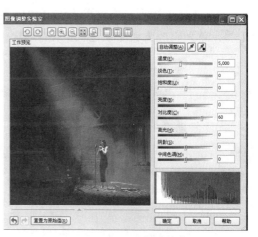

图 9.118

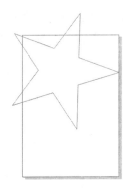

图 9.119　　　　　　　　　　　　　　　　图 9.120

（4）选择矩形和星形，单击属性栏上的"相交"按钮，得到如图 9.121 所示的图形。

（5）选择图片对象，执行【效果】|【图框精确剪裁】|【放置在容器中】命令，将图片放置到星形中，效果如图 9.122 所示。

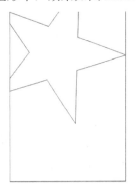

图 9.121　　　　　　　　　　　　　　　　图 9.122

（6）使用工具箱中的矩形工具，绘制一个矩形，并填充灰色，如图 9.123 所示。

（7）选择该矩形，右键单击选择"转换为曲线"快捷菜单，再使用工具箱中的形状工具，将之修改为如图 9.124 所示的形状。

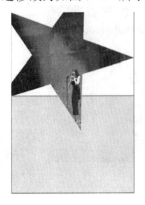

图 9.123　　　　　　　　　　　　　　　　图 9.124

(8) 选择该形状，执行【位图】|【转换为位图】命令，将之转换为位图。再执行【位图】|【创造性】|【天气】命令，设置如图 9.125 所示，得到如图 9.126 所示的效果。

图 9.125

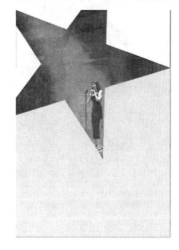

图 9.126

(9) 使用工具箱中的手绘工具，绘制如图 9.127 所示的图形，让星形图形更富有立体感与动感。

(10) 使用工具箱中的文字工具，输入演唱会的名称，再执行【效果】|【添加透视】命令，为文字添加透视效果，如图 9.128 所示。

图 9.127

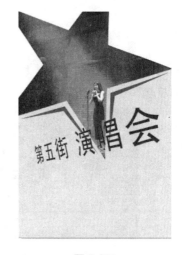

图 9.128

(11) 使用工具箱中的文字工具，输入演唱会的时间、地点等文字信息，如图 9.129 所示。

(12) 最后，将文字排列成如图 9.130 所示的有趣的形状，一张富有个性的演唱会海报设计制作完成。

图 9.129

图 9.130

9.5 本章小结

本章对使用和处理位图的各种方法和技巧进行了详细的介绍，通过学习和实践，学生能够掌握转换、导入、矫正、编辑、描摹等使用位图的方法，以及对位图进行颜色管理，学会不同色彩模式的转换，调整、变换和校正图像颜色等技巧，并能够利用各种滤镜效果组，为图像添加丰富多彩的滤镜效果。

9.6 上机实战

利用【裁切位图】、【模糊】｜【缩放】、【创造性】｜【天气】、【杂点】等命令设计制作一幅唱片封面，如图 9.131 所示。

图 9.131

操作提示：

(1) 在页面中设置水平 2 条、垂直 4 条辅助线，并将图片导入，使用"形状工具"将图片调整到唱片封面大小。

(2) 三张图片分别应用"模糊—缩放"、"创造性—天气"、"杂点"滤镜添加艺术效果。

(3) 最后用"文字工具"、"矩形工具"绘制出文字和矩形图形。

第三篇　高级应用篇

第10章　符号、图层和样式的运用

教学目标

- 了解符号的功能，学会创建、编辑、删除、共享和使用符号
- 掌握图层的使用
- 掌握图形和文本样式的创建、应用和编辑

教学重点

- 创建、编辑、共享和使用符号
- 熟悉图层泊坞窗和管理图层
- 图形和文本样式的创建、应用和编辑

教学难点

- 共享和使用符号，管理集合和库
- 熟悉图层泊坞窗

建议学时

- 总学时：4课时
- 理论学时：2课时
- 实践学时：2课时

为了使 CorelDRAW X4 绘制、编辑和管理图形图像更快、更容易，允许使用符号、图层和样式。下面将详细讲解这三方面的内容。

10.1 使用符号

CorelDRAW X4 应用程序允许创建对象并将其另存为符号。每次将符号插入绘图中，都会创建此符号的一个实例。符号的定义以及关于实例的信息都存储在作为 CorelDRAW(CDR)文件组成部分的库中。

符号是只需定义一次然后就可以在绘图中多次引用的对象；对多次出现的对象使用符号有助于减小文件大小。绘图中的一个符号可以有多个实例，而且不会影响文件大小。因为对符号所做的更改都会被所有实例自动继承。

符号从对象中创建，将对象转换为符号后，新的符号会被添加到库中，而选定的对象则变为实例。还可以从多个对象创建一个符号，编辑符号；对符号所做的任何更改都会影响绘图中的所有实例；对实例属性的修改，则不会影响存储在库中的符号。还可以删除库中的符号。因此使用符号，将大大提高工作效率。

10.1.1 创建、编辑和删除符号

1. 创建符号

方法一

(1) 选择页面中的一个或多个对象。

(2) 执行【编辑】|【符号】|【新建符号】命令。

(3) 在弹出的"创建新符号"对话框中，"名称"框中输入符号的名称，如图 10.1 所示，单击"确定"按钮。

(4) 执行【编辑】|【符号】|【符号管理器】命令，在弹出的"符号管理器"泊坞窗中即可看见所创建的符号了，如图 10.2 所示。

图 10.1

图 10.2

方法二

(1) 选择页面中的一个或多个对象。

(2) 将其直接往符号库里拖动也可创建符号。

第 10 章　符号、图层和样式的运用

> 温馨提示：
>
> ① CorelDRAW X4 中大多数对象都可以转换为符号，但也有一些情况例外，如链接或嵌入的对象、锁定的对象、段落文本、连线和尺度线、透明的对象、翻滚、因特网对象等。
>
> ② 将不同图层上的对象转换为一个符号时，这些对象会被组合到最上面的图层。

2. 编辑符号

(1) 从"符号管理器"中选择一个符号。

(2) 双击该符号名称，输入新名称，可以重命名符号。

(3) 单击"编辑符号"按钮(或先选中页面中的对象，然后执行【编辑】|【符号】|【编辑符号】命令或单击鼠标右键选择快捷菜单中的"编辑符号")，然后选择页面中的对象进行修改。

(4) 单击工作区左下角的"完成编辑对象"按钮(或执行【编辑】|【符号】|【完成编辑符号】命令，或单击鼠标右键选择快捷菜单中的"完成编辑符号")，即可将页面中对对象的修改添加到符号中。

> 温馨提示：
>
> 在符号编辑模式下工作时，不能添加图层或保存绘图。

3. 删除符号

(1) 从"符号管理器"泊坞窗中选择一个符号。

(2) 单击"删除符号"按钮，即可删除符号。

> 温馨提示：
>
> 删除的符号会从"符号管理器"中移除，而该符号的所有实例也都会从绘图中移除。

10.1.2　在绘图中使用符号

1. 插入符号实例

(1) 在"符号管理器"打开的状态下，从"符号管理器"泊坞窗中选择一个符号；

(2) 单击"插入"按钮，或直接拖到绘图页面。

2. 修改符号实例

(1) 在页面中选择一个符号实例。

(2) 进行属性的更改(可以修改属性栏上对象的属性)。

> 温馨提示：
>
> 如果一个符号包含了多个对象，符号实例中的所有对象都会被认为属于同一群组，不能修改符号实例中的单个对象。

3. 将符号实例还原为对象

(1) 在页面中选择一个符号实例。

(2) 执行【编辑】|【符号】|【还原到对象】命令或右击选择"还原到对象"命令，即可将符号实例还原为对象，但符号仍然保留在库中。

4. 删除符号实例

(1) 在页面中选择一个符号实例。

(2) 按 Delete 键即可删除，但符号仍然保留在库中。

10.1.3 在绘图之间共享符号

在 CorelDRAW X4 中，可以通过复制和粘贴在绘图之间共享符号。将符号复制到剪贴板不会将原来的符号从库中删除。如果将修改的符号实例粘贴到绘图中，新的实例会保持原始实例的属性，而库中的新符号将保持原始符号的属性。符号实例的复制和粘贴方法与其他对象相同。

1. 复制或粘贴符号

(1) 从"符号管理器"泊坞窗中的"符号列表"中选中一个或多个符号(按 Shift 键单击加选)。

(2) 右击选择"复制"命令。

(3) 在"符号列表"空白处右击选择"粘贴"命令。

2. 导出符号库

(1) 在"符号管理器"泊坞窗中，选中一个或多个符号。

(2) 单击"导出库"按钮，会弹出"导出库"对话框，在对话框中选择要保存库文件的驱动器和文件夹，输入文件名，单击"保存"按钮即可。

3. 将符号添加到现有库

(1) 保持现有库的打开状态。

(2) 执行【文件】|【打开】命令，打开需要添加符号的库文件。

(3) 从"符号管理器"泊坞窗中选中一个或多个符号并右击选择"复制"命令。

(4) 切换到现有库中，右击选择"粘贴"命令。

(5) 执行【文件】|【另存为】命令，保存现有库文件即可。

10.1.4 管理集合和库

符号被存储在库文件中，这些库文件分为不同的集合。

1. 添加集合或库

(1) 执行【窗口】|【泊坞窗】|【符号管理器】命令。

(2) 在目录树中，单击"本地符号"或"网络符号"。

(3) 单击"添加库"按钮。
(4) 找到并选择相应的集合或库。
(5) 单击"确定"按钮，如图 10.3 所示。

图 10.3

2．删除集合或库

(1) 在"符号管理器"泊坞窗中，单击"集合"或"库文件"。
(2) 按 Delete 键删除。

温馨提示：

按 Delete 键删除，将从"符号管理器"泊坞窗的目录树中移除该集合或库，但不会删除文件。

10.2 使 用 图 层

CorelDRAW X4 中使用图层将有助于在复杂的绘图中组织和排列对象。通过将对象放置到不同的级别或图层上可以根据需要快速地选择、显示或隐藏图形。

10.2.1 图层泊坞窗

执行【窗口】|【泊坞窗】|【对象管理器】命令，打开"对象管理器"泊坞窗，如图 10.4 所示。

默认的"对象管理器"泊坞窗中有两个目录树："页面 1"和"主页面"，如图 10.4 所示。

页面 1：显示页面上的每个图层以及图层上的对象。默认情况下，"图层 1"为工作图层，即所有绘制的图形都会放在此图层中，也可以创建和删除图层。

主页面：每个文档都有一个主页面，它不是文档的实际页面。主页面包含并控制 3 个默认图层："导线"、"桌面"、"网格"。导线和网格图层分别用于存放辅助线和网格；桌面图层帮助用户创建绘图页面以外的、以后可能要使用的图形。默认情况下，桌面图层中的对象可见、可编辑，但不可打印。可以在主页面中添加一个或多个主图层，在主图层中放置对象就会使该对象在文档的任何页面都可见和可打印。可以用主图层创建文档中的重复元素，如页眉、页脚等。

默认"对象管理器"泊坞窗左上方的 3 个打开的按钮。分别表示：显示对象属性、跨图层编辑、对象管理器视图。图 10.5 所示是对象的属性显示了出来；图 10.6 所示是禁用对象管理器视图的泊坞窗；启用跨图层编辑，可以编辑所有图层，否则只能编辑活动图层和桌面图层。

图 10.4

图 10.5

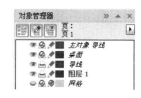
图 10.6

10.2.2 图层的管理

1. 创建新图层

(1) 单击"对象管理器"左下角的"新建图层"按钮，或选择"对象管理器"选项菜单中的"新建图层"命令，如图 10.7 所示。

(2) 单击"对象管理器"左下角的"新建主图层"按钮，或选择"对象管理器"选项菜单中的"新建主图层"命令，如图 10.8 所示。

图 10.7

图 10.8

温馨提示：

① 要使用绘图中的某一图层，首先必须激活它，在"对象管理器"中活动图层是以红色显示。开始绘制一个图形时，默认图层(图层 1)就是活动图层。

② 创建主图层后，该图层就自动显示在主页面上。

2. 删除图层

方法一：选择"对象管理器"选项菜单中的"删除图层"命令。

第 10 章　符号、图层和样式的运用

方法二：选中要删除的图层，右击选择"删除"命令。

> **温馨提示：**
> ① 删除图层时，将同时删除该图层上所有的对象。如果想保留被删除图层中的某个对象，先将该对象移到别的图层上。
> ② 除主页面中的 3 个默认图层(导线图层、桌面图层和网格图层)外，任何未锁定的图层都可以删除。

3. 重命名图层

方法一：选中"对象管理器"中需要重命名的图层，右击选择"重命名"命令，在文本框中，输入新的图层名即可。

方法二：双击需要重命名的图层名称，输入新名称即可。

4. 显示或隐藏图层

方法一：单击"对象管理器"中图层旁的眼睛图标，当眼睛显示灰色时，表示此图层隐藏。

方法二：选中"对象管理器"中需要重命名的图层，右击选择"可见"命令。

5. 锁定或解除锁定图层

方法一：单击"对象管理器"中图层旁的铅笔图标，当为 时，表示锁定图层。

方法二：选中"对象管理器"中需要锁定或解除锁定的图层，右击选择"可编辑"命令。

6. 启用或禁用图层的打印

方法一：单击"对象管理器"中图层旁的打印机图标，当为 时，表示禁止打印。

方法二：选中"对象管理器"中需要启用或禁用打印的图层，右击选择"可打印"命令。

> **温馨提示：**
> 如果某个图层禁止打印，其内容就不能以全屏预览的方式显示。

7. 改变图层的叠放顺序

在图层列表中，将图层的名称标签拖放到新的位置，如图 10.9、图 10.10、图 10.11 所示。

图 10.9

图 10.10

图 10.11

8. 在图层间移动对象

(1) 选中图层上的对象，如图 10.12 所示。

(2) 按住鼠标左键拖动至另一图层上，如图 10.13 所示，松开鼠标，移动对象，如图 10.14 所示。(或选择"对象管理器"选项菜单中的"移到图层"命令，在另一图层上单击。)

图 10.12　　　　　　　　　图 10.13　　　　　　　　　图 10.14

9. 在图层间复制对象

(1) 选中图层上的对象。

(2) 右击选择"复制"命令，至另一图层上，右击选择"粘贴"命令。(或选择"对象管理器"选项菜单中的"复制到图层"命令，在另一图层上单击。)

10.3　图形和文本样式

样式就是一套格式属性。在 CorelDRAW X4 中样式分为图形样式和文本样式。图形样式包括填充设置和轮廓设置，可应用于矩形、椭圆和曲线等图形对象；文本样式就是一套文本设置，例如字体类型和大小等。

10.3.1　创建图形和文本样式

方法一

(1) 选择设置好的"文本"或"图形"，如图 10.15 和图 10.17 所示。

(2) 右击选择"样式"|"保存样式属性"命令，在"保存样式为"对话框中，输入"名称"，如图 10.16 和图 10.18 所示，单击"确定"按钮，即创建了样式。

图 10.15　　　　　　　　　　　　　　　　图 10.16

第 10 章　符号、图层和样式的运用

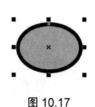

图 10.17

图 10.18

方法二

(1) 选择设置好的"文本"或"图形"。

(2) 将之拖到"图形和文本样式"泊坞窗中成为新建美术字或新图形。

10.3.2　应用图形样式

当样式创建完成以后，就可以将这些样式应用到图形或文本对象上。具体操作方法如下。

方法一

(1) 选择要运用样式的"文本"或"图形"，如图 10.19 和图 10.21 所示。

(2) 右击选择"样式"|"应用"|"样式 2"命令，即应用了样式，如图 10.20 和图 10.22 所示。

应用图形样式　　　　　　　　应用图形样式

图 10.19　　　　　　　　　　　图 10.20

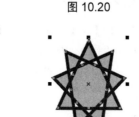

图 10.21　　　　　　　　　　　图 10.22

方法二

(1) 选择要运用样式的"文本"或"图形"。

(2) 在"图形和文本样式"泊坞窗中，双击新建美术字或新图形。

10.3.3　编辑图形或文本样式

当对图形或文本应用样式后，若用户再对图形或文本样式进行编辑，会影响到使用样式的全部对象。具体操作如下。

(1) 按 Ctrl+J 键，打开"选项"对话框，或在"图形和文本样式"泊坞窗中选中要编辑的样式右击选择"属性"命令，弹出"选项"对话框。

(2) 在对话框中进行图形或文本样式的编辑。具体操作见图 10.23、图 10.24 所示，效果如图 10.25 所示。

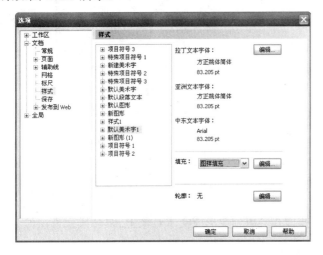
图 10.23

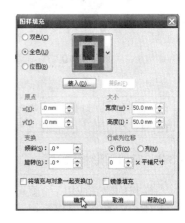
图 10.24

图 10.25

10.3.4 删除图形或文本样式

(1) 执行【窗口】|【泊坞窗】|【图形和文本样式】命令。

(2) 在弹出的"图形和文本样式"泊坞窗中，选择需删除的样式，按 Delete 键或右击选择"删除"命令将其删除即可。

温馨提示：

当图形和文本样式被删除后，不会影响到已应用样式的图形和文本对象。

10.4 实例演习——制作学生证

(1) 正常启动 CorelDRAW X4 软件，新建一个空白文档，在属性栏设置纸张类型为 A4，方向为纵向。

(2) 选择工具箱中的矩形工具，绘制一大一小两个矩形：大矩形填充白色，属性栏设置 67.0 mm、100.0 mm、5、5；小矩形是贴照片处，如图 10.26 所示。

(3) 矩形工具在大矩形的上下端绘制 3 个宽度与大矩形相等、高度相互略有差别的狭长矩形，并去除轮廓。两个矩形填充天蓝色，属性栏设置分别为、，放置于大矩形的上下端；一个矩形填充黄色放置于上面天蓝色矩形的下面；将两蓝矩形、一黄矩形与大矩形左对齐，上端蓝矩形与大矩形顶端对齐，下端蓝矩形与大矩形底端对齐，如图 10.27 所示。

(4) 选择工具箱中的文字工具，分别在上面和下面的蓝色矩形处输入白色华文行楷体的校名、校训；红色黑体字的"学生证"，黑色宋体字的"姓名："、"学号："、"班级："，如图 10.28 所示。

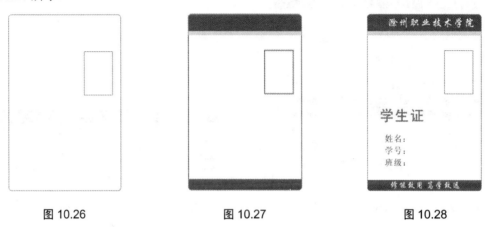

图 10.26　　　　　　图 10.27　　　　　　图 10.28

(5) 选择工具箱中的贝塞尔工具，在如图 10.29 所示的位置绘制 3 条直线。

(6) 执行【文件】|【导入】命令两次，分别导入标志和树林图片；选中树林图片，如图 10.30 所示；执行【编辑】|【符号】|【符号管理器】命令，打开"符号管理器"泊坞窗，将树林图拖入"符号管理器"泊坞窗中，并双击"符号 1"更名为"树林"，如图 10.31 所示。

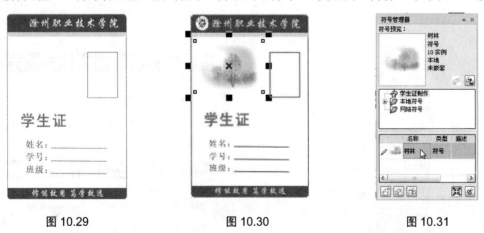

图 10.29　　　　　　图 10.30　　　　　　图 10.31

(7) 双击挑选工具，选中全部，群组后复制 8 次，如图 10.32 所示。

(8) 将第一个学生证解除群组后，选中树林图片，右击选择"编辑符号"命令，进入编辑状态，选中要编辑的图片，执行【效果】|【调整】|【亮度/对比度/强度】命令，调整参数值，如图 10.33 所示。单击"确定"按钮，右击选择"完成编辑符号"命令，"符号

管理器"泊坞窗如图 10.34 所示,这样符号改变了,页面中的多个实例也跟着自动改变,效果如图 10.35 所示。

图 10.32

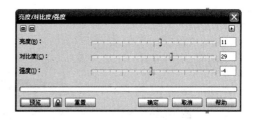

图 10.33

图 10.34

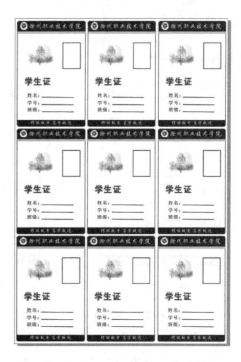

图 10.35

(9) 将第一个学生证群组，执行【窗口】|【泊坞窗】|【对象管理器】命令，选中"图层 1"，右击选择"主对象"命令，这样"图层 1"被转换为主图层了，如图 10.36 所示。

(10) 在"页面 1"中创建新"图层 2"，并在该层导入照片和添加文本，如图 10.37、图 10.38 所示。

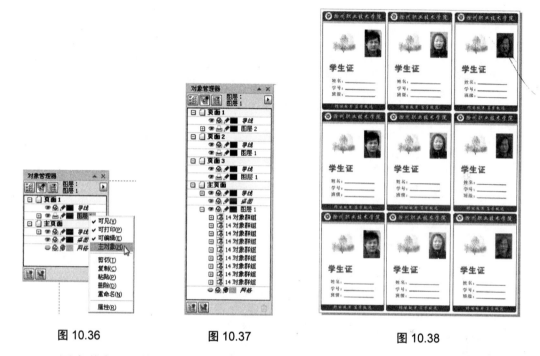

图 10.36　　　　　图 10.37　　　　　图 10.38

(11) 因为学生证人数不止 9 人，想制作更多的学生证，只要单击导航器上的 按钮，就可以添加多页，在新的一页中再添加照片和学生信息就可以了。

10.5　本章小结

本章属于高级应用篇，是在对前面的知识和技能有了一定的掌握后的深入学习。使用符号、图层和样式主要是为提高工作效率。本章先分别对符号、图层和样式的功能进行了介绍，然后详述了创建、编辑和删除符号、在绘图中使用符号和共享符号、管理集合和库、应用图层，以及创建、应用和编辑图形和文本样式等内容。本章小知识点较多，用户需逐个理解并掌握。

10.6　上机实战

请参照图 10.39 制作信笺纸。

图 10.39

操作提示：

(1) 信笺纸的行线条使用"图形样式"设置线型。
(2) 标志为导入的素材图片。

第11章 应用于 Web

教学目标

- 学会设置网页页面、创建与 Web 兼容的文本和优化 Web 位图
- 会制作翻转、使用书签和超链接
- 会发布到 Web

教学重点

制作翻转、使用书签和超链接

教学难点

- 优化 Web 位图
- 发布到 Web

建议学时

- 总学时:4 课时
- 理论学时:2 课时
- 实践学时:2 课时

在 CorelDRAW X4 中可以设置适合于网页的页面。可以将文本转换为与 Web 兼容的文本，方便在浏览器中进行编辑。也可以从 CorelDRAW 对象创建交互式翻滚。

11.1　网页页面设置

网页页面设置与第 2 章介绍的页面设置中的常规页面设置一样，用户可以进行以下操作。

(1) 选择预设的网页类型。有网页(760×420)、Web Page(600×300)、Web 标题(468×60)等。

(2) 自定义网页尺寸。如果预设中没有所需要的网页尺寸，用户可以自行在纸张尺寸中输入值，按回车键即可。

(3) 保存自定义的网页尺寸。执行【版面】|【页面设置】命令，单击  按钮，如图 11.1 所示，在弹出的对话框中输入类型名称即可，如图 11.2 所示。

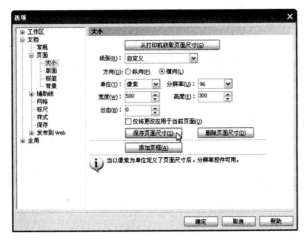

图 11.1　　　　　　　　　　　　　　　图 11.2

11.2　创建与 Web 兼容的文本

在 CorelDRAW X4 中，在将段落文本转换为与 Web 兼容的文本时，可以再 HTML 编辑器中编辑已发布文档的文本。可以更改文本字体特性，包括字型、大小和式样。通常自动使用的是默认的 Web 字体样式，除非用另一种字体取代它。在选择取代默认字体时，即使访问 Web 网站的用户并未安装相同的字体，他们的计算机也会使用默认字体。

1. 利用【文本】菜单

操作步骤如下。

(1) 选择工具箱中的文本工具，在页面中拖出文本框，输入段落文字，再用挑选工具单击，使其处于选中状态。

(2) 执行【文本】|【生成与 Web 兼容的文本】命令。页面中的段落文本就可以与 Web 兼容了。

第 11 章 应用于 Web

2. 利用【工具】菜单

(1) 执行【工具】|【选项】命令，打开"选项"对话框。

(2) 在对话框的列表中依次选择"工作区"|"文本"|"段落"选项，然后在如图 11.5 所示的"选项"对话框中，选中"使所有新的段落文本框具有 Web 兼容性"复选框。新建的文档就可以与 Web 兼容了。

图 11.3

温馨提示：

① 美术文本不能被转换为 Web 兼容文本，在将文档做 Internet 发行的过程中通常被视为位图图像。

② 如需要将美术文本转换为 Web 兼容文本，则应先将其转换成段落文本，再使段落文本和 Web 兼容。

11.3 优化 Web 位图

优化 Web 位图可以保存并优化 CorelDRAW X4 对象，以便用于万维网。将位图保存和优化为 Web 兼容格式的步骤如下。

(1) 执行【文件】|【发布到 Web】|【Web 图像优化程序】命令，弹出"网络图像优化器"对话框如图 11.4 所示。

(2) 在该对话框中，从 中选择一种连接速度；选择下列窗格选项之一： (单窗格、双垂直窗格、双水平窗格和四窗格)。

(3) 将一个窗格保持为原始图像。在一个或多个其他窗格中，从"预览"窗口下面的列表框中选择：文件类型(共有 GIF、JPEG、JP2Standard、JP2Codestream、PNG 8 位和 PNG 24 位 6 种)、Web 预设(可以在颜色、递色、压缩和平滑几方面得到优化)。通过查看下载速度、图像质量、文件大小、颜色范围和压缩比例以及平移和缩放图像，可以最多比较四种文件类型。也可以添加和删除自己的 Web 预设。

(4) 达到满意的优化效果后，单击"确定"按钮，会弹出如图 11.5 所示的"将网络图像保存至硬盘"对话框，在对话框中，选择合适的保存位置，输入文件名，单击"保存"

按钮即可。

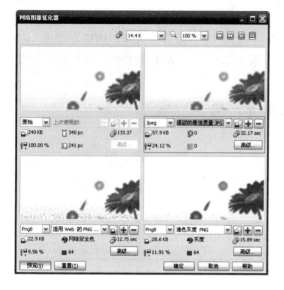

图 11.4

图 11.5

💡 温馨提示：

通过从一个窗格中的"文件类型"列表框中选择"原始"，可以将文件类型与原始图像进行比较。

11.4 创建翻转

翻转是单击或指向它们时其外观会发生变化的交互式对象，在 CorelDRAW X4 中，可以轻松地创建与编辑翻转对象。

在属性栏上右击，选择"因特网"命令，可以显示如图 11.6 所示的"因特网"工具条。

图 11.6

创建翻转的具体步骤如下。

(1) 用"挑选工具"选取页面中的对象。

(2) 执行【效果】|【翻转】|【创建翻转】命令或单击"因特网"工具条上的按钮，即创建当前选定对象为翻转对象。

(3) 执行【效果】|【翻转】|【编辑翻转】命令或单击"因特网"工具条上的按钮，可对翻转对象进行编辑。

(4) 在因特网工具条上的 常规 中，把要编辑的翻转对象分别切换为下列翻转状态。

常规：没有与按钮相关的鼠标活动时按钮的默认状态。

上：指针划过按钮时按钮的状态。

下：单击按钮时的状态。

然后分别修改三种状态下的对象。

(5) 编辑结束后，执行【效果】|【翻转】|【完成编辑翻转】命令或单击"因特网"工具条上的 按钮，结束编辑翻转对象。

(6) 要预览翻转活动，单击"因特网"工具条上的 按钮或执行【视图】|【启用翻转】命令。

(7) 如果希望从翻转对象中提取普通对象，可执行【效果】|【提取翻转对象】命令或单击"因特网"工具条上的 按钮。

温馨提示：

不能关闭正在编辑翻转的绘图，必须先完成编辑。

现场练兵——排列照片

(1) 正常启动 CorelDRAW X4，打开素材/第 11 章/排列照片素材，这是一个第 2 章做过的实例，如图 11.7 所示。下面来练习制作翻转，看看还可以怎么样排列照片。

(2) 选择工具箱中的"挑选工具"，选中三张儿童照片。

(3) 执行【效果】|【翻转】|【创建翻转】命令或单击"因特网"工具条上的 按钮，即把三张儿童照片创建为翻转对象。

(4) 执行【效果】|【翻转】|【编辑翻转】命令或单击"因特网"工具条上的 按钮，对翻转照片进行编辑。

(5) 保持如图 11.7 所示的状态为"因特网"工具条上的 常规 状态。

图 11.7

(6) 单击切换到工具条上的 [显上] 状态，分别选中三张照并调整位置，如图11.8所示。

图11.8

(7) 单击切换到工具条上的 [显下] 状态，分别选中三张照片并旋转、调整大小和位置，如图11.9所示。

图11.9

(8) 编辑完成后，执行【效果】|【翻转】|【完成编辑翻转】命令或单击"因特网"工具条上的 按钮，结束编辑翻转对象。

(9) 下面是预览翻转结果：单击"因特网"工具条上的 按钮或执行【视图】|【启用翻转】命令后，鼠标放在照片外，会呈现如图11.7所示的状态；鼠标划过照片，会呈现如图11.8所示的状态；在照片上按住鼠标左键，会呈现如图11.9所示的状态。

(10) 执行【文件】|【另存为】命令，在"保存绘图"对话框中的 文件名(N): 栏输入"排列照片"，单击 保存 按钮，将此文档保存到适合的位置。

11.5 使用书签和超链接

CorelDRAW 允许用户在 Web 文档中创建书签和超链接。可以将这些书签和超链接应用到翻转、位图和其他对象。

1. 创建书签

(1) 选择页面中的对象，右击选择"属性"命令，如图 11.10 所示。
(2) 在弹出的"对象属性"对话框中，打开"因特网" 选项卡。
(3) 从"功能"下拉列表中选择"书签"，输入书签名称。
(4) 单击"应用"按钮，即创建了书签。

2. 给书签指定超链接

(1) 选择页面中的对象，右击选择"属性"命令，如图 11.11 所示。
(2) 在弹出的"对象属性"对话框中，打开"因特网" 选项卡。
(3) 从"功能"下拉列表中选择 URL。
(4) 输入 URL 地址。
(5) 单击"应用"按钮，即为书签指定了超链接。
同时 URL 下面的选项变成可输入状态，如图 11.12 所示。

图 11.10

图 11.11

图 11.12

目标列表框：选择一个目标框架，指定当单击翻转时将显示哪一帧。
ALT 注释：输入对象描述文字。
定义热点时使用：选择"对象形状"或"对象的边界框"。
设置"交叉阴影"和"背景"热点颜色。

3. 显示超链接对象

(1) 执行【窗口】|【工具栏】|【因特网】命令。

(2) 在"因特网"工具栏上，启用"显示热点" 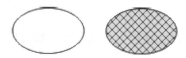 按钮，所有已指定了 URL 的对象都将以交叉阴影和背景热点颜色显示，图 11.13 所示为单击"显示热点"按钮的前后效果。

图 11.13

💡 温馨提示：

① 指向外部 Web 站点的 URL 必须包含 http://前缀；其他支持的协议包括"mailto:"、"ftp:"和"file:"。

② 如果先选择超链接对象，然后再更改交叉阴影和背景热点颜色，则所做的改变只应用于选定对象；如果不选定对象而更改热点颜色，则该绘图以及 CorelDRAW 后续绘图的默认颜色都将改变。

4．验证 Web 文档中的链接

(1) 执行【窗口】|【泊坞窗】|【链接管理器】命令，如图 11.14 所示。
(2) 在列表中，验证所有 URL 链接是否都显示绿色的复选标记。
(3) 单击"刷新整个列表"按钮，验证是否有断开的链接。

💡 温馨提示：

① 如果要在"链接管理器"中验证单个链接，右键单击该链接，然后选择"验证链接"命令。

② 如果要在 Web 浏览器中通过打开 URL 来测试链接，右键单击对象，然后选择"跳转到浏览器中的超链接"命令。

执行【窗口】|【因特网书签管理器】命令，弹出"书签管理器"泊坞窗，可以重命名书签以及从文档对象创建超链接书签对象，如图 11.15 所示。

图 11.14

图 11.15

11.6 发布到 Web

11.6.1 设置发布到 Web 前的准备选项

利用"选项"对话框，可以在将 CorelDRAW X4 文件发布到 Web 前设置 HTML、图像、文本、链接等输出参数。还可以选择 HTML 预览 Web 页面。

1. 更改 HTML 页面布局导出首选项

(1) 执行【工具】|【选项】命令。

(2) 在弹出的"选项"对话框中,双击"文档"|"发布到 Web"选项,如图 11.16 所示。

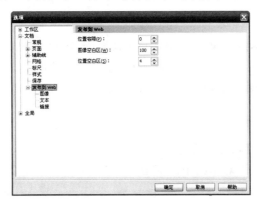

图 11.16

(3) 在下列各框中输入值。

位置容限:指定可自动微调的像素文本的数量,避免引入只有几个像素大小的行或列。

图像空白区:指定在与相邻单元格合并之前空白单元格上能够出现的像素的数量。这样可以避免拆分跨相邻单元格的单个图形。选用 HTML 表布局方法时,将使用单元格或表格来定位 Web 文档中的因特网对象。

位置空白区:指定图像允许的空白区域数量。

2. 更改图像导出首选项

(1) 执行【工具】|【选项】命令。

(2) 在弹出的"选项"对话框中,双击"文档"|"发布到 Web",然后单击"图像"选项,如图 11.17 所示。

图 11.17

(3) 在"导出图像格式"区域中,启用下列图像格式选项之一:JPEG、GIF、PNG。

(4) 设置任意位图选项。

(5) 选中"光滑处理"复选框：应用光滑处理。
(6) 选中"客户机"复选框：创建客户端图像映射。
(7) 选中"服务器"复选框：选择一种格式，创建服务器端图像映射。

☞ 温馨提示：

图像映射是一个超图形，在用浏览器查看 HTML 文档时，此超图形的热点链接到各种不同的 URL，包括页面、位置和图像。注意，较大的图像映射可能会由于因特网连接速度较慢而导致下载速度缓慢。可以通过浏览器的预览功能查看网页对象的下载时间。

3．更改文本导出首选项

(1) 执行【工具】|【选项】命令。
(2) 在弹出的"选项"对话框中，双击"文档"|"发布到 Web"，然后单击"文本"选项，如图 11.18 所示。

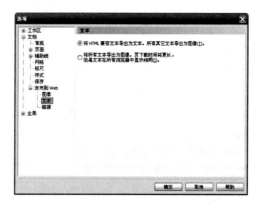

图 11.18

(3) 启用下列选项之一。
将 HTML 兼容文本导出为文本：以文本方式导出 Web 兼容文本。
将所有文本导出为图像：以图像方式导出文本并确保与所有浏览器兼容。

☞ 温馨提示：

由于以图像方式导出所有文本会使文件变大，因此会增加下载时间。

4．更改链接导出首选项

(1) 执行【工具】|【选项】命令。
(2) 在弹出的"选项"对话框中，双击"文档"|"发布到 Web"，然后单击"链接"选项，如图 11.19 所示。
(3) 选中"下划线"复选框。
(4) 选中下列复选框，并为每类链接选择一种颜色："普通链接"、"活动链接"、"可访问的链接"。

第 11 章　应用于 Web

图 11.19

温馨提示：

选项对话框中设置的链接颜色与文件一起导出，从而消除链接颜色与文档页面背景颜色之间的任何冲突。

5．预览 Web 页面

(1) 执行【文件】|【发布到 Web】|【HTML】命令。

(2) 打开"常规"选项卡。

(3) 单击"浏览器预览"按钮，预览结果如图 11.20 所示。

图 11.20

11.6.2　执行发布到 Web

CorelDRAW X4 提供了将文档或选定的内容发布到 FIP 时可以设置的多个选项，如图像格式、HTML 版面、导出范围以及用于上传文件传送协议(FTP)站点参数。具体步骤如下。

(1) 执行【文件】|【发布到 Web】|HTML 命令。

(2) 在"发布到 Web"对话框中设置下列选项卡。

常规：包含 HTML 版面、HTML 文件和图像的文件夹等选项，也可以选择、添加或移除预设，如图 11.21 所示。

细节：包含产生 HTML 文件的细节，并允许更改页面名和文件名，如图 11.22 所示。

图 11.21

图 11.22

图像：列出所有用于当前 HTML 导出的图像。可以将单个对象设为 JEPG、GIF 和 PNG 格式，单击选项可以选择每种图像类型的预设，如图 11.23 所示。

高级：提供生成翻转和层叠样式表的 JavaScript，维护到外部文件的链接，如图 11.24 所示。

图 11.23

图 11.24

总结：根据不同的下载速度显示文件统计信息，如图 11.25 所示。

问题：显示潜在问题的列表，包括解释、建议和提示，如图 11.26 所示。

(3) 设置完毕后，单击"确定"按钮，即可将文档或所选图像发布到 Web。

温馨提示：

CorelDRAW X4 为以 HTML 格式发布的文档指定扩展名.htm。默认的情况下，HTML 文件名与 CorelDRAW(CDR)源文件名相同，并且 HTML 文件保存在用来保存导出的 Web 文档的最后一个文件夹中。

第 11 章 应用于 Web

图 11.25

图 11.26

11.7 本 章 小 结

本章介绍了运用 Web 的知识，主要讲述了网页页面设置、创建与 Web 兼容的文本、优化 Web 位图、创建翻转、使用书签和超链接、发布到 Web 前的准备工作和如何发布到 Web。本章是对 CorelDRAW X4 应用的深入和提高，用户应多在实践中体会并掌握。

11.8 上 机 实 战

参照图 11.27 所示，为自己设计制作个人主页。

操作提示：

(1) 页面布局合理，导入图片适合。
(2) 体现个性。
(3) 尝试制作文字翻转。
(4) 尝试制作超链接。

图 11.27

第 12 章 打印输出

教学目标

- 掌握打印设置
- 会预览打印作业
- 会发布 PDF 文件

教学重点

打印设置

教学难点

预览打印作业

建议学时

- 总学时：2 课时
- 理论学时：1 课时
- 实践学时：1 课时

第 12 章 打印输出

CorelDRAW X4 具有强大的打印输出功能，通过对众多版面、印前和分色选项的设置，可以轻松地管理文件的输出和打印，下面将详细介绍具体的操作步骤和参数设置。

12.1 打 印 设 置

在 CorelDRAW X4 中，所有设计工作完成后，需要对打印机的型号和各种打印事项进行设置，以确保更好的打印作品。打印设置的具体操作方法如下。

(1) 执行【文件】|【打印】命令。

(2) 在弹出的如图 12.1 所示的"打印"对话框中，提供了"常规"、"版面"、"分色"、"预印"、"其他"和"无问题"6 个选项卡。下面分别对每个选项卡中对应的选项进行详细介绍。

图 12.1

12.1.1 常规设置

常规选项卡主要包括"目标"、"打印范围"、"副本"和"打印类型"4 个选项。

(1) 目标：在 名称(N): 下拉列表中选择与本机连接的打印机名称。单击 属性(P)... 按钮，弹出如图 12.2 所示的"Microsoft Office Document Image Writer 属性"对话框，可以根据需要设置"页面大小"和"方向"，设置完毕后单击 确定 按钮，即可返回到"打印"对话框。

图 12.2

(2) 打印范围：包括"当前文档"、"文档"、"当前页"、"选定内容"和"页"5个单选按钮。可以根据需要选择打印的范围。

当前文档(R)：会打印当前文件中所有的页面。

文档(D)：在下面会列出可以打印的文档，用户可以直接选择需要打印的文档。

当前页(U)：只能打印当前页面。

选定内容(S)：只打印页面中选中的图形对象。

页(G)：可以在文本框中直接输入需要打印的页码，也可以在下拉列表中选择打印"奇数页"、"偶数页"、"奇数和偶数页"中的任意一项。

(3) 副本：设置打印的数量、是否进行分页等；

(4) 打印类型：在下拉列表中根据需要选择打印的类型。

⌈⋿ 温馨提示：

单击"另存为"按钮，可将打印参数以文件方式存储。

单击"打印预览"按钮右边的 按钮，可即时预览图形的打印效果。

12.1.2　版面设置

版面选项卡主要包括"图像位置和大小"、"出血限制"和"版面布局"3块选项，如图12.3所示。

图 12.3

(1) 图像位置和大小：包括以下选项。

与文档相同：按照对象在绘图页面中当前的位置进行打印。

调整到页面大小：会自动缩放比例，将绘图尺寸调整到输出设备所能打印的最大范围。

将图像重定位到：可以在右侧的下拉列表中，选择图像在打印页面的位置。

打印平铺页面：以打印的大小为单位将图像分割成若干块后进行打印，还可以在预览窗口中观察平铺的情况。

平铺标记：当图像的尺寸较大，需要将一幅图形平铺到几张打印纸上时，可以有效地避免混淆，提高工作效率。

平铺重叠：用来设置出血边缘的数值。

(2) 出血限制：指图形延展时超出切割标记的距离限制，从而避免在切割时图形边缘露出白边(当图形边缘为片色时，影响较大)。一般设置为 0.125～0.25 英寸就足够了。

(3) 版面布局：在下拉列表中可以选择需要的版面布局。

温馨提示：

单击"编辑"按钮，可进行拼版编辑。

12.1.3 分色设置

分色选项卡可以设置是否分色打印，一般只有在出片打印时才能用得上，在普通打印中不会用到，如图 12.4 所示。

图 12.4

在专业的出版印刷中，在将彩色作品送到彩色输出中心或印刷机构时，用户或者彩色中心必须创建分色片。由于常用的打印机每次只在一张纸上应用一种颜色的油墨，因此分色片是必不可少的。分色片是通过将图像中的各种颜色分离成印刷色或专色来创建的，然后再用每一种颜色的分色片来制作一张胶片，又在每一张胶片上使用一种颜色的油墨，这样才能最终印刷成彩色的图像。

打印分色：下方的分色片列表框被激活，列表框中的 4 种色片的复选框都处于被选中状态，表示每一个分色片都将被分色打印。

六色度图版：在下方的分色片列表框中将显示六色模式下的每个颜色的分色片。

使用高级设置：可以对半色调网屏和彩色陷印值等参数重新设置。

文档叠印：系统默认为"保留"，如果选择该项，可以保留文档中叠印的设置。

始终叠印黑色：可以使任何含 95%以上的黑色与其下的对象叠印在一起。

自动伸展：用来给对象指定与填充颜色相同的轮廓，然后使轮廓叠印在对象的下面。

温馨提示：

如果用户需要启用 PANTONE Hexachrome 印刷色，则应选中"六色度图版"复选框，默认情况下，分色打印时不会打印空色板，为了提高准确度，用户可以选中"打印空分色板"复选框。

12.1.4 预印设置

预印选项卡主要是用来设置印刷标记、在页面内打印文件信息及页码等，如图 12.5 所示。

图 12.5

纸片/胶片设置：设置打印前需要用到的效果。
反显：需要打印负片时的选项。
镜像：需要打印背面效果时的选项。
打印文件信息：设置打印前文件的位置。
打印页码：设置在打印的文件中加上页码。
在页面内的位置：在页面内打印文件的信息。
裁剪/折叠标记：在打印的文件上设置标记。
仅外部：可以在同一张纸上打印出多个面，并可以将其分割成单张。
对象标记：将打印标记置于对象的边框，而不是页面的边框。
注册标记：打印套准标记(G)，则在页面上打印"套准标记"。
颜色调校栏：在打印出来的图像旁边打印出包含 6 种基本颜色的色条，此项主要是用于质量较高的打印输出。
尺度比例：可以在每个分色板上打印出一个不同灰度深浅的条，它允许被称为浓度计的工具来检查其输出内容的精确性、质量程度和一致性。可以在"浓度"下面的列表框中选择颜色的浓度值。

12.1.5 其他设置

其他主要是设置输出的其他杂项，如图 12.6 所示。
应用 ICC 预置文件：在默认情况下，该复选框处于被选中状态，其主要是用来分离预置文件的。
打印作业信息表：在打印时作业信息表也将被打印。
校样选项：可以在校样选项下面选择需要打印的信息的复选框。
渐变步长：当打印到 PostScript 设备时，较小的渐变步长值可导致条带，可通过改变打印作业中渐变填充的步长值来解决。

第 12 章　打印输出

图 12.6

光栅化整页：当打印到非 PostScript 打印设备时，可以将页面转换成位图并提高打印速度。
位图缩减取样：为了减小文件大小，提高打印速度而设。

温馨提示：

在"位图缩减取样"文本框中指定的值是图像的分辨率，当图像的实际分辨率大于该定值时，该值才会生效。

12.1.6　问题设置

问题选项卡主要是用来自动检测绘图页面中存在的打印冲突和打印错误的信息，用户可以根据参考信息修正打印错误，如图 12.7 所示。

图 12.7

12.2　打印预览

在设置打印参数的过程中，可即时预览到打印输出效果，根据预览效果决定是否打印还是继续对不满意的地方进行修改。

执行【文件】|【打印预览】命令，即可弹出如图 12.8 所示的打印预览窗口。

图 12.8

12.2.1 打印预览标准栏

使用打印预览窗口标准栏中的各个按钮，可以快速设置一些打印参数，如图 12.9 所示。

图 12.9

"打印样式另存为"按钮：单击该按钮，即可将当前打印选项保存为新的打印类型。

"删除打印样式"按钮：单击该按钮，即可删除打印的样式。

"打印选项"按钮：单击该按钮，即可弹出"打印"设置对话框。

"打印"按钮：单击该按钮，即可打印该文档。

"满屏"按钮：单击该按钮，可将打印对象满屏显示，此时用户可以更清晰地进行预览。

"启用分色"按钮：单击该按钮，即可将美术作品分成四色进行打印。

"反色"按钮：单击该按钮，即可打印文档的底片效果。

"镜像"按钮：单击该按钮，打印文档的镜像或反片效果。

"关闭打印预览"按钮：单击该按钮，即可关闭打印预览窗口。

"缩放工具"按钮：单击该按钮，在工具栏中就显示缩放操作的各个工具，用户可以根据操作的需要选择相应的工具进行操作，各个缩放工具如图 12.10 所示。

图 12.10

12.2.2 打印预览工具箱

在预览模式下，工具箱中有 4 个可用工具，用户可使用工具按钮完成打印设置，如拼板、拼接等设置。

1. 挑选工具

选择工具箱中的挑选工具，此时属性栏如图 12.11 所示。

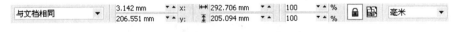

图 12.11

与文档相同：在该下拉列表中可选择打印图像在纸张的位置。
11.034 mm x：在该文本框中输入图像在打印纸上的坐标位置。
292.706 mm：在该文本框中输入图像在打印纸上的大小尺寸。
100 %：在该文本框中输入图像的缩放比例，也用于指定图像在打印纸上的大小尺寸。
：单击该按钮后，会锁定图像的宽和高比例。
：单击该按钮后，启用平铺打印效果。
毫米：在该下拉列表框中选择一种度量单位。

温馨提示：
利用预览模式下的挑选工具还可以直接在预览页面中调整图形的大小和位置。

2. 版面布局工具

选择工具箱中的版面布局工具，此时属性栏如图 12.12 所示。

图 12.12

自定义：在该下拉列表中选择版面布局效果。
：单击该按钮后，可将当前布局版面保存为样式，以便于以后使用。
：单击该按钮后，可将当前使用的布局样式删除。
编辑基本设置：在下拉列表中选择此项后，单击 按钮可预览打印图；在 中，可设置布局的行和列的数量；单击 按钮后，将启用双页打印效果，即打印纸张的正面和背面。
编辑页面位置：在下拉列表中选择此选项后，单击 按钮可自动排序页面，如图 12.13 所示，将 1～9 页全部拼版打印在一张纸上；单击 按钮后，可连续自动排序页面；单击 按钮后，可启用克隆自动排版功能；在 文本框中可设置当前被选择布局块的页面号；在 下拉列表中有 0°和 180°两个选项，用于设置布局页面是否垂直翻转。
编辑装订线和修饰：在下拉列表中选择此项后，单击 按钮可自动设置装订线距离；单击 按钮后，可在 文本框中输入一个数值，用于确定装订线的距离；单击 按钮显示裁剪标记；单击 按钮显示折叠标记。

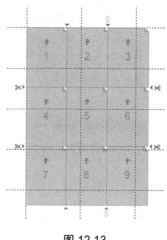

图 12.13

: 在下拉列表中选择此项后, 单击 按钮后, 可在 文本框中分别输入一个数值, 用于设置打印纸张的左边距和上边距; 若单击 按钮, 则自动设置页边距, 使页面图像居中; 若不单击 和 按钮, 则可分别设置上、下、左、右的边距。

3. 标记置放工具

在预览模式的工具箱中选择标记置放工具 , 此时属性栏如图 12.14 所示。

图 12.14

: 当用户未单击该按钮时, 可在 4 个文本框中分别输入 4 个数值, 用于确定标记矩形在页面中的位置; 单击该按钮, 则会自动确定标记图形的位置, 建议单击该按钮。

: 单击该按钮后, 在页面的左下方显示文件的存储位置、文件名、打印日期等信息。

: 单击该按钮后, 在页面中将打印页码编号。

: 单击该按钮后, 在页面中打印裁剪标记, 以使用户将打印后的成品进行精确的裁剪或切割。

: 单击该按钮后, 在页面中将打印套准标记。

: 单击该按钮后, 在页面中将打印颜色校准栏。

: 单击该按钮后, 在页面中将打印密度刻度栏。

: 单击该按钮可进入"打印"选项对话框的"预印"选项卡, 在该选项卡中可设置各种预印效果。

12.3 发布 PDF 文件

PDF 是一种常用的文件格式, 使用 PDF 格式的文件可以存储多页的信息。在 PDF 格式文件中还包括图形和文件的查找和导航功能, 而且 PDF 是 Adobe 公司指定的一种可移置的文档格式。它的适用范围非常广，例如 Windows、 Mocos 、VNX 和 DOS 等操作系统。PDF 文档格式已经成为计算机跨平台传文档、图片等数据的通用格式文件。将 CDR 文件格式转换为 PDF 文件格式的具体操作方法如下。

(1) 打开需要进行转换的文件。

(2) 执行【文件】|【发布至 PDF】命令，弹出"发布至 PDF"对话框，如图 12.15 所示。

图 12.15

保存在(I)：单击右边的 按钮，在弹出的下拉列表中选择保存的路径。

文件名(N)：在右边的文本框中输入保存的文件名。

保存类型(T)：在这里只有 PDF 文件格式。

PDF 预设(P)：单击右边的 按钮，在弹出的下拉列表中选择 PDF 样式。

(3) 设置完毕后，单击"保存"按钮，即可将 CDR 文件格式转换为 PDF 文件格式。

12.4 本 章 小 结

本章主要介绍了图像打印和输出的知识，包括打印设置、打印预览和发布 PDF 文件，用户应重点掌握打印设置的内容。

12.5 上 机 实 战

1. 将自己设计的作品打印出来。
2. 将自己设计的作品导出为 PDF 文件格式。

第四篇 体验设计篇

第13章 实际运用案例

教学目标

- 掌握各种常用工具和命令的综合使用方法、步骤和技巧
- 能独立操作完成本章所有案例
- 掌握每个案例关键性的技术

教学重点

- 熟练掌握各种常用工具和命令的综合使用方法、步骤和技巧
- 掌握每个案例关键性的技术

教学难点

- 学有余力的情况下,能制作出举一反三中的效果
- 学会在实际学习和工作中灵活运用,并进而进行平面设计诸多领域的创意设计

建议学时

- 总学时:30课时
- 理论学时:10课时
- 实践学时:20课时

13.1 文 字 设 计

13.1.1 飞行文字

【案例预览】

案例的效果如图 13.1 所示。

图 13.1

【案例目的】

学会综合使用交互式网状填充工具、文字工具、交互式调和工具和贝塞尔工具，会复制、后移和群组文字，掌握将调和文字沿任一曲线路径调和和将调和文字与曲线打散的技术，制作出一个飞行文字的特效。

【操作步骤】

(1) 新建文件。执行【文件】|【新建】命令，或按 Ctrl+N 键新建一个文件，从属性栏中设置纸张大小为 A4，摆放方式为横向。

(2) 创建背景。双击矩形工具 ，即添加了一个和页面大小一样的矩形。

(3) 单击工具箱中的"交互式填充工具"，选择"网状填充"，如图 13.2 所示，在左上角属性栏的网格大小中分别输入 3、3，这样矩形就被网格分成了 9 个方格，如图 13.3 所示。

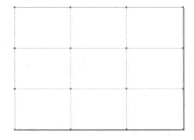

图 13.2   图 13.3

(4) 选中第二行第一列的节点,单击调色板中的黄色填充;再选中第二行第二列的节点,按住 Shift 键加选第二行第三列的节点,单击调色板中的冰蓝色填充;选中第三行第二列的节点,按住 Shift 键加选第三行第三列的节点,单击调色板中的浅黄色填充,这样淡雅的背景就做好了,如图 13.4 所示。

(5) 添加文字。选择工具箱中的文字工具,在属性栏中设置 方正行楷简体 150 pt ,在背景上输入"飞行字"字样,并单击调色板中的蓝色填充,如图 13.5 所示。

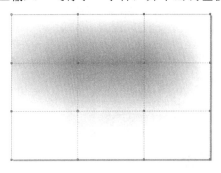

图 13.4　　　　　　　　　　　　　　图 13.5

(6) 复制文字。选中文字,按住鼠标左键向画面右上角拖移鼠标到适合的位置,在不松开左键的情况下单击右键,即可复制文字,将复制的文字缩小并填充白色。

(7) 后移文字。执行【排列】|【顺序】|【向后一层】命令,将白色文字置于蓝色文字后一层,如图 13.6 所示。

(8) 建立调和。选择工具箱中的交互式调和工具,从大文字向小文字拖动,属性栏中设置"步长",单击"逆时针调和"按钮,如图 13.7 所示。

图 13.6　　　　　　　　　　　　　　图 13.7

(9) 绘制曲线路径。单击工具箱中的"手绘工具",选择"贝塞尔",如图 13.8 所示,在调和文字上绘制一条曲线,如图 13.9 所示。

(10) 制作文字沿路径飞行效果。选择工具箱中的交互式调和工具,先在调和文字上单击,然后再单击属性栏的"路径属性"按钮,选择 新路径 ,这时光标变为 ,在曲线段上单击,调和文字立即沿路径飞行了,如图 13.11 所示。

(11) 鼠标在曲线的起点方块或终点方块上拖动,调整调和文字的位置;再单击属性栏中的"对象"和"颜色"加速按钮,弹出如图 13.10 所示的面板,单击按钮,并向右移动一点对象加速滑块，效果如图 13.11 所示。

图 13.8

图 13.9

图 13.10

图 13.11

(12) 删除曲线。选择工具箱中的挑选工具，选中调和文字，单击右键，选择打散路径群组上的 混合(B)　Ctrl+K，再选择曲线，按 Delete 键删除曲线。

(13) 群组文字。选中最大的文字，按住 Shift 键加选最小的和中间段的文字，执行【排列】|【群组】命令，即将调和的文字群组了；选中整个调和文字将其适当变大，这时文字如同从天空中飞来一样，效果如图 13.12 所示。

(14) 保存绘图。执行【文件】|【另存为】命令，在"保存绘图"对话框中 文件名(N)：栏输入"飞行文字"，单击 保存 按钮即可，最终效果如图 13.1 所示。

图 13.12

【案例小结】

本案例综合使用了交互式网状填充工具、文字工具、交互式调和工具和贝塞尔工具，中间还穿插了复制、后移和群组文字，重点学习将调和文字沿任一曲线路径调和和将调和文字与曲线打散的技术，制作出一个飞行文字的特效。需要注意的是曲线形状的调整、交互式调和工具的属性栏各参数的改变和各按钮的使用等将直接影响调和文字的效果，用户可以据此进行多次尝试。

【举一反三】

利用前面所学知识制作如图 13.13 所示的文字效果。

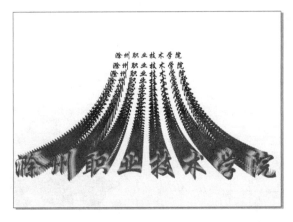

图 13.13

13.1.2 空心文字

【案例预览】

案例的效果如图 13.14 所示。

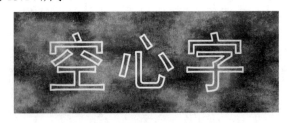

图 13.14

【案例目的】

学会综合使用矩形工具、底纹填充工具、文字工具、轮廓工具、交互式填充工具、挑选工具、【将轮廓转换为对象】和【对齐和分布】命令，掌握将文字轮廓和填充分离的技术，制作出一个空心文字的特效。

【操作步骤】

(1) 新建文件。执行【文件】|【新建】命令，或按 Ctrl+N 键新建一个文件，从属性栏中设置纸张大小为 A4，摆放方式为横向。

(2) 创建背景。选择工具箱中的矩形工具 ▭，在页面中绘制一个矩形，属性栏中设定大小为297mm×110mm，如图13.15所示。

(3) 单击工具箱中的"填充工具"，选择"底纹填充"，如图13.16所示，这时会弹出"底纹填充"对话框，在"底纹库"下拉列表中选择"样本7"，在"底纹列表"中选择"透镜的反射光斑"，其他参数设置如图13.17所示；单击 确定 按钮，背景就制作完成了，如图13.18所示。

图13.15

图13.16

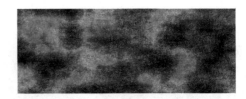

图13.17

图13.18

(4) 添加文字。选择工具箱中的文字工具 字，在属性栏中设置 黑体 200 pt，在背景上输入"空心字"字样，如图13.19所示。

(5) 添加轮廓。单击工具箱中的轮廓工具，选择"轮廓笔"，这时会弹出"轮廓笔"对话框，在"颜色"下拉列表中选择"黄"，在"宽度"下拉列表中选择"2.0mm"，其他参数如图13.20所示。

图13.19

图13.20

(6) 单击 确定 按钮，效果如图 13.21 所示。

(7) 制作空心字。选择文字，执行【排列】|【将轮廓转换为对象】命令，这时文字轮廓和填充就分离了，使用工具箱中的挑选工具，选中填充部分，并从整体中拖移出，如图 13.22 所示，按 Delete 键删除即可，效果如图 13.23 所示。

图 13.21

图 13.22

(8) 改变颜色。选择工具箱中的交互式填充工具，属性栏设置从黄到白的"射线"渐变，鼠标放在黄或白色小方块上拖移可调节渐变效果，如图 13.24 所示。

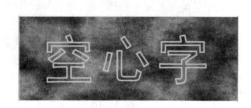
图 13.23

图 13.24

(9) 对齐文字。双击挑选工具，全选文字和背景，执行【排列】|【对齐和分布】命令，弹出"对齐和分布"对话框，选中水平居中对齐和垂直居中对齐复选框，单击 应用 按钮，文字和背景就对齐了。

(10) 保存绘图。执行【文件】|【另存为】命令，在"保存绘图"对话框中 文件名(N)： 栏输入"空心文字"，单击 保存 按钮即可，最终效果如图 13.14 所示。

图 13.25

图 13.26

【案例小结】

本案例综合运用了矩形工具、底纹填充工具、文字工具、轮廓工具、交互式填充工具和挑选工具，使用了【将轮廓转换为对象】和【对齐和分布】命令，重点学习把文字轮廓和填充分离的技术。需要注意的是此命令适用于有轮廓的任一对象，分离后的两个对象都是无轮廓对象，用户可以据此进行多种创意。

【举一反三】

利用前面所学知识制作如图 13.27 所示的文字效果。

图 13.27

13.1.3 冰雪文字

【案例预览】

案例的效果如图 13.28 所示。

图 13.28

【案例目的】

学会综合使用矩形工具、交互式填充工具、文字工具、贝塞尔工具和挑选工具，使用【转换为位图】、【创造性】|【天气】、【湿笔画】和【旋涡】、【排列】|【造形】、【对齐和分布】、【群组】等命令，掌握绘制和编辑封闭图形以及运用位图滤镜模拟冰雪效果的技术，制作一个冰雪文字特效。

【操作步骤】

(1) 新建文件。执行【文件】|【新建】命令，或按 Ctrl+N 键新建一个文件，从属性栏中设置纸张大小为 A4，摆放方式为横向。

(2) 创建背景。选择工具箱中的矩形工具，在页面中绘制一个矩形，属性栏中设定大小为 255mm×100mm，如图 13.29 所示。

(3) 单击工具箱中的"交互式填充工具"，在属性栏中选择"线性"，设置从浅绿色到白色的渐变，如图 13.30 所示。

图 13.29　　　　　　　　　　　　　图 13.30

(4) 选中矩形，执行【位图】|【转换为位图】命令，会弹出"转换为位图"对话框，对话框中的各项参数设置如图 13.31 所示，单击 确定 按钮即可。

(5) 执行【位图】|【创造性】|【天气】命令，为背景添加雪花，在"天气"对话框中的各项参数设置如图 13.32 所示，单击 确定 按钮，效果如图 13.33 所示。

(6) 添加文字。选择工具箱中的文字工具 字 ，在属性栏中设置 方正隶书简体 150 pt ，在背景上输入"冰雪文字"字样，并单击调色板中的蓝色填充，如图 13.34 所示。

图 13.31　　　　　　　　　　　　　图 13.32

图 13.33　　　　　　　　　　　　　图 13.34

(7) 制作冰雪效果。单击工具箱中的"手绘工具"，选择"贝塞尔"，如图 13.35 所示，在文字的上部单击绘制出一个封闭的形状，如图 13.36 所示。

图 13.35　　　　　　　　　　　　　图 13.36

(8) 确保所绘封闭图形处于选取状态，执行【排列】|【造形】|【造形】命令，打开

"造形"泊坞窗，各项参数设置如图 13.37 所示，单击 相交 按钮，光标立即变为 形，单击"冰雪文字"，如图 13.38 所示；再单击调色板中的白色，效果如图 13.39 所示。

（9）执行【位图】|【转换为位图】命令，会弹出"转换为位图"对话框，对话框中的各项参数设置如图 13.31 所示，单击 确定 按钮，效果如图 13.40 所示。

图 13.37

图 13.38

图 13.39

图 13.40

（10）执行【位图】|【扭曲】|【湿笔画】命令，在"湿笔画"对话框中的各项参数设置如图 13.41 所示，单击 确定 按钮，效果如图 13.42 所示。

图 13.41

图 13.42

（11）单击工具箱中的挑选工具 ，选中文字和应用了湿笔画后的图形，执行【排列】|【对齐和分布】|【顶端对齐】命令。

（12）选择工具箱中的挑选工具 ，选中蓝色文字，执行【位图】|【转换为位图】命令，会弹出"转换为位图"对话框，对话框中的各项参数设置如图 13.31 所示，单击 确定 按钮。

（13）执行【位图】|【创造性】|【旋涡】命令，在"旋涡"对话框中的各项参数设置如图 13.43 所示，单击 确定 按钮，效果如图 13.44 所示。

图 13.43

图 13.44

(14) 群组文字。选择工具箱中的挑选工具，选中文字和冰雪效果图形，执行【排列】|【群组】命令，使其群组。

(15) 调整文字大小。选择工具箱中的挑选工具，选中冰雪文字，适当调整其大小。

(16) 对齐文字。双击"挑选工具"，全选文字和背景，执行【排列】|【对齐和分布】|【垂直居中对齐】命令。

(17) 保存绘图。执行【文件】|【另存为】命令，在"保存绘图"对话框中 文件名(N): 栏输入"冰雪文字"，单击 保存 按钮即可，最终效果如图13.45所示。

图 13.45

【案例小结】

本案例综合运用了矩形工具、交互式填充工具、文字工具、贝塞尔工具和挑选工具，使用了【转换为位图】、【创造性】|【天气】、【湿笔画】和【旋涡】、【排列】|【造形】、【对齐和分布】、【群组】等命令，重点学习用贝塞尔工具在文字上绘制封闭图形和运用位图的创造性滤镜制作冰雪效果的技术。需要注意的是：在初见冰雪效果时，如果对使用贝塞尔工具绘制的封闭图形不满意，可以撤销两步，再用形状工具选中节点进行调节或进行增减节点的操作，用户可以据此多试几次，直到绘制出满意的冰雪效果。

【举一反三】

利用前面所学知识制作如图13.46所示的文字效果。

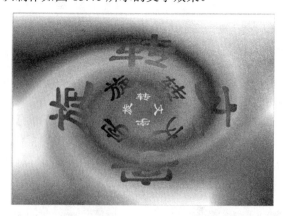

图 13.46

13.1.4 描边文字

【案例预览】

案例的效果如图13.47所示。

第 13 章　实际运用案例

图 13.47

【案例目的】

学会综合运用矩形工具、交互式填充工具、文字工具、轮廓工具、艺术笔工具、交互式调和工具和交互式阴影工具等，会使用"创建播放列表"对话框、【打散艺术笔群组】、【群组】和【取消群组】、【转换为位图】、【虚光】等命令，会水平复制、镜像对象，重点掌握使用"创建播放列表"对话框创建所需要的对象和编辑理想的对象为文字路径描边等技术，制作出一个描边文字的特效。

【操作步骤】

(1) 新建文件。执行【文件】|【新建】命令，或按 Ctrl+N 键新建一个文件，从属性栏中设置纸张大小为 A4，摆放方式为横向。

(2) 创建背景。选择工具箱中的矩形工具 ，在页面中绘制一个矩形，属性栏中设定大小为 297mm×150mm。

(3) 单击工具箱中的"交互式填充工具"，在属性栏中选择 ，设置从到黄色到白色的渐变，如图 13.48 所示。

(4) 添加文字。选择工具箱中的文字工具 ，在属性栏中设置 ，在背景上输入"描边文字"字样，单击调色板中的红色填充。

(5) 添加轮廓。选中文字，单击工具箱中的"轮廓工具"，选择下拉工具中的"2 点"，如图 13.49 所示，为描边文字添加轮廓，效果如图 13.50 所示。

(6) 设置文字轮廓。选中文字，单击工具箱中的"填充工具"，选择下拉工具中的"无"填充，如图 13.51 所示，这时文字中的红色填充没有了，只留下文字轮廓，效果如图 13.52 所示。

图 13.48

图 13.49

图 13.50

图 13.51

图 13.52

（7）添加绿叶。单击工具箱中的"手绘工具"，选择下拉工具中的"艺术笔"工具，如图 13.53 所示，在属性栏中单击"喷灌"模式，在"喷涂"列表中选择绿叶状笔触，其他参数设置如图 13.54 所示。

图 13.53

图 13.54

（8）单击属性栏中的喷涂列表对话框 按钮，打开"创建播放列表"对话框，如图 13.55 所示。

（9）在"创建播放列表"对话框中，单击"清除"按钮，将列表中的全部对象清除，如图 13.56 所示。

图 13.55

图 13.56

(10) 再从"创建播放列表"对话框中左边的"喷涂列表"中选择"图像 4"作为将要进行播放的对象,然后单击"添加"按钮, 确定 即可,如图 13.57 所示。

(11) 保持"艺术笔工具"的选中状态,在背景空白处单击并拖动鼠标,画出一排绿叶形,如图 13.58 所示。

图 13.57　　　　　　　　　　　　　图 13.58

(12) 编辑绿叶。执行【排列】|【打散艺术笔群组】命令,会出现直线路径,用"挑选工具"选中直线路径,按 Delete 键删除即可,如图 13.59 所示。

(13) 选中绿叶形,执行【排列】|【取消群组】命令,选中一片叶子,如图 13.60 所示。

图 13.59　　　　　　　　　　　　　图 13.60

(14) 执行【排列】|【取消群组】命令,选择叶茎,按 Delete 键删除即可,如图 13.61 所示。

(15) 选中三片叶子中最上面的一片叶子,按住 Ctrl 键,光标放在上中控制柄处,如图 13.62 所示,向下拖动鼠标,进行垂直镜像并复制叶子,旋转微调叶子,如图 13.63 所示。

(16) 全选 4 瓣叶子,执行【排列】|【群组】命令,并拖动变小,如图 13.64 所示。

图 13.61　　　　　图 13.62　　　　　图 13.63　　　　　图 13.64

(17) 保持叶子的选中状态,按住鼠标左键向右拖移叶子,为了保持水平复制,拖动过程中按住 Ctrl 键,到一定距离时单击右键复制叶子,如图 13.65 所示。

(18) 选择工具箱中的交互式调和工具 ,从左边叶子向右边叶子拖动,建立调和,在"调和工具"属性栏输入步长为 10,如图 13.66 所示。

图 13.65　　　　　　　　　　　　　图 13.66

(19) 用绿叶描边。单击"调和工具"属性栏的"路径属性"按钮,选择 新路径 ,这时光标变为,在描边文字轮廓上单击,如图 13.67 所示。

(20) 单击"调和工具"属性栏的"杂项调和"选项按钮,选中"沿全路径调和"复选框,如图 13.68 所示,效果如图 13.69 所示。

(21) 在"调和工具"属性栏输入步长为 230,如图 13.70 所示。

图 13.67

图 13.68

图 13.69

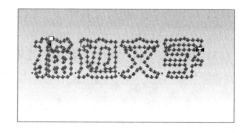

图 13.70

(22) 单击"调和工具"属性栏的"顺时针调和"按钮,效果如图 13.71 所示。

图 13.71

(23) 添加阴影。选中文字,单击工具箱中的"交互式调和工具",选择下拉工具中的"交互式阴影工具",如图 13.72 所示;从文字的上边向文字的垂直下边拉线,为文字添加阴影,"阴影工具"的属性栏参数如图 13.73 所示,效果如图 13.74 所示。

图 13.72

图 13.73

图 13.74

(24) 用"挑选工具"选中文字,执行【排列】|【打散阴影群组】命令,文字和阴影就打散了;选中阴影,按住 Shift 键,按↓键 10 次,使阴影下移。

(25) 柔化阴影。选中阴影,执行【位图】|【转换为位图】命令,执行【位图】|【创造性】|【虚光】命令,弹出"虚光"对话框,各项参数设置如图 13.75 所示,效果如图 13.76 所示。

(26) 选中文字和阴影,执行【排列】|【群组】命令,调整文字的大小,效果如图 13.77 所示。

图 13.75

图 13.76

图 13.77

(27) 保存绘图。执行【文件】|【另存为】命令,在"保存绘图"对话框中文件名(N):栏输入"描边文字",单击 保存 按钮即可,最终效果如图 13.47 所示。

【案例小结】

本案例综合运用了矩形工具、交互式填充工具、文字工具、轮廓工具、艺术笔工具、交互式调和工具和交互式阴影工具等,使用了"创建播放列表"对话框、【打散艺术笔群组】、【群组】和【取消群组】、【转换为位图】、【虚光】等命令,水平复制、镜像对象等知识,重点学习如何使用"创建播放列表"对话框创建所需要的对象和如何编辑理想的对象为文字路径描边等技术。需要注意的是：交互式调和工具和交互式阴影工具属性栏各参数的设置将直接影响描边文字和其阴影的效果，用户可以据此多试几次，直到绘制出满意的描边文字效果。

【举一反三】

利用前面所学知识制作如图 13.78 和图 13.79 所示的文字效果。

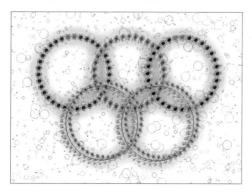

图 13.78   图 13.79

13.2 常见印刷品设计

13.2.1 贺卡设计

【案例预览】

案例的效果如图 13.80 所示。

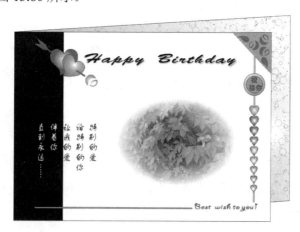

图 13.80

【案例目的】

贺卡是人们表达心意、交流情感的一种方式。本例是一张送给爱人的生日贺卡，因此画面中有玫瑰、红心、枫叶等充满爱意和相思的图案，与黑白背景相映衬，色彩鲜明，既表达出喜庆、温馨浪漫的气息，同时又不失稳重庄严，文字的出现恰当表达了主题，希望通过本例的练习，可以使用户掌握贺卡设计制作的一般方法；学会使用交互式填充工具进行各种渐变填充、修剪和绘制对象等技术；并能举一反三，独立设计制作出更好的贺卡。

【操作步骤】

(1) 新建文件。执行【文件】|【新建】命令，或按 Ctrl+N 键新建一个文件，从属性栏中设置纸张大小为 A4，摆放方式为横向。

(2) 创建贺卡卡面。选择工具箱中的矩形工具，在页面中绘制一个横向的矩形并填充白色，作为贺卡的幅面，再绘制一个竖向的矩形并填充黑色，放在贺卡的左边，如图 13.81 所示。

(3) 选中两个矩形，分别执行【排列】|【对齐和分布】|【左对齐】和【顶端对齐】命令，对齐两个矩形。

(4) 导入图片。执行【文件】|【导入】命令，导入第 13 章素材/贺卡设计素材文件，单击并调整大小，如图 13.82 所示。

图 13.81

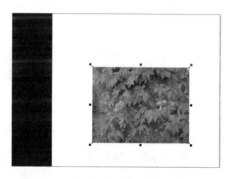

图 13.82

(5) 选中图片，执行【位图】|【创造性】|【虚光】命令，会弹出"虚光"对话框，各项参数设置如图 13.83 所示，效果如图 13.84 所示。

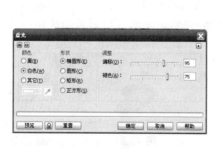

图 13.83

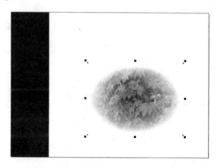

图 13.84

(6) 添加文字。选择工具箱中的文字工具，在属性栏中设置 ○ Brush Script Std 44.76 pt，在贺卡上部输入"Happy Birthday"字样，填充黑色；选择工具箱中的交互式阴影工具，在文字上从左向右拖动，为文字添加阴影，在属性栏中设置阴影羽化方向为 平均，阴影颜色为绿色，如图 13.85 所示。

图 13.85

（7）绘制一箭穿心。选择工具箱中的基本形状工具，单击属性栏的"完美图形"按钮，会弹出如图 13.86 所示的面板，选中"心形"图形，在空白处绘制一个心形，如图 13.87 所示。

图 13.86　　　　　　　　　　　　　　图 13.87

（8）单击工具箱中的"交互式填充工具"，在属性栏中选择 射线，设置从洋红到白色的渐变，如图 13.88 所示。

（9）选中心形，执行【排列】|【转换为曲线】命令，选择工具箱中的形状工具，选中最下面的节点，如图 13.89 所示，再单击属性栏中的"平滑节点"按钮，调节节点上的控制柄，用同样的方法调节其他节点，如图 13.90 所示。

（10）选中心形并复制一个，旋转并调节复制的心形至适合的位置，改变其色，如图 13.91 所示。

（11）选择工具箱中的贝塞尔工具，绘制两段为 2mm 的灰色直线，分别放入两个心形的上面和下面，选择放入下面的直线，在属性栏的起始选择器下拉列表中选择一合适的箭头，如图 13.92 所示。

图 13.88　　　　图 13.89　　　　图 13.90　　　　图 13.91　　　　图 13.92

（12）绘制玫瑰形。绘制两个相交的正圆并全选，如图 13.93 所示；单击属性栏的"修剪"按钮，如图 13.94 所示；删除上面的正圆，如图 13.95 所示；用"贝塞尔工具"在月牙形上面绘制如图 13.96 所示的形；群组两个图形，并填充从洋红到白的射线渐变颜色，如图 13.97 所示；选中玫瑰图形，调节至适合的大小，如图 13.98 所示；放入一箭穿心图形之中，如图 13.99 所示，效果如图 13.100 所示。

第 13 章　实际运用案例

图 13.93　　　图 13.94　　　图 13.95　　　图 13.96　　　图 13.97　　　图 13.98　　　图 13.99

（13）选中玫瑰形，如图 13.101 所示；再复制 3 个，旋转并调整大小，并都填充洋红色，如图 13.102 所示；选择工具箱中的贝塞尔工具 ，绘制玫瑰叶子，如图 13.103 所示；复制叶子，放入适合的位置，如图 13.104 所示；群组玫瑰和叶子，选择工具箱中的贝塞尔工具 ，在其下绘制一三角形并填充马丁绿色，如图 13.105 所示，效果如图 13.106 所示。

图 13.100

图 13.101　　　图 13.102　　　图 13.103　　　图 13.104　　　图 13.105

（14）绘制挂件 1。绘制一正圆，如图 13.107 所示；按＋键，原位复制一个正圆，按住 Shift 键，等比向中心缩小复制的正圆，如图 13.108 所示；全选两个正圆，单击属性栏的"修剪" 按钮，单击小正圆并填充马丁绿色，单击修剪掉的圆环形并填充从黄到秋橘红色的线性渐变，如图 13.109 所示；选择工具箱中的文字工具 ，在属性栏中设置 ，输入文字"祝福你"，填充紫色，如图 13.110 所示。

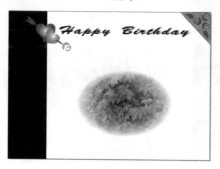

图 13.106

293

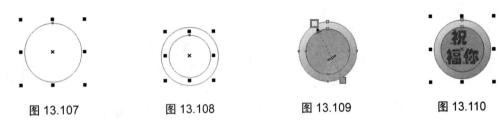

图 13.107　　　　　图 13.108　　　　　图 13.109　　　　　图 13.110

(15) 绘制挂件 2。绘制心形，并填充从洋红到白的方形渐变，如图 13.111 所示；按住 Ctrl 键，向垂直的下方复制心形，缩小并填充从绿到白的方形渐变，如图 13.112 所示。

(16) 选择工具箱中的交互式调和工具，从上边心形向下边心形拖动，建立调和，在"调和工具"属性栏输入步长为 7，如图 13.113 所示；在"调和工具"属性栏上单击"顺时针调和"按钮，效果如图 13.114 所示。

(17) 选择工具箱中的贝塞尔工具，绘制两条直线作为挂件的绳子，分别填充黄色和橘色，放入两挂件的后面，群组挂件 1、2 和两绳子，如图 13.115 所示；将群组的图形放入贺卡右上角绿色三角形的下面适合的位置即可，效果如图 13.116 所示。

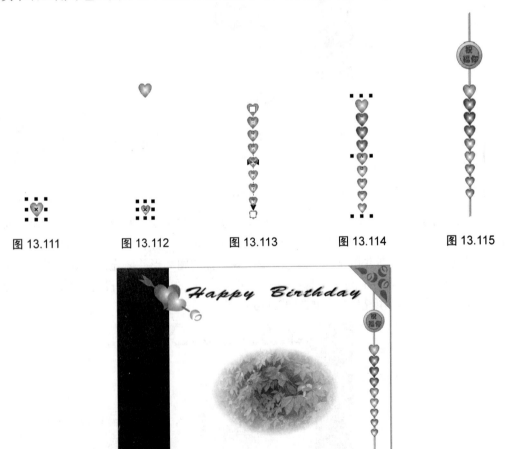

图 13.111　　　图 13.112　　　图 13.113　　　图 13.114　　　图 13.115

图 13.116

(18) 选择工具箱中的矩形工具，绘制一狭长矩形并填充朦胧绿色放入贺卡的下面。

(19) 添加贺词。选择工具箱中的文字工具，在属性栏中设置 方正舒体简体 30pt，在贺卡左下边输入贺词"特别的爱 给特别的你 让我的爱 伴着你 直到永远……"，填充灰色或黑白反转色；保持"文字工具"的选中状态，在"文字工具"属性栏中设置 O Giddyup Std 25.545pt，在贺卡右下方输入"Best wish to you！"字样，填充黑色；选择工具箱中的交互式阴影工具，在文字上从左向右拖动，为文字添加阴影，在属性栏中设置阴影羽化方向为 平均，阴影颜色为洋红色，如图 13.117 所示。

(20) 添加内页。选中白色矩形，按＋键，原位复制一个矩形，执行【排列】|【到页面后面】命令和【排列】|【转换为曲线】命令，矩形就被转换为曲线对象并到了贺卡的后面了；选择工具箱中的形状工具，选中矩形右边的两个节点，向右和上拖拉鼠标拉出贺卡内页；选中内页，单击工具箱中的"交互式填充工具"，属性栏中选择 Postscript 填充 彩泡，效果如图 13.118 所示。

图 13.117

图 13.118

(21) 选中内页矩形，按＋键，原位复制一个矩形，并填充粉色，如图 13.119 所示；选中粉色矩形，单击工具箱中的"交互式调和工具"，选择"交互式透明工具"，如图 13.120 所示，从矩形左下角向右上角拖拉，使粉色透明，露出下一层的彩泡底纹，如图 13.121 所示。

(22) 双击"挑选工具"，选中所有图形，执行【排列】|【群组】命令。

(23) 保存绘图。执行【文件】|【另存为】命令，在"保存绘图"对话框中 文件名(N)：栏输入"贺卡设计"，单击 保存 按钮即可，效果如图 13.122 所示。

图 13.119

图 13.120

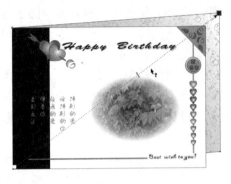
图 13.121

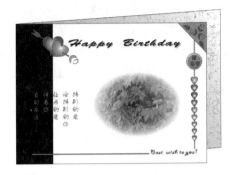
图 13.122

【案例小结】

本案例综合运用了矩形工具、文字工具、交互式填充工具、交互式阴影工具、基本形状工具、交互式调和工具、贝塞尔工具、形状工具、透明工具等，使用【导入】、【虚光】、【转换为曲线】、【对齐与分布】、【群组】等命令，修剪、复制和镜像对象，PostScript 底纹填充对象等知识，重点学习使用交互式填充工具进行各种渐变填充、修剪和绘制对象等技术。需要注意的是：画面色彩的选择和搭配、构图的均衡是贺卡设计的基础。用户可以据此多加尝试，设计制作出自己理想的贺卡。

【举一反三】

利用前面所学知识绘制一张情人节贺卡，如图 13.123 所示。

图 13.123

13.2.2 邮票设计

【案例预览】

案例的效果如图 13.124 所示。

【案例目的】

本例是专为"享有胜誉的天下第一亭——醉翁亭"所设计制作的一枚邮票，希望通过本例的练习，读者可以学会水平和垂直复制、再制对象，修剪对象等技术；掌握邮票设计制作的一般方法，并能举一反三，独立进行邮票的设计和制作。

第 13 章 实际运用案例

图 13.124

【操作步骤】

(1) 新建文件。执行【文件】|【新建】命令，或按 Ctrl+N 键新建一个文件，从属性栏中设置纸张大小为 A4，摆放方式为纵向。

(2) 创建邮票幅面。选择工具箱中的矩形工具，在页面中绘制一个竖向的矩形。

(3) 制作邮票锯齿。选择工具箱中的椭圆形工具，按住 Ctrl＋Shift 键，在矩形左上角绘制一个小的正圆，如图 13.125 所示。

(4) 选中正圆，按住 Ctrl 键的同时，向右拖动鼠标，水平方向复制一个正圆，如图 13.126 所示。

(5) 按 Ctrl＋D 键 14 次再制一排正圆，如图 13.127 所示。

图 13.125

图 13.126

图 13.127

(6) 保持最后一个正圆的选中状态，按住 Ctrl 键的同时，向下拖动鼠标，垂直方向复制一个正圆，如图 13.128 所示。

(7) 按 Ctrl＋D 键 19 次再制垂直方向的一排正圆。

(8) 重复(3)、(4)、(5)、(6)、(7)的步骤，双击挑选工具，全选图形，效果如图 13.129 所示。

(9) 按住 Shift 键单击矩形，即可取消选择矩形，全选所有正圆，单击属性栏的"群组"按钮，群组正圆，如图 13.130 所示。

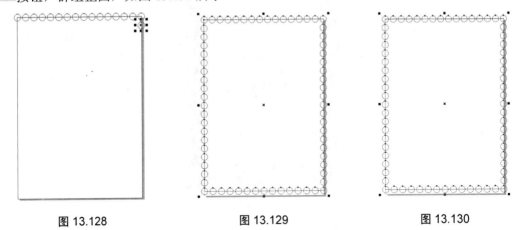

图 13.128　　　　　　图 13.129　　　　　　图 13.130

(10) 保持正圆的选中状态，执行【排列】|【造形】|【造形】命令，打开"造形"对话框，如图 13.131 所示。

(11) 单击"修剪"按钮，光标立即变为 形，单击矩形，锯齿状的邮票幅面出现了，填充白色，如图 13.132 所示。

(12) 执行【文件】|【导入】命令，导入第 13 章素材/邮票设计素材图片，调整大小后放入邮票幅面中，全选两个图形，执行【排列】|【对齐与分布】|【垂直居中对齐】命令，如图 13.133 所示。

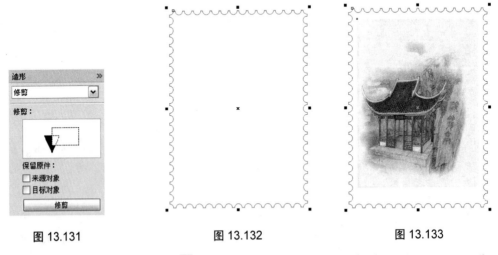

图 13.131　　　　　　图 13.132　　　　　　图 13.133

(13) 选择工具箱中的文字工具，分别输入宋体黑色"中国邮政 CHINA"、"80 分"和隶书黑色"醉翁亭"字样；选择工具箱中的矩形工具，为图片绘制一个矩形轮廓，如图 13.134 所示。

(14) 双击"挑选工具"，全选图形，单击属性栏的"群组"按钮，群组邮票；绘制一大点的矩形并填充黑色作为邮票的衬底；双击"挑选工具"，执行【排列】|【对齐与分布】|

【水平居中对齐】命令,和【排列】|【对齐与分布】|【垂直居中对齐】命令,效果如图 13.135 所示。

图 13.134

图 13.135

(15) 保存绘图。执行【文件】|【另存为】命令,在"保存绘图"对话框中 文件名(N): 栏输入"邮票设计",单击 保存 按钮即可,最终效果如图 13.124 所示。

【案例小结】

本案例综合运用了矩形工具、椭圆工具、文字工具,使用了【造形】、【导入】、【对齐与分布】和【群组】等命令,重点学习如何水平和垂直复制对象、再制对象,修剪对象等技术。需要注意的是:邮票的设计构图要平稳,变化不一定很多,形式和内容要统一,用户可以据此多进行尝试,设计制作出自己满意的作品。

【举一反三】

利用前面所学知识绘制如图 13.136 所示的笔记本。

图 13.136

13.2.3 台历设计

【案例预览】

案例的效果如图 13.137 所示。

图 13.137

【案例目的】

本例是为"滁州职业技术学院"所设计制作的台历，希望通过本例的练习，可以使读者学会圆角矩形和弧线的绘制、再制对象、分布对象、方格的绘制和编辑等技术；掌握台历设计制作的一般方法，并能举一反三，独立进行相关印刷品的设计和制作。

【操作步骤】

（1）新建文件。执行【文件】|【新建】命令，或按 Ctrl+N 键新建一个文件，从属性栏中设置纸张大小为 A4，摆放方式为横向。

（2）创建台历幅面。选择工具箱中的矩形工具，在页面中绘制一个横向的矩形并单击调色板中的薄荷绿色，再右键单击调色板中的⊠按钮去除矩形轮廓，作为台历的月份幅面，如图 13.138 所示。

（3）同样的方法绘制一个横向的、与前一矩形等宽的窄矩形并填充霓虹紫色并去除轮廓，放在月份幅面的下边作为台历的底边，如图 13.139 所示。

图 13.138

图 13.139

（4）选择工具箱中的贝塞尔工具，在两个矩形中间绘制一与上两个矩形等长的直线，属性栏中轮廓宽度改为 2.0mm，右键单击调色板中的 80%的黑色，如图 13.140 所示。

（5）双击"挑选工具"，全选 3 个对象，执行【排列】|【对齐与分布】|【左对齐】命令，对齐 3 个对象。

（6）绘制台历后面和底面。选中最大的矩形，按＋键，原位复制一个矩形，执行【排列】|【顺序】|【到页面后面】命令；再执行【排列】|【转换为曲线】命令；选择工具箱中的形状工具，调节复制矩形的下面两个节点，如图 13.141 所示。

第 13 章 实际运用案例

图 13.140   图 13.141

(7) 保持复制矩形的选中状态，选择工具箱中的交互式填充工具，进行从灰绿到白的线性渐变填充，如图 13.142 所示。

(8) 选择工具箱中的贝塞尔工具，绘制一三角形，选择工具箱中的交互式填充工具，对三角形进行从鳄梨绿到白的线性渐变填充，如图 13.143 所示。

图 13.142   图 13.143

(9) 双击"挑选工具"，全选所有对象，执行【排列】|【锁定对象】命令，锁定上 5 个对象。

(10) 绘制孔洞和环。选择工具箱中的矩形工具，绘制一小矩形，单击调色板中的 ⊠ 按钮，去除填充颜色，在属性栏的矩形的边角圆滑度中输入 80/80 80/80，如图 13.144 所示。

(11) 选择工具箱中的椭圆工具，画一去除填充色的椭圆，属性栏的参数设置如图 13.145 和图 13.146 所示。

图 13.144   图 13.145   图 13.146

(12) 群组圆弧和圆角矩形，如图 13.147 所示；按住 Ctrl 键的同时，按住鼠标左键向右拖动鼠标到适合的位置单击右键，水平复制群组图形，按 Ctrl+D 键 18 次再制图形，如图 13.148 所示。

图 13.147   图 13.148

(13) 绘制星期条。选择工具箱中的矩形工具▭，绘制一边角圆滑度为 60 的圆角矩形并填充深黄色作为星期条；选择工具箱中的交互式阴影工具▭，对此圆角矩形添加阴影，如图 13.149 所示。

(14) 选择工具箱中的基本形状工具▭，单击属性栏的"完美形状"▭按钮，选择如图 13.151 所示的心形，在星期条中绘制一无轮廓的白色心形，如图 13.150 所示。

(15) 保持白色心形的选中状态，按住 Ctrl 键，水平复制 3 个心形放上面，选中连续的 3 个心形，复制放入下面；选中这 7 个白色小心形，执行【排列】|【对齐与分布】|【对齐与分布】命令，打开"对齐与分布"面板，选中如图 13.152 所示的选项，单击"应用"按钮，7 个白色小心形即等距分布了，效果如图 13.153 所示。

图 13.149   图 13.150

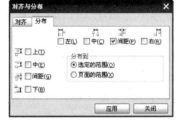

图 13.151   图 13.152   图 13.153

(16) 选择工具箱中的文字工具▭，属性栏▭方正喊珀简体▭ 7.367 pt，分别输入"日、一、二、三、四、五、六"，填充洋红色，如图 13.154 所示。

(17) 输入校训和年月文字。保持"文字工具"的选中状态，属性栏▭方正行楷简体▭ 12.725 pt，输入"修能致用，笃学致远"，填充红色；属性栏 O Arial ▭ 12.963 pt，输入 2009 黄色，属性栏▭方正彩云繁体▭ 12.963 pt，输入"年"黄色；属性栏▭方正喊珀简体▭ 14.735 pt，输入"9月"橘红色；选择工具箱中的交互式阴影工具▭，将上述文字均添加阴影效果，如图 13.155 所示。

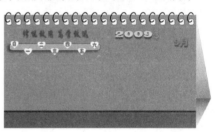

图 13.154   图 13.155

(18) 绘制日历。选择工具箱中的图纸工具 ，属性栏设置 ，在台历的左边绘制一方格，填充冰蓝色，如图 13.156 所示；右键单击调色板中的黄色，表格轮廓即为黄色了，如图 13.157 所示。

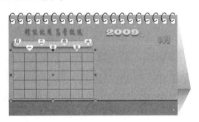

图 13.156

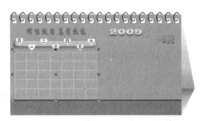

图 13.157

(19) 选择工具箱中的文字工具 ，属性栏 ，在相应的星期中分别输入公历日期，填充黑色，分别选中各横排的公历日期，执行【排列】|【对齐和分布】|【顶端对齐】命令；属性栏 ，在相应的星期中分别输入农历日期，填充黑色，分别选中各横排的农历日期，执行【排列】|【对齐和分布】|【底端对齐】命令；将节假日日期改为洋红色，如图 13.158 所示。

(20) 选中方格，执行【排列】|【取消群组】命令，选中多余的小格子，按 Delete 键即可，如图 13.159 所示。

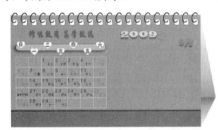

图 13.158

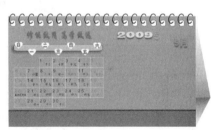

图 13.159

(21) 导入图片。执行【文件】|【导入】命令，导入第 13 章素材/台历设计素材/台历素材 1，将导入的图片等比缩小放入适合的位置，如图 13.160 所示。

(22) 输入信息。同样方法导入"台历素材 2"，放入台历底部，"文字工具"属性栏 ，输入"滁州职业技术学院"；属性栏 ，输入"ChuZhou Vocational Technology College"；属性栏 ，输入"地址：安徽省滁州市丰乐南路 64 号 电话:0550-3065968 邮编:239000"，如图 13.161 所示。

图 13.160

图 13.161

(23) 执行【排列】|【解除锁定全部对象】命令。

(24) 保存绘图。执行【文件】|【另存为】命令，在"保存绘图"对话框中 文件名(N)：栏输入"台历设计"，单击 保存 按钮即可，最终效果如图 13.137 所示。

【案例小结】

本案例综合运用了矩形工具、贝塞尔工具、形状工具、交互式阴影工具、椭圆工具、文字工具等，使用了【导入】、【对齐与分布】、【群组】、【锁定对象】等命令，重点学习圆角矩形和弧线的绘制、再制对象、分布对象、方格的绘制和编辑等技术。需要注意的是：日期输入后需要进行多次对齐操作才可以达到满意的效果；台历设计中年月日是少不了的，用户可据此进行自由创意。

【举一反三】

利用前面所学知识绘制如图 13.162 所示的挂历。

图 13.162

13.2.4 门票设计

【案例预览】

案例的效果如图 13.163 所示。

图 13.163

第 13 章 实际运用案例

【案例目的】

本例是为"琅琊山度假村"所设计制作的门票,希望通过本例的练习,可以使读者学会按一定角度填充对象、导入对象、为对象运用框架效果、裁切对象等技术;掌握门票设计制作的一般方法,并能举一反三,独立进行相关印刷品的设计和制作。

【操作步骤】

(1) 新建文件。执行【文件】|【新建】命令,或按 Ctrl+N 键新建一个文件,从属性栏中设置纸张大小为 A4,摆放方式为横向。

(2) 制作门票幅面。选择工具箱中的"矩形工具",绘制一矩形,右键单击调色板中的天蓝色,添加天蓝色的轮廓,如图 13.164 所示。

图 13.164

(3) 单击工具箱中的填充工具 ,选择 渐变填充,会弹出"渐变填充"对话框,各项参数设置如图 13.165 所示,单击"确定"按钮,如图 13.166 所示。

图 13.165

图 13.166

(4) 选择工具箱中的贝塞尔工具 ,在门票三分之二处绘制一条垂直的直线,选中直线,单击工具箱中的"轮廓工具",会弹出"轮廓笔"对话框,各项参数设置如图 13.168 所示,单击"确定"按钮,如图 13.167 所示。

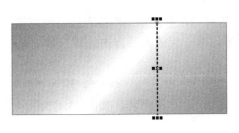

图 13.167

图 13.168

(5) 导入图片。执行【文件】|【导入】命令，导入第 13 章素材/门票设计素材/门票素材 1，等比缩小后放入适合的位置，如图 13.169 所示；执行【位图】|【创造性】|【框架】命令，各项参数设置如图 13.170 所示，单击"确定"按钮，效果如图 13.171 所示。

图 13.169

图 13.170

图 13.171

(6) 选择工具箱中的裁切工具，在图片上拖拉出一个矩形框，如图 13.172 所示；双击鼠标，即可裁切掉多余的白色区域，效果如图 13.173 所示。

图 13.172

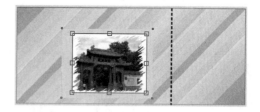

图 13.173

(7) 执行【文件】|【导入】命令，导入门票素材 2，等比缩小后放入适合的位置；执行【文件】|【导入】命令，导入门票素材 3，等比缩小后放入适合的位置，如图 13.174 所示。

(8) 输入文字。选择工具箱中的文字工具，属性栏 黑体 37.709 pt，输入"副卷"，填充蓝色；属性栏 方正隶书简体 24 pt，输入"票价：98 元"；填充黑色，如图 13.175 所示。

图 13.174　　　　　　　　　　　　　图 13.175

(9) 保持文字工具的选中状态，属性栏 [黑体] [24pt]，输入"中国　琅琊山"，填充黑色；属性栏 [宋体] [12.408pt]，输入电话和网址等信息，如图 13.176 所示。

(10) 保持文字工具的选中状态，属性栏 [宋体] [16pt]，输入"国家 AAAA 级旅游区"、"国家重点风景名胜区，国家重点森林公园"；执行【文本】|【插入符号字符】命令，在插入字符面板中找到"￥、*"两字符分别拖入"98 元"前面和"中国　琅琊山"之间，并分别填充红色和天蓝色，如图 13.177 所示。

图 13.176　　　　　　　　　　　　　图 13.177

(11) 保存绘图。执行【文件】|【另存为】命令，在"保存绘图"对话框中 文件名(N): 栏输入"门票设计"，单击 保存 按钮即可，最终效果如图 13.163 所示。

【案例小结】

本案例综合运用了矩形工具、填充工具、贝塞尔工具、轮廓笔工具、裁切工具等，使用了【导入】、【位图】|【创造性】|【框架】等命令和插入字符面板，重点学习如何按一定角度填充对象、导入对象、为对象运用框架效果、裁切对象等技术。需要注意的是：门票的票价是少不了的，其他信息的传达也很重要。用户可以大胆尝试，进行此类印刷品的设计和制作。

【举一反三】

利用前面所学知识绘制如图 13.178 所示的书签。

13.2.5　封面设计

【案例预览】

案例效果如图 13.179 所示。

【案例目的】

本例是为王火的著作所设计的书籍封面，希望通过本例的练习，可以使读者学会绘制和编辑所需要的满意的形状，并掌握艺术笔工具的使用等技术；了解封面设计的形式要素，掌握主体形象的绘制方法，并能举一反三，独立进行其他印刷品封面的设计和制作。

图 13.178

图 13.179

【操作步骤】

(1) 新建文件。执行【文件】|【新建】命令，或按 Ctrl+N 键新建一个文件，从属性栏中设置纸张大小为 A4，摆放方式为横向。

(2) 选择工具箱中的矩形工具▢，绘制一宽度：138mm，高度：202mm 的矩形作为书籍的封面，填充 C:37 M:98 Y:97 K:2 的绛红色，如图 13.180 所示。

(3) 绘制脸形。选择工具箱中的贝塞尔工具▢，绘制一封闭的侧面脸型，填充白色，如图 13.181 所示；选择工具箱中的形状工具▢，调节脸部形状，直至满意为止，如图 13.182 所示。

图 13.180　　　　　　　图 13.181　　　　　　　图 13.182

(4) 绘制眼睛部位形。同样的方法在眼部绘制一眼睛形，调整后填充任意色，选中眼睛形，如图 13.183 所示；执行【排列】|【造形】|【造形】命令，打开"造形"面板，如图 13.184 所示，单击"修剪"按钮，如图 13.185 所示。

(5) 绘制鼻子和嘴部形。同样的方法，在刚修剪掉的区域和鼻子之间绘制一封闭的形，填充浅蓝光紫色，如图 13.186 所示；再绘制嘴唇形，填充浅蓝光紫色，如图 13.187 所示。

图 13.183　　　　　　　　　图 13.184　　　　　　　　　图 13.185

图 13.186　　　　　　　　　　　　图 13.187

(6) 绘制头饰。选择工具箱中的椭圆工具 ，绘制一组大中小 3 个圆作为头饰，大小圆填充白色，中间的圆填充天蓝色，群组这 3 个圆，复制群组图形 2 次，将这三组图形放入适合的位置；同理绘制第 4 组树叶形头饰放入适合的位置，如图 13.188 所示。

(7) 绘制辅助形。选择工具箱中的艺术笔工具，属性栏参数设置，画出一些浮动的图形，填充洋红色、黄色和天蓝色，并去除外轮廓，如图 13.189 所示；群组除背景以外的所有图形。

图 13.188　　　　　　　　　　　　图 13.189

(8) 选择工具箱中的椭圆工具，画一狭长的椭圆，如图 13.190 所示；填充从橘红-黄-橘红的线性渐变，如图 13.191 所示；复制它，旋转缩小后放置成十字交叉形，如图 13.192 所示，执行【位图】|【转换为位图】命令，如图 13.193 所示；复制 6 次，缩小后放置于图中适合的位置，如图 13.194 所示。

(9) 添加文字。选择文字工具，分别输入黑体 24 号的垂直文本"一个京剧女演员的传奇"和黑体 28 号、16 号"的水平文本"东方威尼斯"、"王火"的白色文字，如图 13.195 所示。

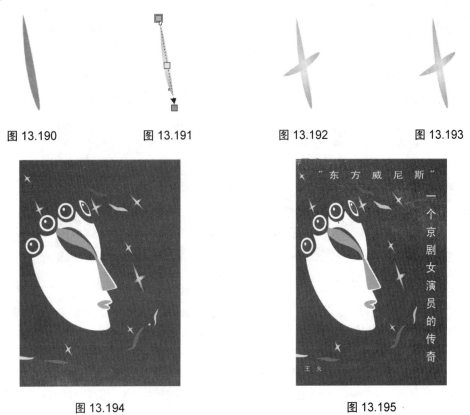

图 13.190　　　图 13.191　　　图 13.192　　　图 13.193

图 13.194　　　　　　　图 13.195

(10) 保存绘图。执行【文件】|【另存为】命令，在"保存绘图"对话框中 文件名(N): 栏输入"封面设计"，单击 保存 按钮即可，最终效果如图 13.179 所示。

【案例小结】

本案例综合运用了矩形工具、贝塞尔工具、形状工具、艺术笔工具、椭圆工具等，使用了【造型】、【位图】|【转换为位图】等命令，重点学习如何绘制和编辑所需要的满意的形状，并掌握艺术笔工具的使用等技术。需要了解的是：封面的形式要素包括文字和图形两大类，封面设计需要突出主题形象。用户可以据此进行多种形象的绘制和编辑，以达到熟练程度。

【举一反三】

利用前面所学知识绘制 CD 封面，如图 13.196 所示。

图 13.196

13.3 装　饰　画

【案例预览】

案例的效果如图 13.197 所示。

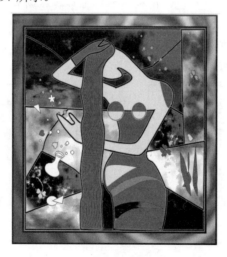

图 13.197

【案例目的】

本例是对装饰画制作的尝试，希望通过本例的练习，用户能够学会如何绘制装饰人物、为背景填充不同的底纹和为轮廓勾金边等技术；掌握装饰画制作的一般方法，并能举一反三，独立进行其他类型装饰画的设计和制作。

【操作步骤】

(1) 新建文件。执行【文件】|【新建】命令，或按 Ctrl+N 键新建一个文件，从属性栏中设置纸张大小为 A4，摆放方式为横向。

(2) 选择工具箱中的矩形工具，绘制一矩形，填充白色，轮廓宽度为 4.0pt 的黑色，如图 13.198 所示。

(3) 为人物造型。选择工具箱中的贝塞尔工具，在矩形适合位置绘制一封闭图形，填充黄色，作为装饰人物的头肩部，如图 13.199 所示。

图 13.198　　　　　　　　　　　图 13.199

(4) 选择工具箱中的形状工具，进一步调节所绘制的形状，直至满意为止，如图 13.200 所示。

(5) 保持贝塞尔工具的选中状态，分别绘制 3 个封闭图形作为人物的身体、左手和右手，并分别填充红色、黄色和黄色，再利用形状工具，调节所绘制的形状，直至满意为止，如图 13.201 和图 13.202 所示。

(6) 选择工具箱中的挑选工具，选中人物的右手，按住鼠标左键向下拖移的同时单击鼠标右键复制图形，如图 13.203 所示。

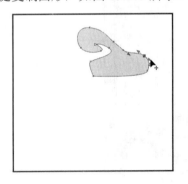
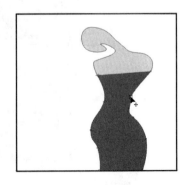

图 13.200　　　　　　　　　　　图 13.201

图 13.202　　　　　　　　　　　图 13.203

(7) 选中头部和左右手，单击属性栏的"焊接"按钮，3 个图形即焊接了，如图 13.204 所示。

(8) 选中复制的右手，单击工具箱中的橡皮擦工具，属性栏，在手的一边单击再拖向另一边单击，这样手被擦成两部份，如图 13.205 所示。

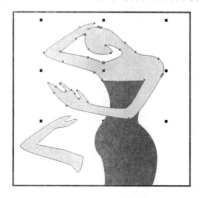

图 13.204　　　　　　　　　　　图 13.205

(9) 选中被擦成两部分的手，执行【排列】|【打散曲线】命令，选中前半部的手并填充红色，把它放置到头顶部，然后删除后半部的手，如图 13.206 所示。

图 13.206

(10) 选择工具箱中的椭圆工具，按住 Ctrl 键绘制一正圆，如图 13.207 所示；按＋键，原位复制一正圆，单击属性栏中的饼形，参数设置如图 13.208 所示，效果如图 13.209 所示；填充红色，如图 13.210 所示。

图 13.207　　　　　图 13.208　　　　　图 13.209　　　　　图 13.210

(11) 群组正圆和半圆，放置于人物右胸部，复制小一点的群组图形并等比例缩小放置于人物右胸部。

(12) 同(3)、(4)步方法，绘制一封闭图形作为人物头发，并填充红色，选择右手的红色部分，执行【排列】|【顺序】|【到页面前面】命令，如图 13.211 所示。

(13) 同样方法绘制绘制 3 个封闭图形，分别填充黄、橘红、弱粉色作为人物裙子上的装饰，再绘制一封闭图形，填充红色放置于人物左肩处，如图 13.212 所示。

图 13.211

图 13.212

(14) 为背景装饰。群组人物各部分，并保证各部分的前后顺序，使人物始终位于背景之上。下面开始制作背景：使用贝塞尔工具绘制如图 13.213 所示的封闭图形，改变轮廓宽度为 4pt，单击填充工具 ，选择 底纹填充... ，在"底纹填充"对话框中选择"样品-晨云"，单击"确定"按钮，如图 13.213 所示。

(15) 同样方法绘制出如图 13.214～图 13.219 所示的封闭图形，分别在"底纹填充"对话框中选择"样品——云翳"、"样品——树胶水彩"、"样品——树胶水彩"、"样品——树胶水彩"、"样品——太阳耀斑 2"，单击"确定"按钮进行填充。

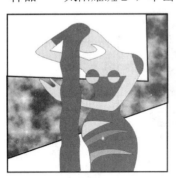
图 13.213

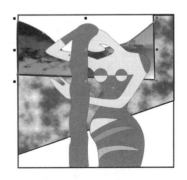
图 13.214

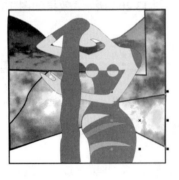
图 13.215

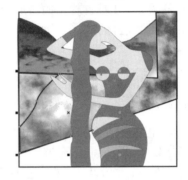
图 13.216

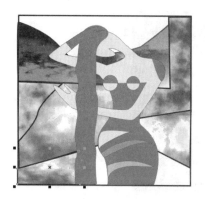
图 13.217

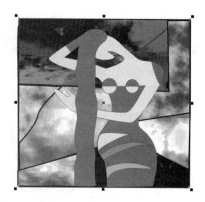
图 13.218

图 13.219

(16) 选中群组的人物图形，执行【编辑】|【复制属性自】命令，勾选如图 13.220 所示的选项，单击"确定"按钮，单击任一块背景图形，人物的轮廓宽度立即被复制为背景的轮廓宽度，如图 13.221 所示。

图 13.220

图 13.221

(17) 选中人物，执行【排列】|【解散群组】命令，选中头发，如图 13.222 所示，执行【排列】|【将轮廓转换为对象】命令，选择工具箱中的轮廓工具，单击"轮廓笔"，会弹出"轮廓笔"对话框，各参数设置如图 13.223 所示，单击"确定"按钮，头发立即就被镶上金边了，如图 13.224 所示。

图 13.222

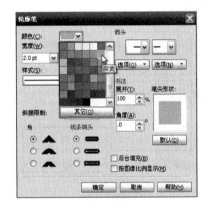

图 13.223

图 13.224

(18) 选中所有需镶金边的图形，执行【排列】|【将轮廓转换为对象】命令，再执行【编辑】|【复制属性自】命令，选中如图 13.225 所示的选项，单击"确定"按钮，再单击如图 13.224 所示的头发的轮廓，图形的轮廓都镶上了金边了，如图 13.226 所示。

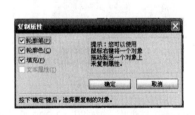

图 13.225

图 13.226

(19) 添加局部装饰。选择工具箱中的贝塞尔工具，在头发内边缘画两条曲线，如图 13.227 所示；选择工具箱中的交互式调和工具，从左向右拖动，属性栏中输入步长

![icon],如图 13.228 和图 13.229 所示。

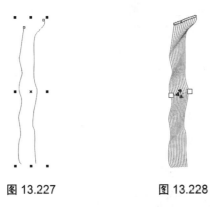

图 13.227　　　　　图 13.228　　　　　图 13.229

(20) 选择工具箱中的贝塞尔工具，任意画些花草、树叶、瓶子等小的封闭图形，填上适合的颜色放置于适合的位置，如图 13.230 和图 13.231 所示。

图 13.230　　　　　　　　　　　图 13.231

(21) 双击挑选工具，全选所有图形并群组，选择工具箱中的矩形工具，画一比装饰画大点的矩形作为画框，放置于页面后面并底纹填充"样本——硬 2 色环"，如图 13.232 所示。

(22) 保存绘图。执行【文件】|【另存为】命令，在"保存绘图"对话框中 文件名(N): 栏输入"装饰画"，单击 保存 按钮即可，最终效果如图 13.233 所示。

图 13.232　　　　　　　　　　　图 13.233

【案例小结】

本案例综合运用了矩形工具、贝塞尔工具、形状工具、橡皮擦工具、椭圆工具、底纹的充工具、轮廓工具、交互式调和工具等，使用了焊接、群组、顺序对象和【编辑】|【复制属性自】、【排列】|【将轮廓转换为对象】等命令，重点学习如何绘制装饰人物、为背景填充不同的底纹和为轮廓勾金边等技术。用户可以据此进行其他类型装饰画的绘制。

【举一反三】

利用前面所学知识绘制动物装饰画，如图 13.234 所示。

图 13.234

13.4　图　案　设　计

【案例预览】

案例的效果如图 13.235 所示。

图 13.235

第 13 章 实际运用案例

【案例目的】

本例是地毯图案的设计制作,希望通过本例的练习,学会按一定角度旋转并再制对象的技术;掌握图案设计制作的一般方法,并能举一反三,提高自己独立进行图案设计和制作的能力。

【操作步骤】

(1) 新建文件。执行【文件】|【新建】命令,或按 Ctrl+N 键新建一个文件,从属性栏中设置纸张大小为 A4,摆放方式为横向。

(2) 制作背景。选择工具箱中的矩形工具,绘制一正方形,填充绿色,如图 13.236 所示,按+键,原位复制一正方形,填充黑色,属性栏输入 45.0,回车,按住 Shift 键,等比缩放,正方形如图 13.237 所示。

图 13.236　　　　　　　　　　　图 13.237

(3) 绘制中间图案。单击工具箱中的基本形状工具,在属性栏中选择心形形状,如图 13.238 所示;画一心形并去外框,填充从白到红的线性渐变,如图 13.239 所示。

(4) 选中挑选工具,双击心形,将中心点向下垂直移动,如图 13.240 所示。

(5) 选中心形,执行【排列】|【变换】|【旋转】命令,输入角度:30,单击"应用到再制"按钮 11 次,如图 13.241 所示。

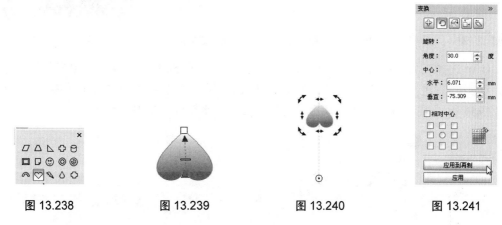

图 13.238　　　　图 13.239　　　　图 13.240　　　　图 13.241

(6) 复制一个心形移动到适合的位置后,群组一圈心形,如图 13.242 所示。

(7) 选中复制的一个心形,填充从深黄到白的射线渐变,如图 13.243 所示;重复步骤(4)和(5),群组所有黄色小心形,如图 13.244 所示。

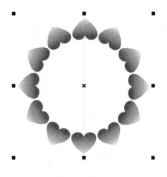

图 13.242　　　　　　　　图 13.243　　　　　　　　图 13.244

(8) 从图 13.238 中选择 形状，绘制一图形并填充从酒绿到白的线性渐变，如图 13.245 所示；重复步骤(4)和(5)，如图 13.246 所示，群组所有绿色图形，如图 13.247 所示。

(9) 执行【文本】|【插入符号字符】命令，打开插入字符面板，双击梅花字符，填充粉蓝，如图 13.248 所示；再绘制一正圆，填充黑色，放于梅花图形中，将群组的红心、绿色图形、黄心图形、梅花和小黑圆图形渐次变换大小后，置于黑色菱形的中心；双击"挑选工具"，选中所有图形，执行【排列】|【水平居中对齐】命令和【排列】|【垂直居中对齐】命令，对齐所有图形了，如图 13.249 所示。

图 13.245　　　图 13.246　　　图 13.247　　　图 13.248　　　图 13.249

(10) 选择工具箱中的贝塞尔工具，绘制一如图 13.250 所示的图形，填充紫色，选择"形状工具"，进一步修改后选中，然后按住 Ctrl 键，在选中的图形右中的控制柄处(如图 13.251 所示)向左拖动，当出现虚像时单击右键水平镜像并复制图形。

图 13.250　　　　　　　　　　　　　　　图 13.251

(11) 群组并选中上两个图形，按住 Ctrl 键，光标放在上中的控制柄处(如图 13.252 所示)向下拖动，当出现虚像时单击右键垂直镜像并复制图形，按↓键 20 次，下移镜像的图形，如图 13.253 所示。

(12) 选中原群组图形,按＋键,原位复制群组图形,属性栏输入 90.0,回车后先按↓键 15 次,然后按←键 15 次,将旋转 90°的图形放到左边了;选中它,按住 Ctrl 键,光标放在左中的控制柄处(如图 13.254 所示)向右拖动,当出现虚像时单击右键水平镜像并复制图形,按→键 20 次,右移镜像的图形,如图 13.255 所示。

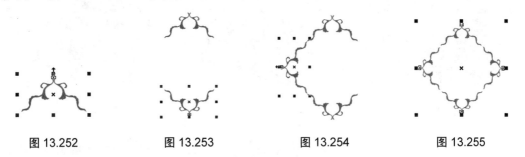

图 13.252　　　　图 13.253　　　　图 13.254　　　　图 13.255

(13) 复制一组紫色图形并填充深黄色,将其移至绿色正方形背景的右上拐角,群组所有紫色图形,将其居中放置于黑色菱形的里面,如图 13.256 所示。

(14) 绘制拐角图案。选中黄色心形群组图形并复制一个,等比缩小后放置于绿色正方形背景的右上拐角适合位置;选中梅花形,复制一个后填充白色,等比缩小后放置于黄色心形中间,群组正方形右上拐角的 3 个图形,按照上面介绍的方法,水平和垂直镜像并复制图形,然后分别放入正方形的左上、左下和右下拐角处的适合位置,如图 13.257 所示。

(15) 绘制中间图案。选中黑色菱形,按＋键,原位复制一个菱形,按 Shift 键,等比例放大;单击调色板中的⊠按钮,去除填充色,在属性栏中输入轮廓宽度 2.0 mm,如图 13.258 所示。

图 13.256　　　　　　图 13.257　　　　　　图 13.258

(16) 复制两个黄色心形图形,旋转后分别放置于菱形轮廓的左边和上边处,如图 13.259 所示;选择工具箱中的交互式调和工具,在两个图形之间拖拉,属性栏中输入步长 20,回车后效果如图 13.260 所示。

(17) 选中调和的图形,按照前面所介绍的方法,进行水平、垂直镜像并复制调和图形,然后删除菱形轮廓,效果如图 13.261 所示。

(18) 群组中间的红心、绿心、黄心和梅花图案,如图 13.262 所示,复制两个并等比缩小后放置于如图 13.263 所示的位置,按照前面所介绍的方法,选择"调和工具"进行编辑,如图 13.264 所示。

图 13.259　　　　　　　图 13.260　　　　　　　图 13.261

图 13.262　　　　　　　图 13.263　　　　　　　图 13.264

(19) 按照前面所介绍的方法，制作如图 13.265 所示的效果。

(20) 复制 4 个梅花图形并填充红色，分别放置于如图 13.266 所示的位置。

图 13.265　　　　　　　　　　　　　图 13.266

(21) 保存绘图。执行【文件】|【另存为】命令，在"保存绘图"对话框中 文件名(N): 栏输入"图案设计"，单击 保存 按钮即可，最终效果如图 13.235 所示。

【案例小结】

本案例综合运用了矩形工具、基本形状工具、贝塞尔工具、交互式调和工具等，使用了镜像对象、【变换】|【旋转】等命令，重点学习按一定角度旋转并再制对象等技术。用

户可以据此进行多种尝试，创作出更多更美的图案。

【举一反三】

利用前面所学知识绘制如图 13.267 所示的图案。

图 13.267

13.5 版面设计

【案例预览】

案例的效果如图 13.268 所示。

图 13.268

【案例目的】

版面设计是平面设计的重要组成部分，希望通过本例的练习，能够学会为文字添加立体化效果、将图片放置在固定的边框中和位图的滤镜处理效果等技术；掌握版面设计制作的一般方法，并能举一反三，提高自己独立进行版面设计和制作的能力。

【操作步骤】

(1) 新建文件。执行【文件】|【新建】命令，或按 Ctrl+N 键新建一个文件，从属性栏中设置纸张大小为 A4，摆放方式为纵向。

(2) 制作 Spring 文字。选择工具箱中的文字工具，输入黑体 s，填充酒绿色，如图 13.269 所示。

(3) 选择工具箱中的轮廓工具，打开"轮廓笔"对话框，在对话框中设置颜色为黑色，宽度为 2mm，单击"确定"按钮，如图 13.270 所示。

(4) 选择工具箱中的交互式填充工具，设置从酒绿到黄的线性渐变，如图 13.271 所示；选中文字，执行【排列】|【将轮廓转换为对象】命令，轮廓与填充部分随即分离了，选中轮廓，添加从绿-黄-绿的射线渐变，如图 13.272 所示。

图 13.269　　　　图 13.270　　　　图 13.271　　　　图 13.272

(5) 群组轮廓和填充，选择工具箱中的交互式立体化工具，为文字添加立体效果，属性栏如图 13.273 所示；颜色面板中添加从深绿到草绿的递减色，如图 13.274 所示；效果如图 13.275 所示。

(6) 同样的方法输入分别黑体字母 p、r、i、n、g，制作立体化的 Spring 文字，如图 13.276～图 13.280 所示，效果如图 13.281 所示。

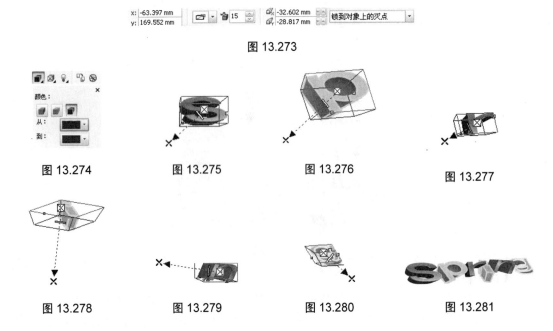

图 13.273

图 13.274　　图 13.275　　图 13.276　　图 13.277

图 13.278　　图 13.279　　图 13.280　　图 13.281

(7) 选择工具箱中的艺术笔工具，在属性栏中单击喷罐模式，拖拉出如图 13.282 所示的叶子图形；执行【排列】|【打散艺术笔群组】命令，如图 13.283 所示；删除路径线，执行【排列】|【取消群组】命令，删除部分叶子，如图 13.284 所示；将叶子填充绿、黄和深黄色，如图 13.285 所示；复制多个放入 Spring 文字周围，如图 13.287 所示；选择椭圆工具，画出几个正圆图形，并填充不同的渐变绿色，如图 13.286 所示；将以上的图形复制多个，进行组合放入 Spring 文字周围，如图 13.288 所示。

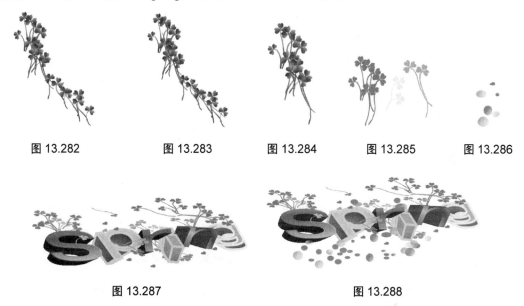

图 13.282　　　　图 13.283　　　　图 13.284　　　　图 13.285　　　　图 13.286

图 13.287　　　　　　　　　　　图 13.288

(8) 选择工具箱中的贝塞尔工具，画一如图 13.289 所示的曲线，复制一个并旋转一定角度，放置到合适的位置，如图 13.290(a)所示。

(9) 选择工具箱中的交互式调和工具，对两条曲线添加调和效果，如图 13.289(b)所示；选中调和后的图形，右键单击调色板中的月光绿色，如图 13.289(c)所示。

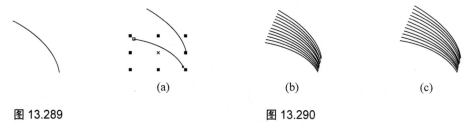

图 13.289　　　　　　　　　　图 13.290

(10) 同样的方法制作如图 13.291 所示的调和曲线，并复制一个，将这三组曲线放置到版面适合的位置即可。

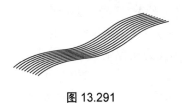

图 13.291

(11) 执行【文件】|【导入】命令，导入第 13 章素材/版面设计素材/燕子 1 图片和燕子 2 图片，分别放入适合的位置，双击"挑选工具"选中所有对象并群组，如图 13.292 所示。

(12) 选择工具箱中的矩形工具，绘制一宽为 166mm，高为 220mm 的矩形，填充白色，把它置于已有图形的后面，效果如图 13.292 所示。

(13) 绘制一宽为 166mm，高为 35mm 的矩形，填充从酒绿到绿的线性渐变，如图 13.293 所示；选中矩形，执行【位图】|【转换为位图】命令，单击"确定"按钮。

图 13.292

图 13.293

(14) 执行【位图】|【杂点】|【添加杂点】命令，如图 13.294 所示，单击"确定"按钮。

图 13.294

(15) 执行【位图】|【扭曲】|【旋涡】命令，如图 13.295 所示，单击"确定"按钮。

(16) 将小矩形放入大矩形的下面，选中两个矩形，执行【排列】|【对齐和分布】|【左对齐】和【排列】|【对齐和分布】|【底端对齐】命令，如图 13.296 所示。

(17) 绘制一矩形，边角圆滑度均为 10，去除填充色，轮廓宽度为 1.0mm，轮廓色为青色，如图 13.297 所示；执行【文件】|【导入】命令，导入第 13 章素材/版面设计素材/姜昕图片，并进行适当的裁切和缩放，使之平铺圆角矩形，执行【效果】|【图框精确裁切】|【放置在容器中】命令，当光标变为粗黑箭头时，单击圆角矩形的轮廓，效果如图 13.298 所示；同样的方法制作另 5 个对象，如图 13.299 所示。

(18) 再绘制一矩形，边角圆滑度均为 17，去除轮廓，填充黄绿色，复制 5 个，调整大小后分别放入人物图片后面的不同位置，如图 13.300 所示。

图 13.295　　　　　　　　　　　　图 13.296

图 13.297　　　　　　　　　　　　图 13.298

图 13.299　　　　　　　　　　　　图 13.300

（19）选择工具箱中的文字工具，选择适合的字体，分别输入相应的文字即可，如图 13.301、图 13.302 所示。

图 13.301

图 13.302

(20) 保存绘图。执行【文件】|【另存为】命令，在"保存绘图"对话框中 文件名(N)：栏输入"版面设计"，单击 按钮即可，最终效果如图 13.268 所示。

【案例小结】

本案例综合运用了文字工具、轮廓工具、交互式立体化工具、交互式填充工具、贝塞尔工具、交互式调和工具、艺术笔工具等，使用了【打散艺术笔群组】、【添加杂点】、【旋涡】、【转换为位图】、【效果】|【图框精确裁切】|【放置在容器中】等命令，重点学习为文字添加立体化效果、将图片放置在固定的边框中和位图的滤镜处理效果等技术。需要了解的是：版面设计的构成要素是文字、图形和色彩，最基本的原则是形式和内容的统一，整个版面色调要协调。用户可以据此进行多种版面编排的尝试。

【举一反三】

利用前面所学知识绘制如图 13.303 所示的版面。

图 13.303

13.6 广告设计

【案例预览】

案例的效果如图 13.304 所示。

图 13.304

【案例目的】

广告是商家进行宣传的一个重要方式，本例是为中国移动公司设计制作的广告，希望通过本例的练习，用户能够学会绘制弧形和按一定角度旋转并复制群组的对象等技术；了解广告的构成要素，掌握广告设计制作的一般方法，提高自己独立进行广告设计和制作的能力。

【操作步骤】

(1) 新建文件。执行【文件】|【新建】命令，或按 Ctrl+N 键新建一个文件，从属性栏中设置纸张大小为 A4，摆放方式为横向。

(2) 绘制背景。选择工具箱中的矩形工具，在页面中绘制一长方形。

(3) 选择工具箱中的交互式填充工具，对长方形填充从 70%的黑到 30%的黑再到 70%的黑的线性渐变(双击虚线中间处可增加一个色块；选中色块后，可直接在调色板中单击颜色来改变渐变的颜色)，效果如图 13.305 所示。

(4) 选择工具箱中的贝塞尔工具，从上到下绘制 4 个条状的四边形，分别填充 40%、50%、40%、50%的黑，如图 13.306 所示。

(5) 执行【文件】|【导入】命令，导入第 13 章素材/广告设计素材/广告素材 1 和广告素材 2，分别等比例缩小、旋转后放入适合的位置，如图 13.307 所示。

(6) 添加边框。选择工具箱中的椭圆工具，在沙漠图片的左上边缘处绘制一小椭圆，如图 13.308 所示，属性栏设置，右键单击调色板中的白色，如图 13.309 所示。

图 13.305　　　　　　　　　　　　图 13.306

图 13.307

图 13.308　　　　　　　　　　　　图 13.309

（7）选择工具箱中的轮廓工具，打开"轮廓笔"对话框，各项设置如图 13.310 所示，单击"确定"按钮，效果如图 13.311 所示。

图 13.310　　　　　　　　　　　　图 13.311

(8) 保持弧形的选中状态，按住鼠标左键向右拖移弧形到适合位置单击右键复制弧形，重复复制 15 次，如图 13.312 所示。

图 13.312

(9) 群组所有弧形并复制一个，单击复制的群组弧形使成旋转状态，顺时针旋转 180°后放至沙漠图片下边缘适合的位置，如图 13.313 所示。

(10) 双击群组的弧形，使成旋转状态，逆时针旋转一定角度后放至沙漠图片左边缘适合的位置，执行【排列】|【取消群组】命令，选中多余的 5 个弧形，删除即可，如图 13.314 所示。

图 13.313　　　　　　　　　　　　图 13.314

(11) 同样方法群组所有左边缘的弧形并复制一个，顺时针旋转 180°后放至右边缘适合的位置，如图 13.315 所示。

(12) 选择工具箱中的贝塞尔工具，在沙漠中上部绘制一竖向的白色短线，复制 4 次后渐次排列，如图 13.316 所示。

图 13.315　　　　　　　　　　　　图 13.316

(13) 执行【文件】|【导入】命令，导入第 13 章素材/广告素材/广告素材 3，放入背景的左上部。

(14) 选择工具箱中的文字工具，在属性栏选择适合大小的文字和字体输入相应的广告语；再次使用贝塞尔工具，在适合的位置画出横向的白色线条，如图13.317所示。

图 13.317

(15) 保存绘图。执行【文件】|【另存为】命令，在"保存绘图"对话框中 文件名(N): 栏输入"广告设计"，单击 保存 按钮即可，最终效果如图13.304所示。

【案例小结】

本案例综合运用了矩形工具、交互式填充工具、贝塞尔工具、椭圆工具、轮廓工具等，使用了【导入】和【群组】等命令，重点学习绘制弧形和按一定角度旋转并复制群组的对象等技术。需要了解的是：广告设计的构成要素主要有图形、标志、文字、色彩，空白和边框，此例即是通过无彩色来衬托有信号的彩色沙漠地带来达到宣传目的。用户可以据此进行多样的广告设计和制作的训练。

【举一反三】

利用前面所学知识绘制房地产广告，如图13.318所示。

图 13.318

13.7 产品设计

【案例预览】

案例的效果如图 13.319 所示。

图 13.319

【案例目的】

本软件在产品设计和制作方面也具有强大的功能。本例设计的是一款男用手机,希望通过本例的练习,用户能够学会绘制弧线和按一定角度旋转并复制群组的对象的技术;掌握产品设计制作的方法和技巧,提高自己独立进行产品设计和制作的能力。

【操作步骤】

(1) 新建文件。执行【文件】|【新建】命令,或按 Ctrl+N 键新建一个文件,从属性栏中设置纸张大小为 A4,摆放方式为纵向。

(2) 绘制手机外形。选择工具箱中的矩形工具 ▭ ,在页面中绘制一矩形,并填充黑色,如图 13.321 所示;属性栏中对象大小和 4 个角的圆滑度如图 13.320 所示,按回车键,效果如图 13.322 所示。

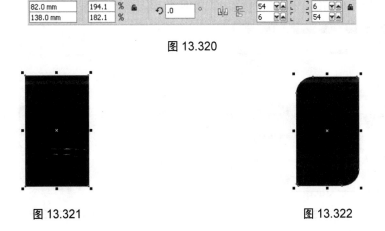

图 13.320

图 13.321　　　　　　　　　　　　图 13.322

(3) 按+键，原位复制一个对象，按住 Shift 键，将复制的对象等比缩小一点；选择工具箱中的填充工具，打开"均匀填充"对话框，设定 CMYK 的值分别为 40、40、0、0，如图 13.323 所示，单击"确定"按钮，效果如图 13.324 所示。

图 13.323

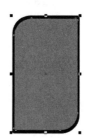
图 13.324

(4) 选择工具箱中的交互式调和工具，从左上角向右边拖曳，属性栏步数 20，右键单击调色板上的按钮，去除轮廓，效果如图 13.325 所示。

(5) 选择工具箱中的挑选工具，选中最上面的对象，按+键，原位复制一个对象，鼠标放在右中控制点上向左拖曳，将对象缩小一点，如图 13.326 所示。

图 13.325

图 13.326

(6) 选择工具箱中的填充工具，打开"渐变填充"对话框，设定从黑到白的线性渐变，如图 13.327 所示，单击"确定"按钮，效果如图 13.328 所示。

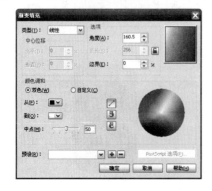
图 13.327

图 13.328

(7) 选择工具箱中的贝塞尔工具，在手机形的上部绘制一多边形，如图 13.329 所示；再选择工具箱中的形状工具，将多边形调成如图 13.330 所示的形状；选择工具箱中的填充工具，打开"渐变填充"对话框，如图 13.331 所示，设定从灰到白的线性渐变，单击"确定"按钮。

图 13.329

图 13.330

图 13.331

(8) 绘制手机屏幕。选择工具箱中的"矩形工具"，绘制一矩形，设置属性栏的边角圆滑度为，如图 13.333 所示。

(9) 选择工具箱中的交互式轮廓图工具，按住圆角矩形轮廓向外拖曳鼠标，属性栏设置如图 13.332 所示，效果如图 13.334 所示。

图 13.332

图 13.333

图 13.334

(10) 执行【文件】|【导入】命令,导入第 13 章素材/手机素材/风景图片,如图 13.335 所示,将图片缩小后平铺在圆角矩形上。

(11) 执行【效果】|【图框精确裁切】|【放置在容器中】命令,当光标变为如图 13.336 所示的粗黑箭头时,单击圆角矩形轮廓,效果如图 13.337 所示。

图 13.335　　　　　　　　图 13.336　　　　　　　　图 13.337

(12) 绘制手机按键。选择工具箱中的椭圆工具,绘制一椭圆;选择工具箱中的交互式填充工具,属性栏设置从灰到白的方角渐变填充,如图 13.338 所示。

(13) 复制 8 个椭圆放入适合的位置,选中先绘制的一个椭圆,旋转一定角度后放入适合的位置作为左上角的按键,再通过镜像的方法复制另 3 个倾斜的椭圆,等距离排列并对齐这 12 个按键,如图 13.339 所示。

(14) 选择工具箱中的椭圆工具,按住 Ctrl 键在屏幕的下方绘制一正圆;选择工具箱中的交互式填充工具,属性栏设置从黑到白的射线渐变填充,如图 13.340 所示;按＋键,原位复制正圆,按住 Shift 键,等比缩小正圆并逆时针旋转一定角度,如图 13.341 所示。

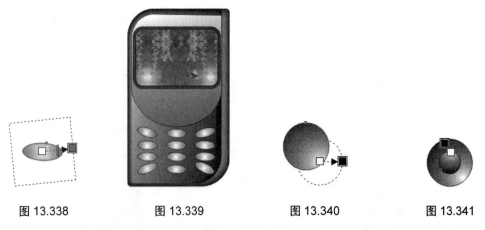

图 13.338　　　　　图 13.339　　　　　图 13.340　　　　　图 13.341

(15) 选择工具箱中的多边形工具,属性栏设置,在小正圆的上方绘制一三角形;选择工具箱中的交互式轮廓图工具,按住三角形轮廓向内拖动,属性栏设置如图 13.342

所示，右键单击调色板中的蓝色，如图 13.344 所示。

(16) 原位复制三角形，并向垂直下方移动一点，如图 13.345 所示；选中这两个小三角形，复制一个并旋转 90°放置于小正圆的左边，再复制一个并旋转-90°放置于小正圆的右边，最后复制一个并旋转 180°放置于小正圆的下边，如图 13.346 所示。

(17) 选择工具箱中的贝塞尔工具，在正圆左边绘制如图 13.347 所示的图形；选择工具箱中的交互式轮廓图工具，按住图形轮廓向内拖动，属性栏设置如图 13.343 所示，轮廓色和填充色均为灰色，效果如图 13.348 所示，水平镜像并复制此图形放入正圆右边，效果如图 13.349 所示。

图 13.342

图 13.343

图 13.344　　图 13.345　　图 13.346　　图 13.347　　图 13.348　　图 13.349

(18) 选择工具箱中的文字工具，在按键上输入适合的数字和字母，如图 13.350 所示。

(19) 执行【文本】|【插入符号字符】命令 3 次，打开"插入字符"面板，如图 13.351、图 13.352、图 13.353 所示，分别找到想要的字符，拖入到页面并缩小，填充适合的颜色放入适合的位置即可，如图 13.354 所示。

图 13.350　　　　　　　图 13.351　　　　　　　图 13.352

图 13.353　　　　　　　　　　　图 13.354

（20）绘制手机扬声器。选择工具箱中的椭圆工具，在手机上中部绘制一椭圆，再选择工具箱中的交互式填充工具，为椭圆填充从黑到白的线性渐变，并去除轮廓，如图 13.355 所示。

（21）选择工具箱中的图纸工具，属性栏设置，在椭圆上绘制一网格，如图 13.356 所示。

图 13.355　　　　　　　　　　　图 13.356

（22）全选这两个对象，按 Ctrl+G 键群组并复制一个，按住 Shift 键等比缩小复制的对象后，移至手机下部，如图 13.357 所示。

（23）在手机上绘制图形和输入文字，如图 13.358 所示；复制所绘图形和文字并按←键向左移动一点，为了衬托上面的对象，将下面的图形和文字填充白色，如图 13.359 所示。

（24）选择工具箱中的矩形工具，在手机右边绘制一竖向矩形，属性栏圆角度为；选择工具箱中的填充工具，打开"均匀填充"对话框，设定 CMYK 的值分别为 40、40、0、0，为圆角矩形填充颜色，如图 13.360 所示。

图 13.357　　　　　　　　　　　图 13.358

第 13 章　实际运用案例

图 13.359

图 13.360

(25) 选择工具箱中的交互式轮廓图工具，按住圆角矩形轮廓向内拖动，属性栏设置如图 13.361 所示，效果如图 13.362 所示。

(26) 选择工具箱中的矩形工具，在圆角矩形上部绘制一填充 80%黑的横向小矩形，如图 13.363 所示；按住 Ctrl 键的同时向下拖动矩形，在不松开左键的情况下单击右键，垂直复制一个矩形，按 Ctrl+D 键 20 次再制矩形，如图 13.364、图 13.365 所示。

图 13.361

图 13.362

图 13.363

图 13.364

图 13.365

(27) 保存绘图。执行【文件】|【另存为】命令，在"保存绘图"对话框中 文件名(N): 栏输入"产品设计"，单击 保存 按钮即可，最终效果如图 13.319 所示。

【案例小结】

本案例综合运用了矩形工具、填充工具、交互式调和工具、交互式轮廓图工具、贝塞尔工具、形状工具、椭圆工具、多边形工具、文字工具、图纸工具等，使用了【导入】和【效果】|【图框精确裁切】|【放置在容器中】等命令，重点学习使用交互式轮廓图工具制作发光按钮和在符号字符中添加所需要的图标等技术。用户可以据此进行多种产品设计和

制作的训练。

【举一反三】

利用前面所学知识绘制 MP3，如图 13.366 所示。

图 13.366

13.8 包装设计

【案例预览】

案例的效果如图 13.367 所示。

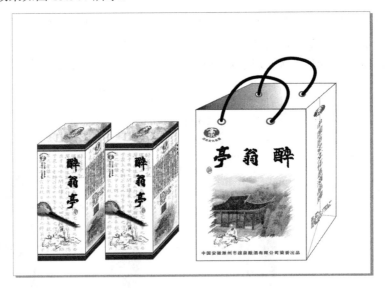

图 13.367

【案例目的】

本例是为醉翁亭酒设计的外包装和手提袋，希望通过本例的练习，用户能够学会制作路径文字、添加和删除辅助线、制作立体的包装盒、倾斜对象、插入和编辑条形码等技术；掌握包装设计和制作的方法和技巧，提高自己独立进行包装设计和制作的能力。

【操作步骤】

(1) 新建文件。执行【文件】|【新建】命令，或按 Ctrl+N 键新建一个文件，从属性栏中设置纸张大小为 A1，摆放方式为横向。

(2) 绘制酒包装盒正、侧面。选择工具箱中的矩形工具，在页面中绘制一矩形作为酒包装盒的正面，属性栏设置 110.0 mm / 260.0 mm，填充白色；按住 Ctrl 键水平向右复制一个矩形作为酒包装盒的侧面，如图 13.368 所示。

(3) 添加文字和图片。执行【文件】|【导入】命令两次，导入第 13 章素材/包装设计素材/醉翁亭记 1 和醉翁亭记 4，调整大小后分别放入包装盒正面和侧面适合的位置，如图 13.369 所示；分别选中两个文字，执行【效果】|【调整】|【亮度/对比度/强度】命令，如图 13.370 所示，效果如图 13.371 所示。

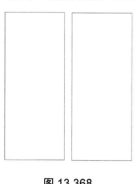

图 13.368

图 13.369

图 13.370

图 13.371

(4) 执行【文件】|【导入】命令 5 次，分别导入第 13 章素材/包装设计素材/醉、翁、亭书法字、商标和人物图，分别调整大小后放入包装盒正面合适的位置，复制商标并等比例放大，把它放入包装盒侧面的上部，如图 13.372 所示。

图 13.372

(5) 处理图片。再次执行【文件】|【导入】命令两次，导入第 13 章素材/包装设计素材/笔砚和醉翁亭图，如图 13.373、图 13.374 所示；选择工具箱中的裁剪工具，对笔砚进行裁剪，如图 13.375 所示；选择工具箱中的交互式透明工具，对醉翁亭图进行透明处理，如图 13.376 所示；将处理后的笔砚和醉翁亭图分别放入包装盒正面和侧面适合的位置，如图 13.377 所示。

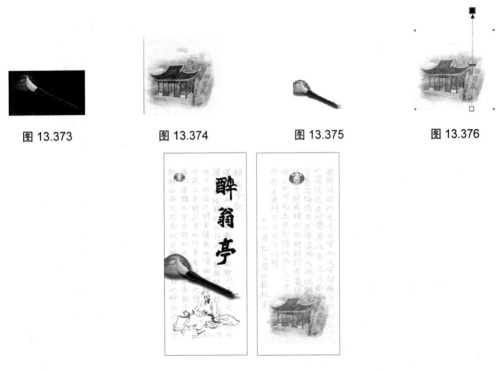

图 13.373　　　图 13.374　　　图 13.375　　　图 13.376

图 13.377

(6) 选择工具箱中的椭圆工具，绘制一轮廓色为红色，无填充的椭圆，如图 13.378 所示；选择工具箱中的文字工具，在椭圆中输入篆体字"酒"，如图 13.379 所示；群组椭圆和文字，把它放入包装盒正面适合的位置。

(7) 选择工具箱中的椭圆工具，在正面商标的上部绘制一个和商标等大的椭圆轮廓，选择工具箱中的文字工具，输入黑色的黑体字"历史文化名酒"，如图 13.380 所示。

(8) 绘制路径文字。选中文字，执行【文本】|【使文本适合路径】命令，当出现+形光标时，单击椭圆上中轮廓处，如图 13.381 所示，效果如图 13.382 所示；选中椭圆和文字，执行【排列】|【打散在一路径上的文本】命令，选中椭圆删除即可，下移文字于商标上部，如图 13.383 所示；群组这两个对象，把它放于包装盒正面左上部。

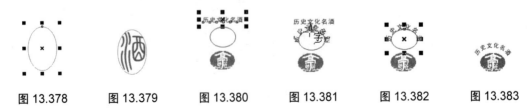

图 13.378　　图 13.379　　图 13.380　　图 13.381　　图 13.382　　图 13.383

(9) 选择工具箱中的文字工具，在群组的对象下部垂直输入"酒精度"和"净含量"等文字即可，如图 13.391 所示。

(10) 重复第(8)步骤，如图 13.384 所示；选中文字，执行【文本】|【使文本适合路径】命令，当出现+形光标时，单击椭圆下中轮廓处，如图 13.385 所示；单击属性栏的"水平镜像"按钮，效果如图 13.386 所示；再单击"垂直镜像"按钮，效果如图 13.387 所示；选中椭圆和文字，执行【排列】|【打散在一路径上的文本】命令，选中椭圆删除即可，上移文字于商标下部，群组商标和文字，如图 13.388～图 13.390 所示。把它放入包装盒侧面的上部，如图 13.391 所示，复制群组的对象于页面之外以备用。

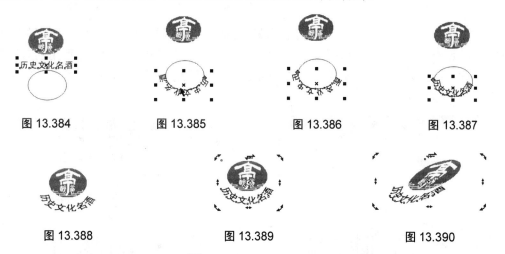

图 13.384　　　　图 13.385　　　　图 13.386　　　　图 13.387

图 13.388　　　　图 13.389　　　　图 13.390

(11) 选择工具箱中的矩形工具，分别在包装盒的上边缘绘制一粗一细两个矩形，填充的 CMYK 值均为：57、97、95、16；选中两个矩形，按住 Ctrl 键向下拖移矩形至包装盒的下边缘处单击右键，垂直复制矩形；同理复制矩形于侧面包装盒，如图 13.392 所示。

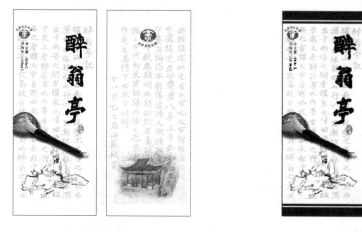

图 13.391　　　　　　　　图 13.392

(12) 绘制方格和文字。选择工具箱中的图纸工具，属性栏设置，绘制一如图 13.393 所示的条状矩形；选择工具箱中的文字工具，输入适合的文字、复制书法字，如图 13.394 所示；群组矩形和文字，将其放入包装盒侧面适合的位置，如图 13.403 所示；再次选择工具箱中的文字工具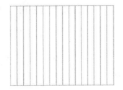，输入"香型"、"原料"、"许可证"、"日期"等文字，如图 13.395 所示。

图 13.393 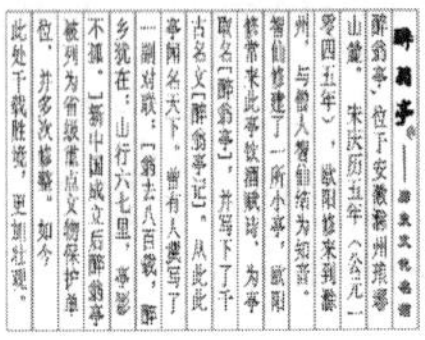　　　　　　　　图 13.394 　　　　　　　　图 13.395

(13) 插入并编辑条形码。执行【编辑】|【插入条形码】命令，在"条码向导"对话框中设置如图 13.396 所示的参数，单击"下一步"按钮，弹出如图 13.397 所示的对话框，单击"下一步"按钮，弹出如图 13.398 所示的对话框，选中所有项，单击"完成"按钮，效果如图 13.399 所示。

图 13.396

图 13.397

图 13.398

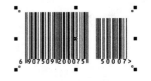

图 13.399

(14) 执行【编辑】|【复制】命令，再执行【编辑】|【选择性粘贴】命令，选择如图 13.400 所示的选项，单击"确定"按钮，删除前一个条形码；选中条形码，执行【排列】|【取消群组】命令，框选右边的小条形码，如图 13.401 所示，删除即可。

(15) 选中下面的单个数字，修改成所需要的即可，如图 13.402 所示，群组条形码，把它放到侧面包装盒适合的位置，如图 13.403 所示。

图 13.400

图 13.401

图 13.402

(16) 绘制立体包装盒。选中侧面的包装盒，按住 Ctrl 键水平向左移动使之左边线与正面包装盒的右边线重合，向左拖动右中部控制柄使变窄，再次单击，鼠标放在右中部的倾斜箭头上，如图 13.404 所示，向上拖动使之倾斜；添加如图 13.405 所示的参考线。

(17) 为了使立体包装盒合乎透视规律，侧面和顶面边缘的延长线在远方要有交点，对应的相互平行的倾斜参考线在远方要相交，所以要旋转并移动倾斜参考线，如图 13.406 所示。

图 13.403

图 13.404

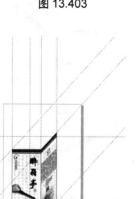
图 13.405

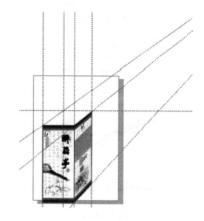
图 13.406

(18) 分别选中侧面包装盒最下面的矩形和最上边缘的两个条状矩形，按 Ctrl+Q 键曲线化后，使用工具箱中的形状工具 调整其位置，使其符合透视。

(19) 绘制酒包装盒顶面。选择工具箱中的贝塞尔工具 ，在参考线所示位置绘制顶面四边形并填充白色，复制四边形并水平上移，如图 13.407 所示；执行【文件】|【导入】命令，导入第 13 章素材/包装设计素材/画，将画平铺顶面；执行【效果】|【图框精确剪裁】|【放置在容器中】命令，当光标变为粗黑箭头时，单击顶面，如图 13.408 所示，效果如图 13.409 所示。

图 13.407

图 13.408

图 13.409

(20) 将复制的顶面下移至原顶面处，使之与原顶面重合，选择工具箱中的交互式透明工具 ，为顶面增加透明效果，如图 13.410 所示，将页面外备用的倾斜处理的商标和文字移入顶面中，删除所有辅助线，如图 13.411 所示；全选酒包装盒，向右复制一个即可。

图 13.410

图 13.411

(21) 绘制手提袋外形。选择工具箱中的矩形工具■，在页面中绘制一矩形作为手提袋的正面，属性栏设置 ■270.0 mm ■330.0 mm，填充白色，如图13.412所示。

(22) 按＋键，原位复制一个矩形作为手提袋的侧面，鼠标放在矩形左中控制柄处，按住鼠标左键向右拖动，这样复制的矩形就移动到了右边，为了使立方体合乎透视规律，分别拉出垂直、水平和倾斜参考线，使倾斜参考线在远方有交点；按 Ctrl+Q 键将复制的矩形转换为曲线，选择工具箱中的形状工具■，分别调节右边两个节点，如图13.413所示。

图 13.412

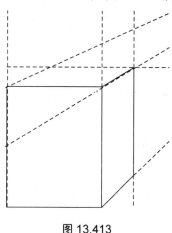

图 13.413

(23) 同样方法绘制手提袋的顶面：选中正面的矩形，按＋键，原位复制一个矩形，鼠标放在矩形下中控制柄处，按住鼠标左键向上拖动，这样复制的矩形就移动到了上边，按 Ctrl+Q 键将复制的矩形转换为曲线，选择工具箱中的形状工具■，分别调节上边两个节点，如图13.414所示；删除所有辅助线，选择工具箱中的贝塞尔工具■，在侧面绘制3条灰色线条作为折叠线，如图13.415所示。

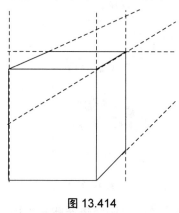

图 13.414

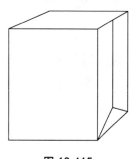

图 13.415

(24) 添加文字和图片。执行【文件】|【导入】命令，导入第13章素材/包装设计素材/醉翁亭图，执行【位图】|【创造性】|【框架】命令，如图13.416所示，单击"确定"按钮。

(25) 在酒包装上复制部分文字和图形移入手提袋上，如图13.417所示。

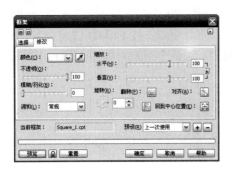

图 13.416　　　　　　　　　　图 13.417

(26) 选择工具箱中的文字工具，输入橘红色黑体文字"中国历史文化名酒品牌"，倾斜后放入手提袋的侧面；选择工具箱中的交互式填充工具，为手提袋的顶面添加从黑到白的线性渐变，如图 13.418 所示。

(27) 绘制小孔和包装绳。选择工具箱中的椭圆工具，按住 Ctrl 键，在手提袋正面需要打孔处绘制一正圆，单击工具箱中的交互式轮廓图工具，按住椭圆轮廓向外拖动鼠标，属性栏设置，再水平复制一小孔放入适合的位置；全选两个小孔，等比缩小后，放入顶面适合的位置，如图 13.419 所示。

图 13.418　　　　　　　　　　图 13.419

(28) 选择工具箱中的贝塞尔工具，在正面两个孔之间绘制一条曲线，如图 13.420 所示。

(29) 选中曲线，单击工具箱中的"轮廓工具"，弹出"轮廓笔"对话框，如图 13.421 所示，单击"确定"按钮，再复制前面的包装绳并缩小，放入顶面位置，如图 13.422 所示；双击"挑选工具"，群组所有图形。

第 13 章　实际运用案例

图 13.420

图 13.421

图 13.422

(30) 保存绘图。执行【文件】|【另存为】命令，在"保存绘图"对话框中 文件名(N): 栏输入"包装设计"，单击 保存 按钮即可，最终效果如图 13.367 所示。

【案例小结】

本案例综合运用了矩形工具、裁剪工具、交互式透明工具、图纸工具、交互式轮廓图工具、形状工具、贝塞尔工具、椭圆工具、文字工具等，使用了【效果】|【调整】|【亮度/对比度/强度】、【文本适合路径】、【打散在同一路径上的文本】、【插入条形码】、【选择性粘贴】、【创造性】|【框架】、【效果】|【图框精确裁剪】|【放置在容器中】等命令，重点学习制作路径文字、添加和删除辅助线、制作立体的包装盒、倾斜对象、插入和编辑条形码等技术。用户可以据此进行多种包装设计和制作的训练。

【举一反三】

利用前面所学知识绘制酸奶包装，如图 13.423 所示。

图 13.423

13.9 室内平面图设计

【案例预览】

案例的效果如图 13.424 所示。

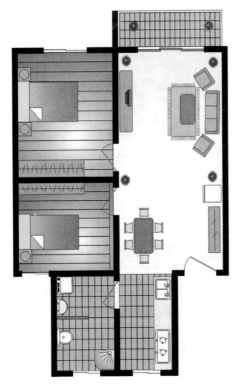

图 13.424

【案例目的】

室内平面效果图在广告中运用得较多，作用在于使购房者对建筑结构一目了然。本例绘制的是二室一厅的室内平面图，希望通过本例的练习，用户能够学会绘制室内平面图轮廓和陈设品等技术。掌握建筑平面图设计和制作的一般方法和步骤，提高自己独立进行建筑平面图设计制作的能力。

【操作步骤】

(1) 新建文件。执行【文件】|【新建】命令，或按 Ctrl+N 键新建一个文件，从属性栏设置 。

(2) 绘制平面图轮廓。选择工具箱中的矩形工具 ，绘制首位相接的多个矩形，填充黑色作为室内平面图的轮廓；再选择工具箱中的贝塞尔工具 ，绘制两两相错 0.5mm 的黑色直线作为房间的窗户，如图 13.425 所示。

(3) 绘制门。选择工具箱中的矩形工具 ，绘制一填充橘红色的矩形，并旋转一定的角度，把它与贝塞尔工具绘制的一段宽度为 0.5mm 的弧线相接，形成一个门形，同理绘制另 3 个门形，如图 13.426 所示。

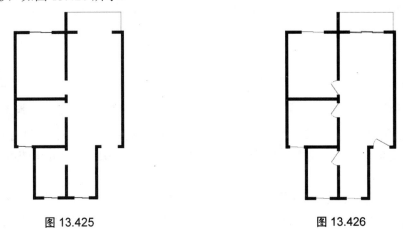

图 13.425　　　　　　　　　　　图 13.426

(4) 为地面设色。选择工具箱中的矩形工具，分别在卫生间、厨房和阳台的空间里绘制 3 个与空间等大的矩形；单击工具箱中的填充工具，选择"均匀填充"，在"均匀填充"对话框中设定 CMYK 的值为 20、0、20、0，为这 3 个矩形填充相同的颜色；选择工具箱中的交互式填充工具，为左边的客厅填充从黄到白的射线渐变，为左边的两个卧室填充从红褐到白的射线渐变，如图 13.427 所示。

(5) 选择工具箱中的图纸工具，属性栏分别设置、、、，按照阳台、卫生间、厨房、主卧室和次卧室的大小分别绘制 4 个矩形图纸(卫生间和厨房等大，复制一个即可)，如图 13.428 所示，效果如图 13.429 所示。

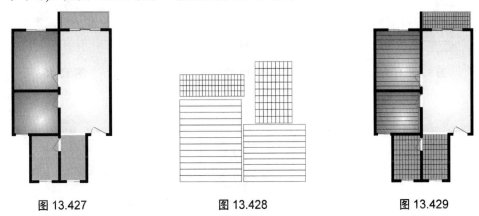

图 13.427　　　　　　图 13.428　　　　　　图 13.429

(6) 绘制沙发。选择工具箱中的矩形工具，绘制 3 个矩形作为沙发的靠背和扶手，其中两扶手的圆滑度为，如图 13.430 所示；全选 3 个矩形，单击属性栏的按钮，效果如图 13.431 所示；选择工具箱中的图纸工具，属性栏设置，在两扶手和靠背间绘制图纸，如图 13.432 所示；执行【排列】|【取消群组】命令，分别选中 3 个正方形沙发坐垫，属性栏设置，效果如图 13.433 所示。

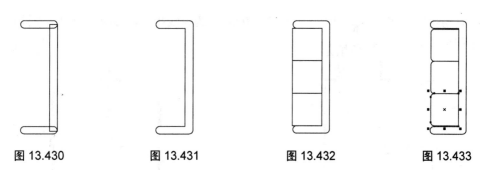

图 13.430　　　　　图 13.431　　　　　图 13.432　　　　　图 13.433

（7）同理绘制单人沙发，如图 13.434 所示，将单人沙发复制一个，分别旋转一定的角度与三人沙发组合，将所有扶手填充色的 CMYK 值设为 0、20、60、20；坐垫填充深黄色，如图 13.435 所示。

（8）绘制茶几和地毯。用矩形工具绘制两个矩形，上面一个作为茶几，填充秋橘红；属性栏设置　　　　，下面一个作为地毯，填充冰蓝，属性栏设置　　　　，如图 13.436 所示。

（9）绘制地毯边缘的红须。选择工具箱中的贝塞尔工具，水平绘制一蓝紫色的短线，按住 Ctrl 键，垂直向下复制一个，按住 Ctrl+D 键 33 次进行再制，如图 13.437 所示；全选红须，复制一个放在地毯的对面；同理绘制另两边的红须，如图 13.438 所示；效果如图 13.439 所示。

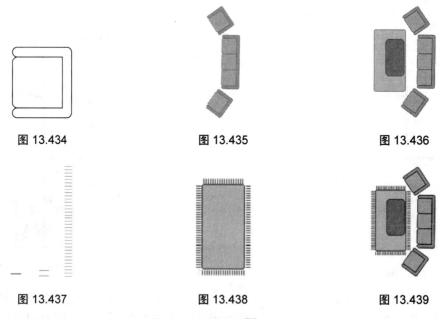

图 13.434　　　　　图 13.435　　　　　图 13.436

图 13.437　　　　　图 13.438　　　　　图 13.439

（10）绘制电视机。选择工具箱中的矩形工具，绘制一短一长的两个并列的矩形，分别填充从浅灰到深灰和从深灰到浅灰的线性渐变；再使用"贝塞尔工具"绘制一三角形，填充从浅灰到深灰的线性渐变，并把它放入矩形的上部；复制三角形并旋转 90°放入矩形的下部，如图 13.440 所示；群组电视机，并把它放在一个填充浅橘红色、四角圆滑度均为　　　　的矩形电视柜的上面，如图 13.441 所示；

第 13 章 实际运用案例

(11) 绘制餐桌和餐椅。选择工具箱中的矩形工具，绘制一四角圆滑度均为 ![] 轮廓色为黄色填充色为秋橘红色的餐桌，如图 13.442 所示；再次选择工具箱中的矩形工具，在桌子右边绘制一填充黄色的正方形，单击属性栏的 按钮，转换为曲线；选择工具箱中的形状工具，调整正方形右边两个节点使成梯形，在梯形右边再绘制一个黄色细长矩形作为椅子靠背，群组梯形和矩形，如图 13.443 所示；复制餐椅 3 次并分别旋转 90°、-90°、180°，这样 4 个方向的椅子都有了，再分别复制左右的两把椅子即可，如图 13.444 所示。

图 13.440　　图 13.441　　图 13.442　　图 13.443　　图 13.444

(12) 绘制冰箱、柜子和推拉门。绘制冰箱：选择工具箱中的矩形工具，绘制两个四角圆滑度分别为 ![] 和 ![] 并填充从白到淡黄的线性渐变的矩形，把它作为冰箱放到客厅餐桌的对面，如图 13.445 所示。绘制柜子：绘制一填充深黄的矩形，并在上面画一条垂直线和两条斜线作为客厅餐桌对面的矮柜，如图 13.446 所示。绘制推拉门：绘制 3 个首位相错接的矩形，并填充秋橘红色作为客厅阳台的推拉门，如图 13.447 所示。

(13) 绘制植物。选择工具箱中的椭圆工具，按住 Ctrl 键绘制一正圆，如图 13.448 所示；按+键，原位复制一个正圆，按住 Shift 键向内拖动四角的控制柄，等比例缩小复制的正圆，填充栗色，如图 13.449 所示；选择工具箱中的多边形工具，属性栏设置 ![]，绘制一八边形，如图 13.450 所示；选择工具箱中的变形工具，单击 按钮，从内向外拖动鼠标，对八角形进行变形处理，如图 13.451 所示；对八角形填充从绿到月光绿的射线渐变，如图 13.452 所示；将填充了颜色的植物放在栗色的正圆上，如图 13.453 所示；群组植物并复制 5 次分别放在客厅和阳台适合处，将所有客厅物品放在客厅适合位置，效果如图 13.454 所示。

(14) 绘制床和大衣柜。绘制床：选择工具箱中的矩形工具，绘制一矩形并填充从黄到橘红的线性渐变，如图 13.455 所示；再绘制一黄色的矩形作为床头；选择贝塞尔工具，绘制一白色的三角形放入床边，如图 13.456 所示；绘制一灰色的正方形和一正圆作为床头柜，复制一个床头柜放入床的另一边，如图 13.457 所示。绘制大衣柜：绘制一深黄色的矩形，其上放置一条直线、7 组短斜线作为大衣柜，如图 13.458 所示；复制并纵向缩小大衣柜。将所有卧室物品放在卧室适合位置，效果如图 13.459 所示。

图 13.445　　图 13.446　　图 13.447　　图 13.448　　图 13.449

353

图 13.450　　　　图 13.451　　　　图 13.452　　　　图 13.453　　　　图 13.454

  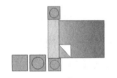 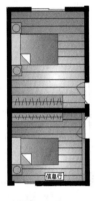

图 13.455　　　　图 13.456　　　　图 13.457　　　　图 13.458　　　　图 13.459

　　(15) 绘制卫生间洁具。绘制淋浴：选择工具箱中的矩形工具▭绘制一矩形，属性栏设置▭，如图 13.460 所示；并填充从冰蓝到白的射线渐变，如图 13.461 所示；再在上面绘制一小正圆和几个放射状直线表示水喷溅的效果，如图 13.462 所示。绘制座便器：绘制 3 个椭圆和中间的一个小正圆，如图 13.463 所示。绘制面盆：选择工具箱中的矩形工具▭绘制一白色的矩形，属性栏设置▭，如图 13.464 所示；按 Ctrl+Q 键曲线化矩形，选择工具箱中的形状工具▭，选中右边 4 个节点，如图 13.465 所示，按 Delete 键删除即可，如图 13.466 所示；复制一个并缩小填充淡蓝色；再绘制 2 个等大的小正圆，群组 4 个对象，如图 13.467 所示。绘制洗衣机：选择工具箱中的矩形工具▭绘制一白色的矩形，属性栏设置▭，如图 13.468 所示；复制一个矩形并缩小，如图 13.469 所示；绘制一大一小 2 个同心正圆，小的填充黑色作为洗衣机的旋钮，再绘制 2 个小矩形填充黑色放于洗衣机上部，如图 13.470 所示。绘制隔墙：绘制一细长矩形并填充橘红色作为分割墙；将所有卫生间物品放在卫生间适合位置，效果如图 13.471 所示。

图 13.460　　　　图 13.461　　　　图 13.462　　　　图 13.463

第 13 章 实际运用案例

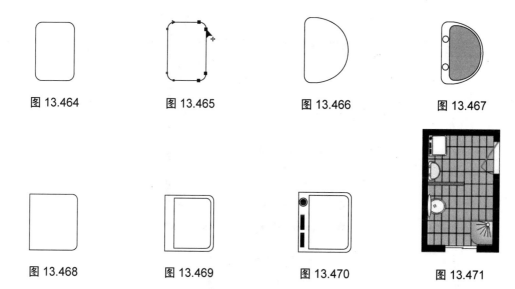

图 13.464 图 13.465 图 13.466 图 13.467

图 13.468 图 13.469 图 13.470 图 13.471

(16) 绘制厨房用具。绘制洗菜盆：选择工具箱中的矩形工具█绘制一大二小 3 个白色的矩形，属性栏设置 ████，再绘制 6 个小正圆放于其上，如图 13.472 所示；"贝塞尔工具"绘制水龙头，曲线化后用形状工具调整，如图 13.473 所示；洗菜盆效果如图 13.474 所示。

绘制燃气灶。同理用矩形工具█绘制一大二小 2 个白色的矩形，属性栏设置 ████，再使用椭圆工具█，绘制 2 个一大一小的椭圆作为灶头和旋钮，如图 13.475 所示；再在灶头上绘制三组相对应的短直线，如图 13.476 所示；复制灶头和旋钮，如图 13.477 所示；将所有厨房物品放在厨房适合位置，效果如图 13.478 所示；进一步调整每个房间的物品位置，最终效果如图 13.479 所示。

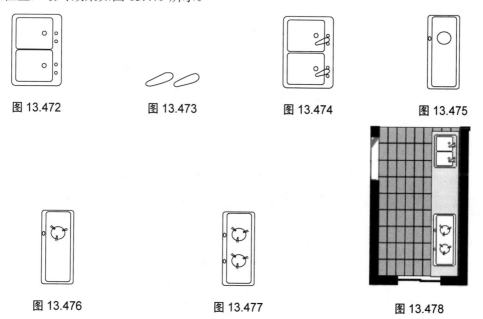

图 13.472 图 13.473 图 13.474 图 13.475

图 13.476 图 13.477 图 13.478

355

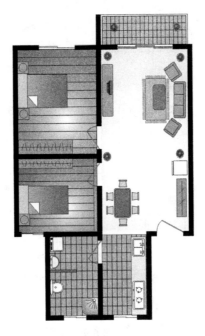

图 13.479

(17) 保存绘图。执行【文件】|【另存为】命令,在"保存绘图"对话框中 文件名(N): 栏输入"室内平面图设计",单击 保存 按钮即可,最终效果如图 13.424 所示。

【案例小结】

本案例综合运用了矩形工具、贝塞尔工具、填充工具和交互式填充工具、图纸工具、形状工具、椭圆工具、变形工具、多边形工具等,重点学习绘制室内陈设品的技术。用户可以据此进行多种户型建筑平面图的设计和制作训练,以达到熟能生巧。

【举一反三】

利用前面所学知识绘制室内平面图,如图 13.480 所示。

图 13.480

第五篇 巩固拓展篇

第14章 优秀作品赏析

教学目标

通过对 CorelDRAW 教学与艺术设计实践中的一些优秀作品进行欣赏与分析,使读者在学习的过程中将软件技术与艺术实践结合起来,从而给读者以启发、指导和帮助

教学重点

- CorelDRAW 应用于各类艺术设计的特点与优势
- 从技术性和艺术性两方面,对 CorelDRAW 制作的优秀艺术设计作品进行欣赏与分析

教学难点

通过实例分析来学习 CorelDRAW 软件技术与艺术实践结合的技巧与关键点,从而达到举一反三、触类旁通的作用,使读者在软件应用与设计实践方面获得更好的发展与提高

建议学时

- 总学时:2课时
- 理论学时:2课时

当读者在本书的帮助和指导下，完成了 CorelDRAW X4 软件从入门到提高，再到实际应用的全过程，相信读者能够利用该软件绘制出各种平面艺术作品。当然，还需要今后在实践中不断的努力、巩固、提高，其中，学习与借鉴他人的成功经验，更是快速提高自身水平的重要途径。本章选取了编者在 CorelDRAW 教学与艺术设计实践中的一些优秀作品，进行欣赏与分析，相信读者在学习过程中会有意识地将软件技术与艺术实践结合起来，获得更好的提高与发展，有所帮助和裨益。

14.1 广告和海报招贴设计

在广告和海报招贴的设计中，CorelDRAW 软件具有举足轻重的作用。广告和海报招贴设计是一种信息传递艺术，是一种大众化的宣传工具，其要有一定的号召力与艺术感染力，要调动形象、色彩、构图、形式感等因素，从而形成强烈的视觉效果。画面力求新颖、单纯，还必须具有独特的艺术风格和设计特点。

根据使用性质和目的，广告和海报大致可分为公益类和商业类两大类。公益类广告和海报招贴带有一定的思想性，具有特定的对公众的教育意义，其主题包括各种社会公益、道德的宣传、或政治思想的宣传、弘扬爱心奉献、共同进步的精神等。商业类广告和海报招贴则采用创意思维与艺术化视觉表现来引发目标消费者的情感共鸣，促成消费者购买行动并最终达到预期的广告目的。

图 14.1 和图 14.2 是为三木装潢公司所设计的形象宣传海报，均采用矢量图绘制与位图编辑合成的技术。其中图 14.1 以强化三木公司标志为设计理念，将三只绘图的手组成三角形，即标志形象，每一只真实的手又各自画着另一只的衣袖，具有趣味性，运用双关的手法，背景为抽象的工程制图，阐释艺术性、科学性与实用性的完美结合；图 14.2 取红黄蓝三原色组成的铅笔为设计的基本原素，笔头变形为三木公司的标志，自然书写出"SMS"，背景是一组各色彩铅的图片，由 CorelDRAW 处理成马赛克效果，寓意设计的现代感与多样性。

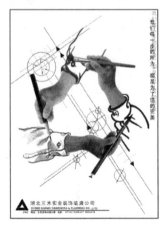

图 14.1

图 14.2

图 14.3 和图 14.4 是为三木庄园所做的广告海报,主要运用了 CorelDRAW 的矢量图绘制技术,钢笔工具、形状工具、色彩填充工具及文字工具等相结合,以丰硕的果实、鲜明的色彩来体现丰收的喜悦,视觉冲击力强烈。

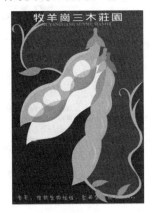

图 14.3

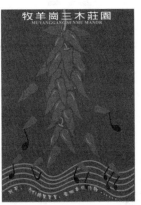

图 14.4

14.2 卡 片 设 计

卡片设计包括宣传卡、贺卡、贵宾卡、会员卡、名片、各种创意卡片、时尚卡片的设计,其被称为方寸艺术。卡片设计不同于一般的平面设计,设计表现的空间较大,它一般有规格、尺寸的限制,需要在有限的空间内,有效地传达信息、发挥创意。

以名片设计为例,普通名片的尺寸为:55mm×90mm,折卡名片的尺寸为:95mm×90mm。在进行名片设计时,首先要确定名片的内容。内容主要分为文字与图形,文字内容主要有姓名、头衔、职务与职称、工作单位、联系地址与联系方式等相关信息;图形内容主要有图片、标志、线条、底纹等。内容选好后,则要运用对名片内容的理解,对文字、图片、标志、色块、图形进行有机的排列组合。一张小小的名片涉及字体表现、色块表现、图案表现、色彩表现、装饰表现,甚至是排版的变化,使名片不再是一张简单而没有生气的纸片,而是成为人与人初次见面时,加深印象的一种媒介。名片设计主要目的是引人注意、加深印象,同时可以快速地产生积极的联想。因此,一张好的名片应该是,能够巧妙地展现出名片应有的功能及精巧的设计。图 14.5 和图 14.6 为深圳信息职业技术学院学生作品,图 14.7 和图 14.8 为编者作品。

图 14.5

图 14.6

图 14.7

图 14.8

图 14.9

14.3 包装设计

在产品的售销中,包装被称为"无声的推销员"。优秀的包装设计,不仅可以激发消费者的购买欲望,还可以提升品牌价值和提升企业形象。包装已融合在商品的开发设计和生产、运输、销售整个过程中,是厂商提高商品的品位、档次的重要手段,也成为各商家竞争的有力武器。

包装设计可分为两部分:一为构造设计;二为包装装潢设计。构造设计主要是用一定的技术方法,使用材料和正确的加工方法,制成坚固合理的包装,在销售流通过程中,达到保护商品、方便运输、促进销售的目的。包装装潢设计则应具备以下几点。一是信息传达的清晰有效,包括商品信息、功能特点、使用方法、注意事项等,要用简单明了的文字和插图表示出来,从而方便消费者使用;包装上的文字要清晰、易读,产品说明要简单明了,使消费者一目了然。二是艺术性要求,包括包装装潢图形要美观大方,色彩要准确、协调,具有强烈的艺术感染力和审美功能;商标标志要准确、清晰、醒目,具有较强的视觉冲击力,给消费者以深刻的印象。总的来说,包装装潢设计要真实反映出商品性质、用途、功能等基本特性,并能够对消费者产生感染力,引起消费者的关注和兴趣,在消费者购买商品时起到桥梁与纽带的作用。

图14.10和图14.11为深圳信息职业技术学院学生设计的包装设计作品——平面展开图及立体效果图,其中图14.10为喜糖包装盒设计,图14.11为儿童饼干包装盒设计,图形、色彩、结构设计均很好地切合了主题。

第 14 章 优秀作品赏析

图 14.10

图 14.11

14.4 产 品 设 计

虽然 CorelDRAW 的定位是矢量图绘制与排版软件,并非专门针对产品设计而开发,但在产品绘图方面,仍有它的优势。产品是由形、色、质感三要素所构成的,与三维软件相比,矢量绘图具有快速、逼真地表现产品造型、材质、光影等效果的优势。而且设计生成的文件较小、可输出各种分辨率与尺寸、所绘对象可共享,应对于后续的其他应用均有相当大的弹性空间。

设计产品效果图的目的在于能够明确地表达出产品的外观特点。CorelDRAW 在产品设计中,一般会运用到外形线绘制、渐变填色、结合交互式等绘制工具。因一般产品外观均以几何线条居多,所以在线条的绘制原则上尽量以圆、多边形等几何绘图工具为主,并搭配修剪、焊接、交叉 3 种造型工具描绘出正确的造形,若有斜线或曲线则以贝塞尔曲线绘制,应以最少的节点数绘制出外形线,再用形状工具加以修整,外形线最后务必将节点头尾相连封闭起来,这样才能成为一个整体,可供填上色彩或渐变之用。

渐变填色的控制是使产品产生立体感的重要因素,CorelDRAW 虽只提供线性、射线、圆锥、方角 4 种填色方式,但通过调整渐变中心点的"水平"、"垂直"位置与"旋转角度",搭配"双色彩模式"或"自订渐变"模式,仍可搭配出各式各样的光影变化。图 14.12 是钟外框为圆锥的填色效果,图 14.13 是表带为方角的填色效果。

图 14.12

图 14.13

CorelDRAW 绘制产品设计效果图相对其他的应用较复杂，需要不断的练习，并掌握 CorelDRAW 中各种工具应用的技巧，如图 14.12 所示钟面高光为交互式调和工具绘制，如图 14.13 所示背景为底纹填充，泡泡图形为艺术笔喷灌绘制。

14.5　电脑手绘艺术

电脑手绘艺术是绘画艺术与电脑软件技术的有机结合体。在各类艺术作品中，电脑手绘艺术以其独特、丰富的制作效果和新颖、便捷的创作手法，使其在新兴的艺术中占有越来越重要的位置，为广大设计师和艺术家所青睐。

CorelDRAW 应用于电脑手绘艺术有着天然的优势。首先，CorelDRAW 拥有强大的矢量图绘制功能，各种手绘、贝塞尔、艺术笔工具等，可以方便快捷地绘制出理想中的图形，并结合形状工具、造型工具等进行精细的修改、调整，达到完美的效果；轮廓笔、填充工具可随时对对象进行各种效果的填充与颜色修改。其次，CorelDRAW 中的各种滤镜效果，可以逼真地模仿手绘艺术中油画、水彩、版画、素描、图案画等多种形式或风格的作品创作。再者，CorelDRAW 绘制的图像为矢量图，文件格式小、可输出各种分辨率与尺寸，所绘图形可广泛应用到包装、海报、广告、插图、网页等各个领域。图 14.14～图 14.16 均为深圳信息职业技术学院学生作品。

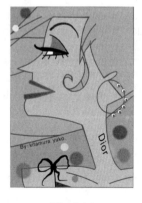

图 14.14

图 14.15

图 14.16

14.6　网络动画设计

"动画"的出现由来已久，它的形式有很多，但原理基本上都是一样的，实际上就是利用人类眼睛的"视觉暂留"现象形成连续的画面。随着以互联网信息技术为代表的现代新媒体技术突飞猛进的发展，以及计算机图形图像处理能力的日益强大，网络动画逐步成为动画产业发展的主力军。

"动画"顾名思义就是"会动的画"。它包含了动画的两个极为重要的方面："动"和"画"。在"画"的这一方面，CorelDRAW 有着独特的优势。可以利用 CorelDRAW 在矢量图绘制

第 14 章　优秀作品赏析

与排版方面强大的功能，在 CorelDRAW 中进行网页的界面设计，及绘制矢量动画，然后直接导入到 Flash 等动画制作软件中，添加动画效果，实现"动"的这一方面。由于 CorelDRAW 生成的图像为矢量文件，可以在 Flash 中方便地进行局部选择及修改、颜色变化等各种操作。图 14.17 为笔者为"古玩之家"所做的主页设计，图 14.18～图 14.23 为深圳信息职业技术学院学生作品，图 14.18～图 14.20 为深圳信息学院电脑艺术设计专业横幅网络广告，图 14.21～图 14.23 是为深圳某幼儿园所做的儿童动画短片。

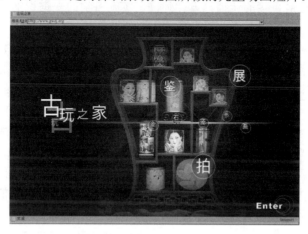

图 14.17

图 14.18

图 14.19

图 14.20

图 14.21

图 14.22

图 14.23

14.7　VI 设 计

VI 即 Visual Identity，通常译为视觉识别系统，是 CIS 系统中最具传播力和感染力的部分，是将 CI 的非可视内容转化为静态的视觉识别符号，以其丰富多样的应用形式，在最为广泛的层面上，进行最直接的传播。设计到位、实施科学的视觉识别系统，是传播企业经营理念、建立企业知名度、塑造企业形象的快速便捷之途。

VI 一般包括基础部分和应用部分两大内容。其中，基础部分一般包括：企业的名称、标志、标识、标准字体、标准色、辅助图形、标准印刷字体、禁用规则等。而应用部分则一般包括：标牌旗帜、办公用品、公关用品、环境设计、办公服装、专用车辆等。

VI 设计不是机械的符号操作，而是多角度、全方位地反映企业的经营理念。在进行 VI 设计时，要遵循风格的统一性原则、强化视觉冲击的原则、强调人性化的原则、增强民族个性与尊重民族风俗的原则、可实施性原则、符合审美规律的原则、严格管理的原则。

鉴于 CorelDRAW 软件强大的矢量图绘制与排版功能，整个 VI 设计手册的制作，都可以在 CorelDRAW 中完成。图 14.24 和图 14.25 是编者为广州金盾服饰有限公司下的子品牌——宇田辰男士服饰系列所做的 VI 设计的一部分。

图 14.24

图 14.25

14.8　本 章 小 结

本章展示了编者在实际的 CorelDRAW 教学与艺术设计实践中的一些优秀的设计作品，并从技术性和艺术性两方面，进行欣赏与分析，重点讲解 CorelDRAW 应用于各类艺术设计专业中的特点与优势，以及介绍了 CorelDRAW 软件技术与艺术设计实践结合的技巧与关键点，从而达到举一反三、触类旁通的作用，使读者在学习过程中将软件技术与艺术设计实践结合起来，从而对实际的学习与工作以启发、指导和帮助。

参 考 文 献

[1] 龙怀冰，何彪．CorelDRAW 10 创作效果百例[M]．北京：中国水利水电出版社，2002．

[2] 本书编委会．新编中文 CorelDRAW 10 实用操作教程[M]．西安：西北工业大学出版社，2002．

[3] 崔燕晶．CorelDRAW 11 标准教程[M]．北京：中国青年出版社，2004．

[4] 东方人华，张艳钗．CorelDRAW 11 中文版范例入门与提高[M]．北京：清华大学出版社，2004．

[5] Corel 中国授权培训管理中心．CorelDRAW 12 中文版标准教程[M]．北京：北京希望电子出版社，2005．

[6] 鹏程科技，孟娜．CorelDRAW 11 图形创意与设计典型效果实战演练 150 例[M]．北京：人民邮电出版社，2005．

[7] 曹培强．CorelDRAW 12 平面视觉特效设计精粹[M]．北京：北京希望电子出版社，2006．

[8] 廖红英，杨琳．CorelDRAW 12 平面创意入门与范例解析[M]．2 版．北京：机械工业出版社，2006．

[9] 谢毅，张夏雨．CorelDRAW X3 平面设计与实例教程[M]．北京：冶金工业出版社，2006．

[10] 李波，杨红．中文版 CorelDRAW X4 平面设计半月通[M]．北京：清华大学出版社，2008．

[11] 郭俊忠，钟星翔．从设计到印刷 CorelDRAW X3 平面设计必读[M]．北京：科学出版社，2008．